高等院校精品教材

交换与路由技术

张大斌　主　审

李春平　肖亚光　容健昌　主　编

丁隆厚　张效军　李宁艺　谢源毅　副主编

電子工業出版社
Publishing House of Electronics Industry
北京·BEIJING

内 容 简 介

本书以华为交换与路由技术为平台，辅以 eNSP 仿真工具，系统地介绍了交换技术、路由技术、路由协议，以及访问控制列表、NAT 等技术。全书共 10 章，包括网络互连基础、交换技术、VLAN 技术、冗余网络、路由器、路由协议、动态主机配置协议、访问控制列表、NAT、设备管理与维护。

本书从培养工程型、技术型等应用型人才角度出发，采用理论与实践相结合的方式，力求达到重视理论、突出实践的效果。理论部分简明扼要、层层递进、重点突出；实践部分方案明确、步骤清晰、可操作性强，以便为读者提供简明易学、容易上手操作的综合实践案例和项目实验。

本书可以作为高等学校计算机类专业及相关专业相关课程的教材，也可以作为网络工程技术、云计算技术爱好者的参考书。

图书在版编目（CIP）数据

交换与路由技术 / 李春平，肖亚光，容健昌主编.
北京 : 电子工业出版社，2024. 6. -- ISBN 978-7-121
-48150-5

Ⅰ. TN915.05

中国国家版本馆 CIP 数据核字第 202461AA66 号

责任编辑：孟　宇
印　　刷：三河市华成印务有限公司
装　　订：三河市华成印务有限公司
出版发行：电子工业出版社
　　　　　北京市海淀区万寿路 173 信箱　　邮编：100036
开　　本：787×1092　1/16　　印张：18　　字数：461 千字
版　　次：2024 年 6 月第 1 版
印　　次：2025 年 1 月第 2 次印刷
定　　价：69.80 元

凡所购买电子工业出版社图书有缺损问题，请向购买书店调换。若书店售缺，请与本社发行部联系，联系及邮购电话：（010）88254888，88258888。

质量投诉请发邮件至 zlts@phei.com.cn，盗版侵权举报请发邮件至 dbqq@phei.com.cn。

本书咨询联系方式：mengyu@phei.com.cn。

前　言

随着云计算、大数据、人工智能、物联网等新一代信息技术的兴起，人们的工作、生活不断发生改变，世界进入“万物互联”时代，这为人们带来了更加丰富的体验和前所未有的发展机遇。这一切离不开网络，也离不开构建网络的基石。交换机、路由器作为网络互连的基础设备无处不在，交换技术和路由技术是计算机网络互连的核心技术，是网络工程师、云计算工程师、网络安全工程师必须掌握的基本专业技能。

本书是由广东白云学院大数据与计算机学院联合白云宏产业学院老师共同编写的双元教材，内容基于华为设备技术，以仿真工具 eNSP 为蓝本，结合了当前产业、行业的实际应用，既能夯实理论，又能突出实践。

全书共 10 章，系统地介绍了交换技术、路由技术、路由协议等概念、原理、方法及配置过程。各章具体内容如下。

第 1 章：网络互连基础，介绍了 OSI 参考模型、TCP/IP 协议、IPv4 和 IPv6 网络类型、网络设备等。

第 2 章：交换技术，包括交换机的分类、二层交换机的组成结构及功能与作用、工作原理及基本配置等。

第 3 章：VLAN 技术，包括 VLAN 的概念、意义、工作原理、类型、VLAN Trunk 协议，以及 VLAN 通信、VLAN 的配置等。

第 4 章：冗余网络，包括 STP、RSTP、Eth-Trunk 等。

第 5 章：路由器，包括路由器概述、路由器的组成与功能、路由器的端口、路由器的视图模式及配置信息的保存，以及路由器配置环境的搭建和基本配置等内容。

第 6 章：路由协议，包括路由协议的概述、路由的来源、距离矢量路由协议、链路状态路由协议、BGP，以及相关配置。

第 7 章：动态主机配置协议，介绍了 DHCPv4 及其配置、DHCPv6 及其配置。

第 8 章：访问控制列表，包括访问控制列表的工作原理和配置、基本访问控制列表、高级访问控制列表。

第 9 章：NAT，包括 NAT 概述、NAT 的工作原理及 NAT 的配置。

第 10 章：设备管理与维护，包括设备发现、设备管理、设备维护及相关配置。

本书突出实践应用，每章都配有相应的案例及项目实验，案例均通过了 eNSP 仿真工具的验证。各章节项目实验有详细的操作步骤，目的是方便读者进行实验操作，培养读者的实践操作能力。

本书可以作为高等学校计算机类专业及相关专业相关课程的教材，也可以作为非计算机类专业相关课程的教材或参考书，还可以作为计算机网络工程师、云计算工程师及相关领域爱好者的参考书。

本书由李春平、肖亚光、容健昌担任主编，丁隆厚、张效军、李宁艺、谢源毅担任副主编。全书由李春平负责统稿，由张大斌担任主审。编者在编写本书的过程中得到了诸多同行的指导，在此表示衷心感谢。由于编者水平有限，书中难免存在疏漏和不足之处，敬请广大读者批评指正。

编　者

2024 年 2 月

目　录

第1章 网络互连基础

计算机网络（简称网络）表示众多对象及其互相联系，是由若干个节点和连接这些节点的链路构成的。在日常教学中，网络代表的是一种图（这里的图专指加权图）。网络除了教学定义，还有物理含义——从某种类型的实际问题中抽象出来的模型。在计算领域中，网络指的是进行信息传输、接收、共享的虚拟平台，用于把各个点、面、体的信息相互联系到一起，从而实现计算机资源的共享。网络是人类发展史上最为重要的发明，促进了科技和人类社会的发展。下面介绍网络基础的入门知识。

1.1 OSI 参考模型

网络在刚刚诞生时，只能够在同一制造厂商制造的计算机产品之间进行通信。20 世纪 80 年代，国际标准化组织（International Organization for Standardization，ISO）发布了开放式系统互连（Open System Interconnection，OSI）参考模型，进而打破了这一壁垒。

1.1.1 什么是 OSI 参考模型

为了解决不同制造厂商制造的计算机设备之间的互连问题，更好地推动网络的发展，ISO 制订了网络互连的参考模型，该模型框架分为 7 层，后来被称为开放系统互连参考模型（Open System Internetwork Reference Model，OSI/RM），简称 OSI 参考模型，其集成了常规适用的规范集合，不同计算机设备制造厂商都以这些规范为标准，进而使全球范围内的计算机进行互连通信。OSI 参考模型如图 1-1 所示。

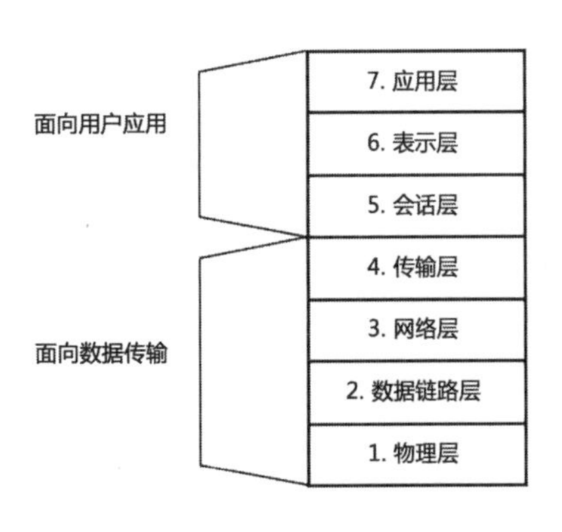

图 1-1　OSI 参考模型

OSI 参考模型是一个体系模型，该模型为 7 层结构，每层都包含多个实体。实体就是发送和接收信息过程中涉及的内容和相应的设备。

OSI 参考模型的 7 个层次从低到高可以依次划分为物理层（Physical Layer）、数据链路层（DataLink Layer）、网络层（Network Layer）、传输层（Transport Layer）、会话层（Session Layer）、表示层（Presentation Layer）和应用层（Application Layer），其中应用层、表示层和会话层可以统一视为应用层，剩余各层可以统一视为数据流动层。

由于 OSI 参考模型采用的是分层结构技术，所以通过 OSI 参考模型进行互连的网络等同于将一个网络系统分成若干层，每一层能够实现不一样的功能，每一层的功能都被定义好，采用协议形式正规描述，协议是一套用于定义通信双方对等层通信的规则和约定。此外，每一层会为相邻的上层提供确定的服务，每一层也会使用与之相邻的下层提供的服务。实际上，每一层都与一个远端对等层通信，该层产生的协议信息单元是依靠相邻的下层提供的服务进行传送的。因此，对等层之间的通信称为虚拟通信。

1.1.2 OSI 参考模型每层功能

OSI 参考模型将计算机通信分成 7 层。以下内容按照从高层次到低层次的顺序，依次介绍每层对应的功能。

1．应用层

OSI 参考模型中的最高层称为应用层，是直接向用户提供服务的一层。用户的通信内容需要通过应用进程来处理，为了解决不同类型的应用需求，应用层需要采用不同的应用及协议来提供服务，同时需要保证这些不同类型的应用采用的下一层通信协议是相同的。应用层中含有若干个相互独立的用户通用协议模块，为通信双方提供专用的程序服务。当然，这里提到的应用层并不是具体的应用程序，仅仅是为应用程序提供服务的协议模块。

2．表示层

表示层用于为应用层接收的应用服务程序提供服务。表示层只关注传送数据涉及的语法和语义。表示层的主要作用是对两个建立连接的通信端交换的信息进行处理，主要包括数据解压与压缩、数据解密与加密、数据格式转换等。在网络带宽相同的前提下，数据被压缩得越小，网络的数据传输速率越高，所以数据解压与压缩是决定网络的数据传输速率高低的最重要的因素。同样，数据加密服务是实现网络安全的重要因素，确保了数据在传输过程中的安全性，是各种安全服务最重视的因素之一。表示层为应用层提供的服务包括连接管理、语法转换、语法选择。

3．会话层

会话层用于提供维护两个节点之间的连接服务，保证点到点数据传输的畅通，同时管理和维护数据交换过程。会话层负责在双方的通信应用进程上创建、管理、维护和结束会话。会话层可以通过控制会话来决定采用某种特定的通信方式，如采用全双工通信或半双工通信。会话层还可以通过会话层协议来对请求与应答双方进行协调管理。

4．传输层

传输层在 OSI 参考模型中处于中间位置，是衔接网络体系结构高、低层之间的接口层。

传输层不仅是一个独立的结构层，也是理解和学习整个 OSI 参考模型的重要层。传输层主要为通信用户提供 End-to-End（端到端）服务，其作用是处理次序混乱、数据包报错等传输过程中可能出现的问题。传输层是 OSI 参考模型中最为重要的一层，它为上三层屏蔽了下三层数据的通信细节，使用户完全不用考虑网络层、数据链路层和物理层工作的具体细节。传输层使用网络层提供的网络连接服务，根据用户的、系统的需求选择在传输数据时是使用可靠的面向连接服务，还是使用不可靠的无连接服务。

5. 网络层

网络层的主要功能是为通信双方创建逻辑链路，通过定义好的路由选择算法，为数据分组规划最佳传输路径，从而实现网络互连、拥塞控制等功能。网络层是整个网络的关键层，其主要设备是路由器。网络层负责通过路由寻址把数据分组从源网络传输到目标网络。多个网络通过网络设备连接在一起的集合被称为互联网。网络层的路由选择功能可以实现互联网中多个网络的互连互通，达到信息共享的目的。网络层提供的服务有面向连接和无连接两种类型。面向连接服务是可靠的连接服务，数据在交换之前，通信双方先建立连接，然后传输数据，数据传输完成后再断开之前建立的连接。例如，虚电路服务就是面向连接服务。无连接服务是一种不可靠的服务，不能防止报文的失序、重发或丢失。无连接服务的优点是非常迅速，并且灵活方便。例如，以数据报服务来实现的无连接服务。

6. 数据链路层

数据链路层位于 OSI 参考模型的第二层，其基本传输单位是“帧”，用于在通信实体之间建立和维护数据链路，为网络层提供流量控制和差错控制服务。数据链路层可以细分为介质访问控制（Media Access Control，MAC）子层和逻辑链路控制（Logical Link Control，LLC）子层。其中，MAC 子层的任务是定义在物理线路上传输帧的规则；LLC 子层的任务是管理同一条链路上的设备之间的通信。LLC 子层主要负责从逻辑上分析、鉴别不同类型的协议，并对其进行封装。因此，LLC 子层会接收分组的数据报、网络协议数据，并且会封装更多控制信息，从而把这个分组传送到目标设备。

7. 物理层

物理层位于 OSI 参考模型的第一层，主要功能是定义系统的机械特性、电气特性、功能特性和过程特性，如最大传输距离、物理连接器、物理数据速率电压和其他类似特性。物理层的主要作用是采用传输介质为数据链路层提供物理连接，对数据流进行物理传输。比特流是由“0”和“1”组成的，是物理层的基本传输单位，是最基本的电信号或光信号，是最基本的物理传输特征。

1.2 TCP/IP 协议

1.2.1 TCP/IP 模型概述

说到传输控制协议（Transmission Control Protocol，TCP），就不得不谈互联网。20 世纪

60 年代初期，美国国防部委托高级研究计划署（Advanced Research Projects Agency，ARPA）研究广域网互通课题，并建立了 ARPANET，这就是 Internet 的起源。20 世纪 80 年代末，美国国家科学基金会（National Science Foundation，NSF）借鉴了 TCP/IP 技术，建立了 NSFNET。该网络将越来越多的网络互相连接在一起，最终形成了现在的互联网，因此 TCP/IP 协议簇成了被互联网广泛使用的、标准的网络通信协议簇。

TCP/IP 协议不止包含 TCP、IP 两个协议，而是一个由文件传输协议（File Transfer Protocol，FTP）、简单邮件传输协议（Simple Mail Transfer Protocol，SMTP）、TCP、网际互连协议（Internet Protocol，IP）等协议构成的协议簇。TCP/IP 协议在一定程度上参考了 OSI 参考模型。传统的 OSI 参考模型是一种通信协议集合的、7 层抽象的参考模型，每一层都定义好某一特定任务，目的是将复杂的网络模型通过分层来简化，使各种硬件能在相同的层次上相互通信。而 TCP/IP 模型则采用了 4 层结构，每一层都利用下一层提供的服务来实现自己的功能。表 1-1 描述了 TCP/IP 模型的层次与对应功能。

表 1-1　TCP/IP 模型的层次与对应功能

层次	功能
应用层	用于实现应用程序间的沟通。应用层协议有 SMTP、FTP、网络远程控制协议（Telnet 协议）等
传输层	提供节点间的数据传送服务，负责传送数据，并确定数据已送达并被接收。传输层协议有 TCP、用户数据报协议（User Datagram Protocol，UDP）等
网络层	负责提供基本的数据包传送功能，让每一个数据包都能够到达目的主机（但不检查是否被正确接收）。网络层协议有 IP 协议
网络接口层	对实际的网络媒体的管理，定义如何使用实际网络（如以太网等）来传送数据

1.2.2　TCP/IP 协议簇中的典型协议

1．IP

IP 是 TCP/IP 协议簇中的重要协议之一。网络层接收低一层（网络接口层，如以太网设备的驱动程序）传送的数据包，处理后再把该数据包传送到高一层——传输层。网络层也可以对从传输层传送过来的数据包进行处理后再传送到网络接口层。IP 数据包是不可靠的，因为 IP 并没有做任何事情来确保数据包传送顺序正确，也没有做任何事情来确保数据包不被破坏。IP 数据包中封装了传送该数据包的主机的地址和接收该数据包的主机的地址。

2．TCP 与 UDP

TCP 与 UDP 都是传输层的协议，二者不同的地方是 TCP 是面向连接的、可靠的传输层协议，而 UDP 是无连接的、不可靠的传输层协议。

3．ICMP

互联网控制消息协议（Internet Control Message Protocol，ICMP）是 TCP/IP 协议簇的一个子协议，其作用是在路由器、IP 主机之间传递控制消息。控制消息是路由是否可用、主机是否可达、网络是否畅通等网络自身的消息。这些控制消息虽然并不传输用户数据，但是对于用户数据的传递起着重要作用。

我们在网络调试过程中，经常会用到 ICMP。例如，我们经常使用 ping 命令来检查网络通不通，这个 ping 的过程就是调用 ICMP 进行工作的过程。又如，常用的跟踪路由的 Tracert 命令也是基于 ICMP 实现的。

1.2.3　TCP/IP 模型各层功能

与 OSI 参考模型不同，TCP/IP 模型是在 TCP 和 IP 出现之后提出来的，二者之间的对应关系如图 1-2 所示。

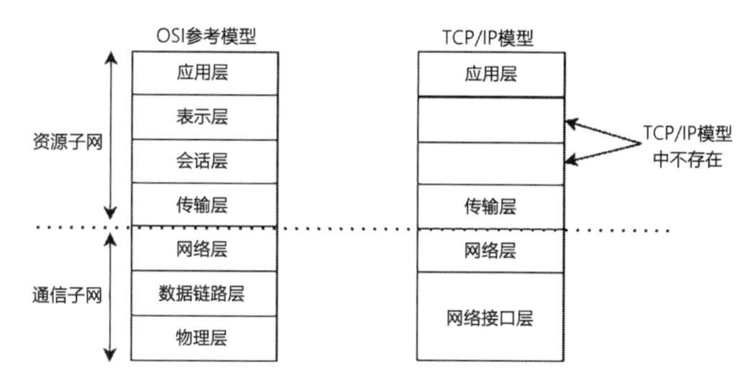

图 1-2　OSI 参考模型、TCP/IP 模型的对应关系

1．网络接口层

网络接口层又称为主机-网络层。事实上 TCP/IP 模型并没有真正地定义网络接口层，只是指出该层必须具备数据链路层和物理层的功能。网络接口层定义了多种网络协议，如令牌环网协议（Token Ring）、以太网协议（Ethernet 协议）、分组交换网协议（X.25 协议）等。

2．网络层

网络层与 OSI 参考模型的网络层对应，是 TCP/ IP 模型的核心部分，其作用是提供无连接服务，负责将原主机发送的数据分组（Packet）传送至目的主机。网络层的主要功能还包括进行流量控制与拥塞控制、处理接收到的数据包、处理来自传输层的分组发送请求等。

网络层协议包括反向地址解析协议（Reverse Address Resolution Protocol，RARP）、地址解析协议（Address Resolution Protocol，ARP）、ICMP、IP 等。

3．传输层

与 OSI 参考模型的传输层类似，TCP/IP 模型中的传输层的主要功能是使通信双方的主机上的对等实体可以进行会话。传输层有两个端到端协议——UDP 和 TCP。UDP 是一个无连接的、不可靠的传输协议，TCP 是一个面向连接的、可靠的传输协议。

4．应用层

应用层的作用是为用户的应用程序提供一组常用协议，包含所有最高层协议，如简单网络管理协议（Simple Network Management Protocol，SNMP）、域名系统（Domain Name System，DNS）协议、SMTP、超文本传输协议（Hypertext Transfer Protocol，HTTP）、FTP 等。应用层协议一般可以分为三类：一类依赖于无连接的 UDP；一类依赖于面向连接的 TCP；还有一类既依赖于 TCP 又依赖于 UDP，如 DNS 协议。

1.2.4 OSI参考模型与TCP/IP模型的比较

OSI参考模型与TCP/IP模型有很多相似之处。例如，二者都基于独立的协议栈，而且二者对应层定义的功能非常相似。当然，除了相似的地方，OSI参考模型与TCP/IP参考模型还存在一些差别。

1．共同点

（1）OSI参考模型与TCP/IP模型都采用协议分层方法将庞大且复杂的问题划分为若干个较容易处理的范围较小的问题。

（2）对应层定义的协议功能类似，OSI参考模型与TCP/IP模型都划分有应用层、传输层、网络层。

（3）OSI参考模型与TCP/IP模型都可以解决不同网络的互连互通问题，实现不同制造厂商的计算机间的通信。

（4）OSI参考模型与TCP/IP模型都是计算机通信的国际标准。OSI参考模型建立的初衷就是国际通用，TCP/IP模型在当前网络界被广泛使用。

（5）OSI参考模型与TCP/IP模型都能够提供面向连接的和无连接的通信服务。

2．不同点

OSI参考模型与TCP/IP模型的不同点可以概括为模型设计的差别、各层级间调用关系的不同、可靠性的差异、标准的效率和性能的不同、市场应用和支持的差别等。

3．OSI参考模型的优缺点

OSI参考模型的优缺点如下。

（1）OSI参考模型很详细地定义了协议、接口和服务三个概念，并对它们进行了严格区分。

（2）OSI参考模型产生在协议出现之前，没有偏向性，通用性较好。

（3）OSI参考模型较多，而且复杂，定义的某些层次（如会话层和表示层）对大多数应用程序而言不适用，而且某些特定的功能在多个层中重复出现（如差别控制、流量控制、路由寻址），导致网络系统的工作效率降低。

（4）OSI参考模型的结构和协议类型繁多，过于复杂和臃肿，用于实现设备通信较困难。

4．TCP/IP模型的优缺点

TCP/IP模型的优缺点如下。

（1）TCP/IP模型产生在TCP/IP协议出现以后，该参考模型实际上是对已有协议的描述，因此模型和协议匹配度很高。

（2）TCP/IP模型并不是从无到有的，而是对一种已经存在的标准进行概念性描述，因此它的设计目的比较单一，影响因素少，协议简单、实用、高效，具有较强操作性。

（3）TCP/IP模型并没有区分协议、接口、服务的概念，因此对于采用新技术设计的网络来说，TCP/IP模型并不是一个较好的推广使用的模板。

（4）由于TCP/IP模型是对已有协议的描述，因此通用性较差，不适合描述除TCP/IP协议簇以外的其他任何协议。

（5）TCP/IP 模型的某些层次的划分不合理，如网络接口层。

1.3 IPv4 地址与子网掩码

1.3.1 理解 IP 地址

IP 地址就是一个 32 位的地址，被分配给网络中的主机，以实现网络中计算机和网络设备的定位。

1. IP 地址的组成

在讲解 IP 地址之前，先介绍一下大家熟知的中国电信长途电话号码，以便大家理解 IP 地址的网络标识和主机标识。

中国电信长途电话号码由区号和主机号码组成。如图 1-3 所示，广州市的区号是 020，东莞市的区号是 0769，佛山市的区号是 0757。同一地区的电话号码拥有相同的区号，在拨打本地电话时不需要在主机号前面加上区号，但在拨打长途电话时，需要在主机号前面加上区号。

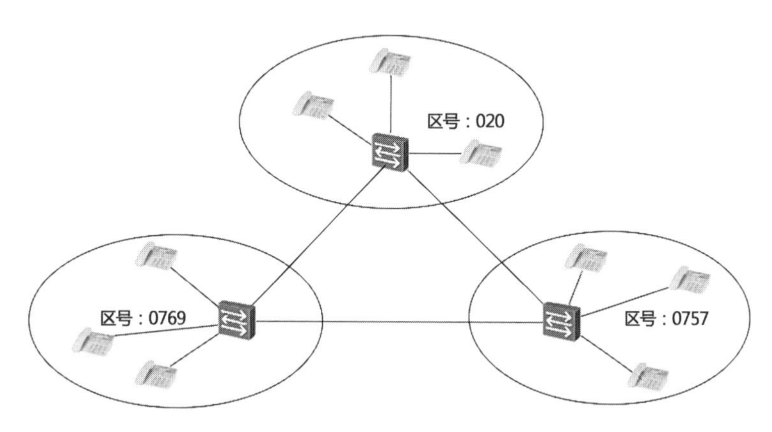

图 1-3　区号

计算机的 IP 地址借鉴了电话号码的区号实现原则，设计者将 IP 地址划分为两个组成部分——网络标识和主机标识。如图 1-4 所示，同一网段中的所有计算机配置的 IP 地址的相同部分就是网络标识。路由器的作用就是连接不同网段的网络，其重要职责之一就是转发不同网段之间的数据，从而将更多的、小规模的网络组建成更复杂的、规模较大的网络。二层交换机与路由器的作用不同，其设计初衷是工作在数据链路层，连接的是处于同一网段的计算机，负责在该网段的计算机间转发数据。

当需要与其他计算机通信时，计算机要先获取目标计算机的 IP 地址，然后根据自己配置的 IP 地址和子网掩码得出网络标识，再判断两者是否相同，如果相同，就说明目标计算机与自己在同一网段，可以根据交换机的 MAC 地址表建立的端口与 MAC 地址的对应关系来对数据进行转发，否则，将数据转发给路由器，由路由器根据路由表进行转发。

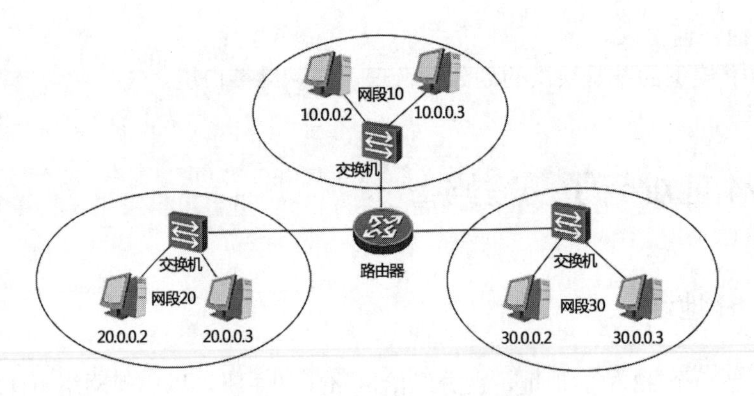

图 1-4　网络标识和主机标识

2. IP 地址的格式

按照 TCI/IP 协议的定义，IPv4 的地址用 32 位二进制数表示，换算成字节是 4 字节，如某个采用二进制数表示的 IP 地址是 10101101000110001000000110000001。这么长的地址，人们处理起来太费劲了。为了方便人们使用，通常将 32 位 IP 地址分割成四部分，每部分为 8 位二进制数，各部分间使用符号“.”分开，即 10101101.00011000.10000001.10000001，虽然做了简化处理，但是对于人们来说，记忆和处理还是十分困难的，因此 IP 地址常被写成十进制数形式。上面的 IP 地址表示成十进制数形式为 173.24.129.129，这显然比 1 和 0 容易记忆得多。IP 地址的这种表示方法叫作点分十进制表示法。

采用点分十进制表示法描述的 IP 地址，方便人们记忆和书写。在计算机上配置的 IP 地址就是采用的这种写法，如图 1-5 所示。

属性

本地链接 IPv6 地址:	fe80::6d41:2cc:b763:273d%7
IPv4 地址:	192.168.0.105
IPv4 DNS 服务器:	192.168.1.1 192.168.0.1
制造商:	Realtek
描述:	Realtek PCIe GbE Family Controller
驱动程序版本:	10.31.828.2018
物理地址(MAC):	00-D8-61-75-17-68

图 1-5　点分十进制表示法

由于 8 位二进制数 11111111 转换成十进制数是 255，因此点分十进制法表示的 IP 地址的各部分最大不能超过 255。

3. 子网掩码

RFC 950 定义子网掩码是一个与 IP 地址有相同位数的二进制数，其对应的网络地址的所有位置都为 1，对应的主机地址的所有位置都为 0。子网掩码的工作过程是将 32 位的子网掩码与 IP 地址进行二进制形式的按位与运算，根据运算结果可以将一个 IP 地址划分为网络地址和主机地址两部分内容。因此，子网掩码需要与 IP 地址一起使用。

举个例子，一个 IP 地址为 192.168.1.1，点分二进制表示形式为 11000000.10101000.00000001.00000001，同时，假设采用的子网掩码为 255.255.255.0，点分二进制表示形式为 11111111.11111111.11111111.00000000，将子网掩码与 IP 地址相对应的每一位从高到低进行与运算。很明显，当 IP 地址与子网掩码对应的位为“1”时，IP 地址中原来是什么，与运算结果仍是什么；当子网掩码与 IP 地址对应的位为 0 时，无论 IP 地址原来是 0 还是 1，与运算结果必定为 0，所以 IP 地址 192.168.1.1 与子网掩码 255.255.255.0 的与运算结果为 192.168.1.0。通过运算可以知道，子网掩码为 255.255.255.0、IP 地址为 192.168.1.1 的主机的网络号为 192.168.1.0，这就是我们要求的网络标识。主机标识是通过对子网掩码进行反运算获得的，运算结果为 0.0.0.1。这就是配置 IP 地址为 192.168.1.1 这台主机在 192.168.1.0 这个网络中的主机标识。

另外，在标准的位数下，子网掩码可以通过增加或减少网络标识的位数，实现一个标准的以太网内的网络数的增加或减少。例如，通常标准的 C 类网络的子网掩码为 255.255.255.0，也就是采用了 24 位比特位来标识网络号，这个时候，这个 C 类网络中能够分配的主机数为 256−2=254。假如将这个网络分配给一家小企业，该企业只有 50 台主机，那么这个 C 类网络就会浪费一百多个 IP 地址。在 IPv4 地址资源紧缺的当下，为了更好地进行 IP 地址分配，人们往往会通过借位将这个 C 类网络划分成更小的网络。针对上面的例子，人们会向主机标识借用 2 位来进行子网划分，将原来 24 位为 1 的子网掩码变成 26 位为 1 的子网掩码，从而将原来的标准 C 类网络划分成为 4 个子网络，而原来能够容纳 254 个 IP 地址的网络变成了多个能够容纳 62 个 IP 地址的网络，这样不仅提高了 IP 地址的利用率，还优化了网络的划分，提高了网络维护人员的工作效率。

1.3.2　IP 地址的分类

国际互联网工程任务组（The Internet Engineering Task Force，IETF）将 IP 地址分为 A、B、C 三个普通类，以及 D、E 两个特殊类。每个 IP 地址包括两部分：网络地址和主机地址。上面五类地址所支持的网络数和主机数的组合不同。

在现实生活中，人们接触比较多的是 C 类 IP 地址，它共有 254 个 IP 地址，一般能满足一个小企业、一栋楼房或一个园区的使用需求。下面我们分别介绍这几类 IP 地址。

1．A 类：0～127

A 类 IP 地址的前 8 位为网络地址位，后 24 位为主机地址位，网络号码范围是 0.0.0.0～127.0.0.0，包括 128 个网络。但是，该类型 IP 地址的起始地址（0.0.0.0）和最后一个地址（127.0.0.0，保留用于回路）都不能使用，所以只有 126 个网络可以使用，也就是第一个 8 位位组为 1～126，而且，每个网络能容纳 $2^{24}-2$ 台主机，即每个网络共有 16777214 个可能的主机地址。A 类网络虽然数量少，但每个网络能够分配使用的 IP 地址数是非常庞大的，也就是说每个网络都是超级大网络。

2．B 类：128～191

B 类 IP 地址的前 16 位为网络地址位，后 16 位为主机地址位，网络号码范围是 128.0.0.0～191.254.0.0 ，可以用于 16256 个网络，并且每个网络能够分配使用的 IP 地址共有 $2^{16}-2$ 个，即每个网络中共有 65534 个可能的主机地址。B 类 IP 地址的划分可以说是中规中矩，比较适用于规模较大的企业。

3．C 类：192～223

C 类 IP 地址的前 24 位为网络地址位，后 8 位为主机地址位，网络号码范围是 192.0.0.0～223.254.254.0，一共有 2064512 个网络，每个网络能够容纳 2^8−2 台主机，即每个网络共有 254 个可能的主机地址。由此可以看出，C 类网络数量庞大，而且每个网络都可以分配 254 个 IP 地址，能够适应一般的小型企业的需求，所以 C 类网络是比较常见的网络类型。

4．D 类：224～239

D 类 IP 地址用作 IP 网络中的组播地址。D 类组播地址机制仅有有限的用处。一个组播地址是一个唯一的网络地址。主机依据这个网络地址能够将报文传输到预定义的 IP 地址组，因此一台主机可以把数据流同时发送到多个接收端，这比分别为各个接收端发送相同的流有效得多。组播长期以来被认为是 IP 网络最理想的特性，因为它有效地减小了网络流量。

5．E 类：240～254

E 类 IP 地址虽被定义，却为 IETF 所保留以作研究之用。

所有的网络，能够预留给终端分配的 IP 地址数都需要减 2，这是因为要减掉 2 个保留地址：一个是主机地址全为 0 的 IP 地址，需要留作网络标识；另一个是主机地址全为 1 的 IP 地址，需要留作广播地址。其余地址，即 1～254，可以分配给主机使用。

有的 IP 地址用作内部网络中的主机 IP 地址，有的 IP 地址具有特殊含义，有的 IP 地址具有特殊用途。

1）保留地址

互联网的保留地址主要作为内部网络中的主机的 IP 地址使用，有时也称为内部地址。内部地址不能在互联网上路由。保留地址如下。

A 类 IP 地址：10.x.x.x，即以 10 开头的 A 类地址。

B 类 IP 地址：172.16.x.x~172.31.x.x。169.254.x.x，这是微软保留的地址块。

C 类 IP 地址：192.168.x.x。

2）网络地址

在 IP 地址中，网络地址是预留给主机使用的 IP 地址的位。如果这些位设置成全为 0，那么这个 IP 地址就表示网络标识，也就是网络地址，表示某网络号的网络本身。例如，192.168.128.0 地址表示 C 类网络 192.168.128.0 本身。

3）广播地址

在 IP 地址中，广播地址是预留给主机使用的 IP 地址的位。如果这些位设置成全为 1，那么这个 IP 地址就表示广播地址。广播，是指同时向这个网络中的所有主机发送报文。例如，172.17.255.255 就是 C 类地址中的一个广播地址。

有个特殊的地址——255.255.255.255，用来表示本地广播，用于向本地网络中的所有主机发送广播消息。

4）环回地址

IP 地址 127.x.x.x 分配给当地回路地址。在一般情况下，当本机出现网络故障时，维护人员会使用环回地址对本地主机的网络配置进行测试。例如，人们常使用 127.0.0.1 对本地主机进行环路测试。

5）全 0 地址

整个 IP 地址全为 0 表示一个未知的网络。在路由器的配置中，全 0 地址用于配置默认路由。

1.3.3　子网规划

1. 默认子网掩码

当 A 类 IP 地址、B 类 IP 地址、C 类 IP 地址没有划分子网时，就采用 A 类 IP 地址、B 类 IP 地址、C 类 IP 地址定义的默认子网掩码。A 类 IP 地址、B 类 IP 地址、C 类 IP 地址的默认子网掩码如下。

A 类 IP 地址：255.0.0.0（8 位）。

B 类 IP 地址：255.255.0.0（16 位）。

C 类 IP 地址：255.255.255.0（24 位）。

2. 变长子网掩码

变长子网掩码（Variable Length Subnet Mask，VLSM）指的是采用非默认（如 8 位、16 位、24 位等）的子网掩码长度，子网掩码中的主机标识的位数可变。

3. 子网划分

子网掩码是用来判断任意两台计算机的 IP 地址是否属于同一个子网的依据。最直接的方法就是，两台计算机各自的 IP 地址在与子网掩码进行位运算后，如果得出的结果是相同的，就说明这两台计算机处于同一个子网中，可以直接进行通信。但是划分子网有更简便的方法。

划分子网的步骤如下。

首先，确定选择的子网掩码将会产生多少个子网。

$$子网数量=2^n-2$$

式中，n 表示子网掩码位，在一般情况下是从左边的最高位开始往低位数二进制数连续为 1 的个数。

其次，计算每个子网能够容纳多少个 IP 地址给主机使用。

$$主机数量=2^n-2$$

式中，n 表示 IP 地址中的主机标识的位数，即从左边数起，从二进制数中的第一个 0 开始计算直到最后一个数为止，拥有的 0 的个数。

再次，计算第一个有效子网号。

第一个有效子网号=256−十进制的子网掩码

接着，计算每个子网的广播地址。

广播地址=下一个子网号−1

最后，确定每个子网的有效主机 IP 地址。

扣除网络标识和广播地址，也就是子网中的主机标识中全为 0 和主机标识中全为 1 的地址，剩下的就是有效的、能够分配给主机使用的 IP 地址。

根据上述方法，划分子网的具体实例如下。

【例 1-1】C 类 IP 地址为 192.168.10.0，子网掩码为 255.255.255.192（/26）。

（1）子网数量=2^2−2=2。

（2）主机数量=2^6−2=62。

（3）第一个有效子网号是 256−192=64，所以第一个子网为 192.168.10.64，第二个子网为 192.168.10.128。

（4）广播地址为下一个子网号减 1。所以，两个子网的广播地址分别是 192.168.10.127 和 192.168.10.191。

（5）有效主机 IP 地址范围：第一个子网的有效主机地址范围是 192.168.10.65～192.168.10.126；第二个子网的有效主机 IP 地址范围是 192.168.10.129～192.168.10.190。

【例 1-2】某局域网中有 200 台机器，欲将其划分成 4 个子网，如何设计子网掩码？

分析：200 台机器，4 个子网，就是每个子网中有 50 台机器，设定为 192.168.10.0，C 类 IP 地址，子网掩码应为 255.255.255.0，因为要划分子网，所以能够容纳 32 位 IP 地址的子网应该使用能够容纳 64 位 IP 地址的子网，因此子网掩码应该是 256−64=192，那么总的子网掩码应该为 255.255.255.192。

1.4 认识 IPv6 地址

1.4.1 IPv6 地址概述

IPv6 地址是由 IETF 设计的第 6 版 IP，用于替代 IPv4 地址，其地址数量非常庞大，形象地举例为 IPv6 地址包含的地址能够为地球上的每一粒沙子分配唯一的一个地址。

IPv4 地址自定义和使用以来，一直存在一个重要的问题——网络地址资源严重不足，这制约了互联网的发展和应用。推广使用 IPv6 地址，不仅能解决 IPv4 地址资源不足的问题，还能解决多种接入设备接入互联网的问题。

互联网名称与数字地址分配机构（The Internet Corporation for Assigned Name and Numbers，ICANN）在 2016 年已向 IETF 提出建议——新制定的国际互联网标准只支持 IPv6 地址，不再兼容 IPv4 地址。

1.4.2 IPv6 地址的表示方法

IPv6 地址的长度可以达到 128 位，是 IPv4 地址 32 位长度的 4 倍。由于 IPv4 地址传统的点分十进制表示法不再适用于 IPv6 地址，所以 IPv6 地址采用十六进制数表示。IPv6 地址有如下 3 种表示方法。

1. 冒分十六进制表示法

冒分十六进制表示法的格式为 X:X:X:X:X:X:X:X，其中每个 X 表示 IPv6 地址中的 16 位，用十六进制数表示，如 ABCD:EF01:2345:6789:ABCD:EF01:2345:6789。在这种表示法中，每个 X 的前导 0 是可以省略的，如：

2001:0DB8:0000:0023:0008:0800:200C:417A→ 2001:DB8:0:23:8:800:200C:417A

2．0 位压缩表示法

在某些情况下，一个 IPv6 地址中可能包含很长一段 0，可以把连续的 0 压缩为“::”。为了保证地址解析的唯一性，在地址中“::”只能出现一次。例如：

FF01:0:0:0:0:0:0:1101 → FF01::1101

0:0:0:0:0:0:0:1 → ::1

0:0:0:0:0:0:0:0 → ::

3．内嵌 IPv4 地址表示法

为了实现 IPv4 网络与 IPv6 网络的互通，IPv4 地址会嵌入 IPv6 地址，此时地址常表示为 X:X:X:X:X:X:d.d.d.d，前 96 位地址采用冒分十六进制表示法表示，最后 32 位地址使用 IPv4 的点分十进制表示法表示。例如，::192.168.0.1 与::FFFF:192.168.0.1。需要注意的是，在前 96 位中，0 位压缩表示法依旧适用。

1.4.3　IPv6 地址分类

IPv6 地址主要有 3 类：单播地址（Unicast Address）、组播地址（Multicast Address）和任播地址（Anycast Address）。与 IPv4 地址相比，IPv6 地址新增了任播地址，取消了 IPv4 地址中的广播地址，因为 IPv6 网络的广播功能是通过组播来完成的。

单播地址：用来唯一标识一个接口，类似于 IPv4 地址中的单播地址。发送到单播地址的数据包将被传送给此地址标识的一个接口。

组播地址：用来标识一组接口（通常这组接口属于不同节点），类似于 IPv4 地址中的组播地址。发送到组播地址的数据包将被传送给此地址标识的所有接口。

任播地址：用来标识一组接口（通常这组接口属于不同节点）。发送到任播地址的数据包将被传送给此地址标识的一组接口中距离源节点最近（根据使用的路由协议进行度量）的一个接口。

IPv6 地址类型是由地址前缀部分确定的。IPv6 地址类型与地址前缀的对应关系如表 1-2 所示。

表 1-2　IPv6 地址类型与地址前缀的对应关系

IPv6 地址类型		IPv6 地址前缀（二进制）	IPv6 地址前缀标识
单播地址	未指定地址	00…0（128 比特）	::/128
	环回地址	00…1（128 比特）	::1/128
	链路本地地址	1111111010	FE80::/10
	唯一本地地址	1111110	FC00::/7（包括 FD00::/8 和不常用的 FC00::/8）
	站点本地地址（已弃用，被唯一本地地址代替）	1111111011	FEC0::/10
	全局单播地址	其他形式	—
组播地址	—	11111111	FF00::/8
任播地址	—	从单播地址空间中分配，使用单播地址的格式	

1. 单播地址

IPv6 单播地址与 IPv4 单播地址一样，都只标识了一个接口。为了适应负载平衡系统，RFC 3513 允许多个接口使用同一个地址，只要这些接口作为主机上实现的 IPv6 网络的单个接口出现即可。单播地址包括四类：全局单播地址、本地单播地址、兼容性地址、特殊地址。

1）全局单播地址

全局单播地址等同于 IPv4 地址中的公有地址，可以在 IPv6 网络中进行全局路由和访问。这类地址允许路由前缀的聚合，因此限制了全球路由表项的数量。

2）本地单播地址

链路本地地址和唯一本地地址都属于本地单播地址。在 IPv6 地址中，本地单播地址是指本地网络使用的单播地址，也就是 IPv4 地址中的局域网私有地址。

3）兼容性地址

在 IPv6 的转换机制中还包括一种通过 IPv4 路由接口以隧道方式动态传递 IPv6 数据包的技术。这样的 IPv6 节点会被分配一个在低 32 位中带有全球 IPv4 单播地址的 IPv6 全局单播地址。

4）特殊地址

特殊地址包括未指定地址和环回地址。未指定地址（0:0:0:0:0:0:0:0 或::）仅用于表示某个地址不存在。它等价于 IPv4 未指定地址 0.0.0.0。未指定地址通常被用作尝试验证暂定地址唯一性数据包的源地址，并且永远不会被指派给某个接口或被用作目的地址。

2. 组播地址

IPv6 组播地址可识别多个接口，对应一组接口的地址（通常分属不同节点）。发送到组播地址的数据包被送到由该地址标识的每个接口。使用适当的组播路由拓扑，可将相应数据包发送给组播地址识别的所有接口。

3. 任播地址

IPv6 任播地址与组播地址一样，可以识别多个接口，对应一组接口的地址。在大多数情况下，这些接口属于不同节点。但是，与组播地址不同的是，发送到任播地址的数据包被送到由该地址标识的一组接口中距离源节点最近的一个接口。

1.4.4 过渡技术

IPv6 不可能立刻替代 IPv4，因此在相当一段时间内 IPv4 和 IPv6 会共存。为了提供平稳的转换过程，以对现有使用者影响最小，需要有良好的转换机制。这个议题是 IETF NGTRANS 工作小组的主要目标，如今已经提出了许多转换机制，部分转换机制已被用于 6Bone。IETF 推荐了双协议栈技术、隧道技术、网络地址转换（Network Address Translation，NAT）技术等转换机制。

1. 双协议栈技术

双协议栈技术就是使 IPv6 网络节点具有一个 IPv4 栈和一个 IPv6 栈，同时支持 IPv4 和 IPv6。IPv6 和 IPv4 是功能相近的网络层协议，两者应用于相同的物理平台，并承载相同的传输层协议（TCP 或 UDP）。如果一台主机同时支持 IPv6 和 IPv4，那么该主机就可以和仅支持 IPv4 或 IPv6 的主机通信。

2. 隧道技术

隧道技术是指在必要时会将 IPv6 数据包作为数据封装在 IPv4 数据包里，以使 IPv6 数据包能在已有的 IPv4 基础设施（主要是指 IPv4 路由器）上传输。随着 IPv6 的发展，出现了一些运行 IPv4 的骨干网络隔离开的局部 IPv6 网络，为了实现这些 IPv6 网络之间的通信，必须采用隧道技术。

3. NAT 技术

NAT 技术是将 IPv4 地址和 IPv6 地址分别看作内部地址和全局地址，或者相反。例如，在内部网络中的 IPv4 主机要和外部网络中的 IPv6 主机通信时，NAT 服务器会将 IPv4 地址（相当于内部地址）变换成 IPv6 地址（相当于全局地址）。NAT 服务器维护一个 IPv4 地址与 IPv6 地址的映射表。

1.4.5 IPv6 的优势

与 IPv4 相比，IPv6 具有以下几个优势。

（1）IPv6 具有更大的地址空间。

IPv4 中规定 IP 地址由 32 位二进制数组成，其最大地址有 2^{32} 个；而 IPv6 中的 IP 地址是由 128 位二进制数组成的，其最大地址有 2^{128} 个。与 IPv4 的地址空间相比，IPv6 的地址空间增加了 $2^{128}-2^{32}$ 个地址。

（2）IPv6 使用的路由表更小。

IPv6 的地址分配一开始就遵循聚类（Aggregation）原则，这使得路由器能在路由表中用一条记录（Entry）表示一片子网，大大缩短了路由器中路由表的长度，提高了路由器转发数据包的速度。

（3）IPv6 增强了组播支持，以及对流的控制（Flow Control）。

这使得网络上的多媒体应用有了长足发展的机会，为服务质量（Quality of Service，QoS）控制提供了良好的网络平台。

（4）IPv6 加入了对自动配置（Auto Configuration）的支持。

这是对动态主机配置协议（Dynamic Host Configuration Protocol，DHCP）的改进和扩展，使得网络（尤其是局域网）的管理更加方便和快捷。

（5）IPv6 具有更高的安全性。

在使用 IPv6 的网络中用户可以对网络层的数据进行加密并对 IP 报文进行校验，IPv6 的加密与鉴别选项提供了分组的保密性与完整性，这极大地增强了网络的安全性。

（6）允许扩充。

如果新的技术或应用有需要，IPv6 允许进行扩充。

（7）更好的头部格式。

IPv6 使用新的头部格式，其选项与基本头部分开，如果需要，可将选项插入基本头部与上层数据之间。这简化并加速了路由选择过程，因为大多数选项不需要进行路由选择。

1.5 网络类型

在网络发展的不同时期，出现了不同类型的网络拓扑结构。采用不同类型拓扑结构的网络在用户面前呈现出不同的通信方式，为了在异构网络环境下满足计算机互相通信的要求，按照覆盖区域范围的大小，可以将网络分为局域网（Local Area Network，LAN）、城域网（Metropolitan Area Network，MAN）和广域网。

1.5.1 局域网

局域网的覆盖范围较小，一般是几千米以内，具备安装便捷、成本低廉、扩展方便等特点，因此在各类办公室内得到广泛应用。局域网可以实现文件管理、应用软件共享、打印机共享等功能。在使用过程中，通过维护局域网网络安全，能够有效地保护资料安全，进而保证局域网正常稳定地运行。

相对于其他网络，局域网传输速率更快、稳定性较高、组建结构简单、组网容易，并且具有封闭性。这也是很多机构选择局域网的原因。

局域网是一种内部网络，一般应用于一座建筑物内或建筑物附近，如家庭、办公室或工厂。局域网被广泛用来连接 PC 和消费类电子设备，以使它们能够共享资源和交换信息。局域网在被用于公司时称为企业网络。

局域网的拓扑结构有很多类型，常见的局域网拓扑结构如下。

1. 星型

采用星型结构的网络有一台中心网络设备，要连入网络的各个终端分别用连接链路与中心网络设备互连互通，这使得网络中的每一台终端都以中心网络设备为中心。采用星型结构的网络称为星型网络，如图 1-6 所示。星型网络中的一台终端设备在需要传输数据时，会先将数据发送到网络中的中心网络设备，中心网络设备再将数据发往需要接收数据的另一台终端设备。在星型网络中，中心网络设备是整个网络的中转站，在网络中的任意两个终端之间要进行通信时，数据都需要被转发两次。因此，星型网络具有终端数据传输速率快，网络构造简单，容易建网，便于控制、管理、维护的特点。星型网络也存在一些劣势，比如，整个网络的可靠性、稳定性都严重依赖中心网络设备，如果该设备出现故障或性能急剧下降，整个网络其他终端的数据转发都会受到影响，这必然会让整个网络性能下降，从而使网络可靠性降低。

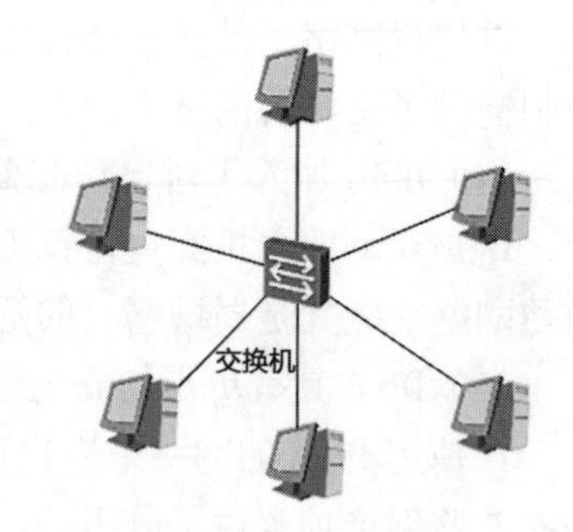

图 1-6 星型网络

2. 树型

采用树型结构的网络称为树型网络，采用的是分级结构，其特点是通过各种各样的网络设备，将终端设备接入网络，达到互连互通的目的。树型网络具有成本低、拓扑结构简单、扩展性较强的特点，能够随着业务的需求，不断增加网络设备及连接链路。

在树型网络中，任意两个终端间不会存在物理上的环路结构，并且每条链路都能够采用全双工的传输模式，因此链路的使用效率很高。同时，当树型网络中某台终端设备或网络通信设备出现故障时，其他网络部分的可用性、可靠性不会受到影响。常见的树型网络如图 1-7 所示。

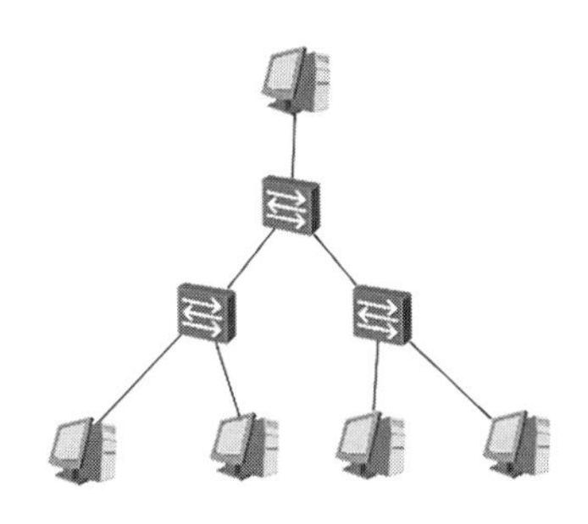

图 1-7　常见的树型网络

但在树型网络中，除叶节点及其相连的链路外，任何一个节点或任何一条链路产生故障都会影响与之相互连接的网络系统的正常运行。

3．总线型

采用总线型结构的网络称为总线型网络，它以一根总线为网络的主干，各个终端设备通过链路与总线相连，如图 1-8 所示。总线型网络中的所有终端设备之间在进行数据传递的时候，都会将要传输的数据发送到总线上，再通过总线转发给要接收数据的终端设备。由此可知，在很大程度上，总线型网络的稳定性和可靠性取决于总线。这点与星型网络中的中心网络设备类似。

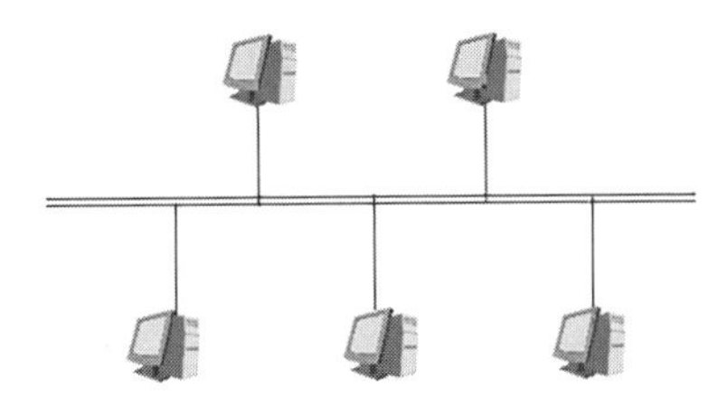

图 1-8　总线型网络

在构造总线型网络时，总线可以采用同轴电缆、双绞线，也可以采用扁平电缆。具体采用哪种介质作为总线，需要考虑建成的网络的负载能力。由于每种通信媒介的物理性能不一样，因此总线的负载容量是有限的。如果节点的个数超出总线的负载容量，就需要延长总线，并加入相当数量的附加转接部件，以使总线的负载容量达到要求。总线型网络的最大优点是组网简单、灵活，扩展性好，随时可以将终端设备接入网络。

4．环型

采用环型结构的网络是一种使用令牌的组网方式，网络中的各终端由一条首尾相连的通信链路依次连接，最终形成一个闭合环型网络，如图 1-9 所示。虽然环型网络的结构看起来很简单，但是实际上组建环型网络是比较复杂的，因此环型网络的应用场景越来越少。

在环型网络中，各个终端设备的重要性相同。一台终端设备在向另外一台终端设备传输数据时，会监听环路上的令牌是否空闲，如果不空闲，就说明有其他的终端设备正在传输数据。这时，该终端设备会随机继续监听，直到监听到令牌空闲，才会借用令牌，将要传输的数据放置在令牌的后面进行传输。因此，环型网络的利用率、通信效率较高。但是，从环型网络的工作原理可以看出，其稳定性及可靠性都取决于互连终端设备的环路是否稳健。可以预想的是，当环型网络的链路出现故障时，整个网络将会瘫痪。此外，对建成的环型网络进行扩展是较为困难的，即环型网络的扩展性较差。环型网络的优点是在构建时通信设备和线路的投入成本较低。

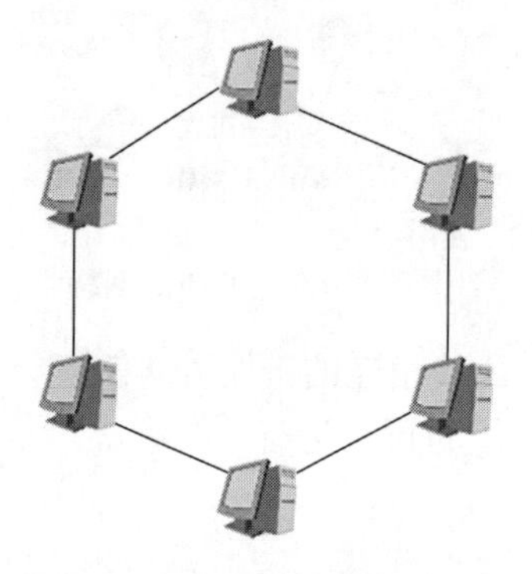

图 1-9　环型网络

5. 网状

采用网状结构的网络称为网状网络，其特点是不需要特定的网络设备，由需要组网的各个终端设备相互连接而成，没有层次关系，每台终端设备都自主独立，具有分布式控制结构，网络中的数据传输功能由各终端设备自主完成，如图 1-10 所示。因此，网状网络具有较高的可靠性和资源共享的便利性。由此可知，网状网络中的每台终端设备都与网络中的其他终端设备直接相互连接，不存在因单一设备故障而影响网络中其他设备通信的问题。但网状网络存在明显的劣势，即组网成本较高，线路连接复杂，故障排除较为困难，这导致网络运维管理复杂度较高，因此网状结构较少应用于企业、楼宇的内部网络，一般应用于广域网。

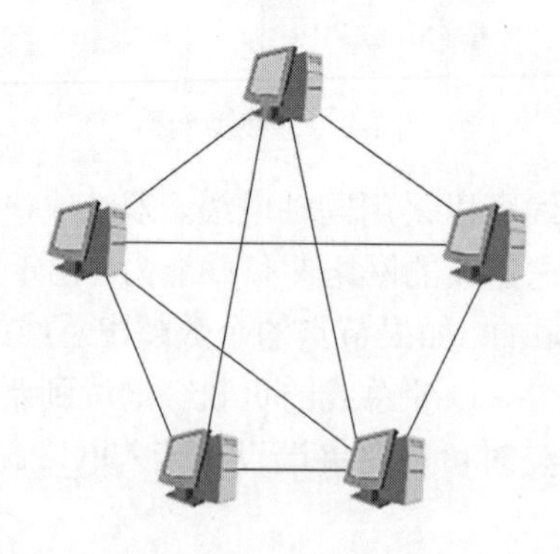

图 1-10　网状网络

网状网络的主要特点如下。

（1）可靠性高；结构复杂，不易管理和维护；线路成本高；适用于大型广域网。

（2）因为有多条路径，所以可以选择最佳路径，减少延迟，改善流量分配不平衡的情况，提高网络性能，但路径选择比较复杂。

6．混合型

采用混合型拓扑结构的网络结构较复杂，由两种或两种以上的、简单的拓扑结构网络连接而成的，如图 1-11 所示。在实际应用中，绝大多数网络的拓扑结构属于混合型拓扑结构，如 Internet。

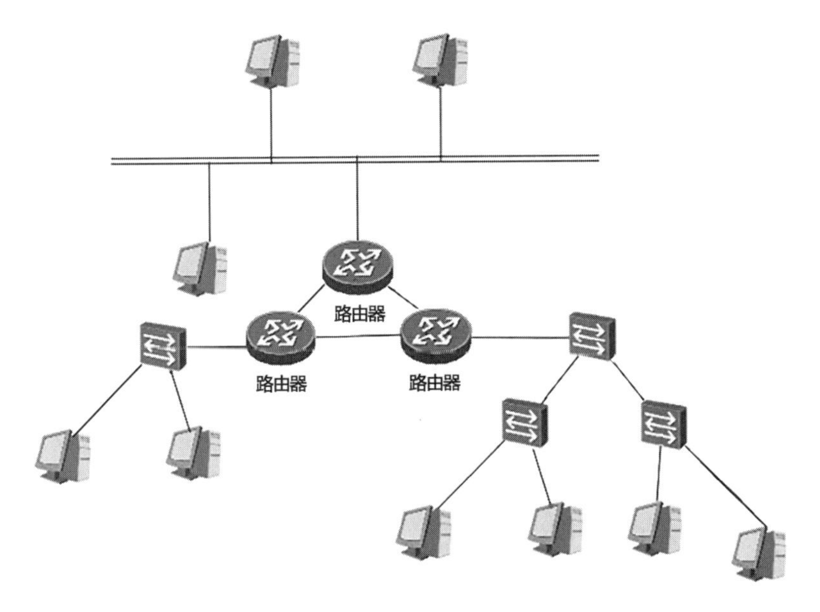

图 1-11　混合型网络

由图 1-11 可知，混合型网络的特点是由多种不同的基础拓扑结构网络连接而成。只要网络设备遵循一定的规则，各网络就能实现互连。因此，混合型网络的优点就是容易对现有网络进行扩展；可以连接不同规模的网络；能够根据不同网络的优缺点，结合实际需求，选择不同的拓扑结构进行扩展。

当然，由于混合型网络由不同类型的基础拓扑结构网络相互连接而成，因此其最大的缺点就是网络结构复杂，要求今后的网络运维与管理人员具备较高的技术素养。

综上所述，组建局域网有多种拓扑结构可供选择，需要网络建设者根据业务的实际需求，结合网络传输介质的性能、MAC 方法的确定，以及建设成本等因素来确定。

1.5.2　城域网

1．城域网概述

城域网服务可以覆盖一个城市区域。城域网可以看作宽带局域网。城域网主要采用的是有源交换元件组建的网络技术，具有传输速率快、延迟小的优点，在城市进行城域网建设时，其主干传输介质以光缆为主，传输速率基本能够维持在每秒 100 兆比特以上。

城域网的一个重要用途是作为骨干网将位于同一城市内不同地点的主机、数据库、局域网等互相连接起来，这与广域网的作用有相似之处，但两者在实现方法与性能上有很大差别。

城域网较为突出的应用就是城市中的宽带城域网，它是以 IP 和 ATM 技术为数据传输基础，以光纤等传输媒介为传输纽带，来传输数据信息和语音通话信息的，为城市中的各种计算机、多媒体等应用提供了高带宽和多业务接入的通信网络。

自 2000 年至今，宽带城域网的发展非常迅速，并且随着技术的发展和市场需求的不断增加，业务的应用类型得到不断发展和丰富。

2. 城域网组成

由于城域网接入的应用服务类型较复杂，为了便于介绍，在一般情况下，将城域网简单划分为三个层次：核心层、汇聚层、接入层。

核心层的主要功能是为城域网提供高带宽的数据传输能力，以便将现有的、已建成的、局部使用的网络相互连接，实现城市中所有基础网络互连互通，因此其特征就是高带宽及高速调度。

汇聚层的主要功能是对业务接入节点进行用户业务数据的汇聚和分发，同时实现业务的服务等级分类。

接入层主要面向一般性用户，其采用多种接入技术，将不同的主机接入网络，或者实现带宽接入的分配，从而实现终端用户多业务的复用和传输。

3. 城域网用途

随着技术的不断发展和需求的不断增加，业务类型得到不断发展，从传统的语音业务到图像和视频业务，从基础的视听服务到各种各样的增值业务，从 64kbit/s 的基础服务到 2.5 Gbit/s 和 10 Gbit/s 的租线业务，各种业务层出不穷。不同的业务有不同的带宽需求。

1）高速上网

由于通信技术的不断发展，网络传输速率得到快速提升，因此可以通过城域网的主要网络，为用户提供高速率的用户体验。例如，浏览网页新闻、观看网络视频等，没有过多的延迟，让网络用户通过网络获取网络资源变得更快捷，使用户体验更好。一般来说，现有的终端接口速度已超过 100Mbit/s。

2）视频点播

视频点播是由电信运营商提供的一种服务。网络带宽的大幅度提升让用户可以通过浏览器直接接入互联网，并利用电信运营商提供的接入设备，随心所欲地点播节目。

3）网络电视

与有线电视接入方式不同，网络电视打破了传统的电视模式，让用户能够不受时间和空间约束，随心所欲地通过接入网络的电视观看节目的直播和重播。人们可以通过安装电信运营商提供的接入设备，直接从网上收看全国各地的电视节目；也可以通过预装在电视中的各类型的媒体平台，观看其收录的各式电影或电视剧。

4）远程医疗

远程医疗，是指医务人员采用先进的数字处理技术、宽带接入技术，为不方便来医院就诊的病人远程进行诊断和治疗。远程医疗不仅实现了语音通话，还实现了实时的视频交互。医生借助远程医疗可以实时了解病人的病情。远程医疗是宽带多媒体通信技术不断发展催生出的一种医疗手段。

5）远程教育

网络带宽的提速促进了网络交换平台的发展，使得人们可以从全国各地进行实时的、短延迟的视频通话。

远程教育克服了基于电视技术和 Web 网页的文本查询式单向广播的缺点，提供了真正的交互式在线交流，而且教育成本较低，几乎全民皆可使用。教育机构可以通过 Web 应用或移动 App 等，利用网络进行直播或重播；学生可以通过互联网，使用接收软件在家收看教学视频，并可以与老师实时互动，模拟线下现场教学，效果比传统的单向广播要好很多。另外，学生还可以通过互联网查找相关学习资料，并通过学习软件提交作业、提出问题、获得解答等。

6）远程监控

随着城域网的发展和智能家居概念的提出，目前最常见的应用就是通过授权的终端软件或基于 Web 技术的页码，对位于远方的、具有摄像功能的设备进行监控，基于终端软件的操作，控制者能自由进行转动镜头、录像，以及重看录像等操作。监控系统采用的是数字监控方式。

7）交易系统

城域网的快速发展，使得其主干网速足以支持在线实时交易活动。手机银行、证券在线交易系统等应用都基于城域网的发展成果。人们无须到营业厅，可以直接利用在线交易系统通过网络进行信息传输，办理相关业务。例如，通过证券交易系统，用户在家就可以对相关股票信息进行查询，并进行买卖操作。

8）宽带业务

宽带业务可以为广大用户提供新闻浏览、居家办公、收发电子邮件、网上游戏、多媒体网上教育、视音频点播等多项服务。

1.5.3　互联网

互联网包含广域网，又称网际网路，是将全球各个国家的、不同结构的网络相互连接形成的一个非常庞大的互联网络。当然，这些网络之间需要遵循一定的、通用的互连协议才可以进行数据转发和传输。不同国家和地区之间能够通过互联网实现资源共享和信息交换，从而从逻辑上形成一个巨大的国际网络。

互联网起源于 1969 年，由美国的 ARPANET 发展而来。这种将网络互相连接在一起的方法可称作网络互连，在该基础上发展出的覆盖全世界的全球性互联网络称为互联网，即互相连接在一起的网络结构。截至 2022 年年末，中国三家基础电信企业的固定互联网宽带接入用户总数达 58965 万户，比 2021 年年末增加 5386 万户 。与世界其他国家或地区相比，中国固定宽带的平均下载速率和移动宽带的平均下载速率都走在前列。

1．互联网综述

Internet 表示的意思是互联网，也被音译为因特网，是由各个网络连成的庞大网络。这些网络以一组通用的协议相连，形成逻辑上的单一且巨大的全球化网络，互联网中有交换机、路由器等网络设备，各种不同的连接链路，种类繁多的服务器，以及数量庞大的计算机、终端。互联网是信息社会的基础，使用互联网可以将信息瞬间发送到千里之外。

互联网始于 1969 年的美国。美军在 ARPA 制定的协定下，先将其用于军事连接，然后用其将美国西南部的加利福尼亚大学洛杉矶分校、斯坦福大学研究学院、加利福尼亚大学和犹他州大学的四台主要的计算机连接了起来。

1978 年，UUCP（UNIX to UNIX Copy，UNIX 到 UNIX 的拷贝）在贝尔实验室被提出来；1979 年，在 UUCP 的基础上新闻组网络系统发展起来。新闻组（集中某一主题的讨论组）紧跟着发展起来，它提供了一种新的在全世界范围内交换信息的方法。

1989 年，在普及互联网应用的历史上又一个重大的事件发生了。Tim Berners-Lee 和其他人提出了一个分类互联网信息协议。1991 年以后，这个协议被称为 WWW 协议。该协议基于 HTML（HTML 是在一个文字中嵌入另一段文字的链接的系统）实现了用户在阅读这些页面的时候，可以随时选择一段文字链接。虽然它出现在 GOPHER 协议之前，但发展十分缓慢。

1991 年，第一个连接互联网的友好接口在明尼苏达大学被开发出来，当时学校只是想开发一个简单的菜单系统，用于通过局域网访问学校校园网中的文件和信息。

2. 网络核心协议

顾名思义，计算机网络是由许许多多计算机相连组成的网络，其目的就是实现连接到网络中的计算机间的数据传输和资源共享，为了达到这个目的，计算机必须满足两个条件：一是在数据传输前要清楚接收数据的终端的地址；二是在数据传输过程中要具有保证数据迅速、安全及可靠传输的相关措施，这是因为在数据传输过程中，数据通常是电信号、无线电或光的形式，所以数据很容易丢失或出错，为此网络会使用一种专门的计算机通用协议来保证数据安全、可靠地到达指定的目的地。这种计算机通用协议就是 TCP/IP 协议簇。

TCP/IP 协议的数据传输过程：TCP/IP 协议采用的通信方式是分组交换方式。分组交换是指数据在传输时，会按照预先定义的规则分成若干个数据段，每个数据段作为一个数据包。由此可见，TCP/IP 协议的基本传输单位是数据包。TCP/IP 协议是由很多协议构成的一个协议组，包括两个主要协议，即 TCP 和 IP，这两个协议可以联合使用，也可以与其他协议联合使用。

TCP/IP 协议由很多协议组成，并且 TCP/IP 模型采用分层划分，每一层都有对应的协议，也就是说，不同类型的协议会被放在不同层中。例如，位于应用层的协议有很多，如 FTP、HTTP、SMTP 等。只要应用层使用的协议是 HTTP，就称该网络为万维网（World Wide Web，WWW），这就是在计算机上常用的浏览器，其从服务器中获取的文件就是通过 HTTP 传输的。例如，人们在浏览器中输入百度网址时，能看见百度网提供的网页，这就是因为浏览器和百度网的服务器之间在使用 HTTP 进行交流。

1.6 网络设备

1.6.1 中继器

中继器（见图 1-12）是工作在物理层的网络设备。数据信号在链路中传输时随着传输距离的增长会越来越弱，这就是信号衰减。为了增加或延长数据信号的传输距离，需要在链路中增加中继器。中继器的功能就是对接收到的数据信号进行放大后再进行发送，从而达到延长数据信号传输距离的目的。由此可知，中继器是对信号进行再生和还原的网络设备，在 OSI 参考模型中工作于物理层，只适用于组网结构完全相同的两个网络相互连接的场景。

图 1-12　中继器

1.6.2　集线器

集线器的英文为 Hub，如图 1-13 所示。集线器工作于 OSI 参考模型的物理层，是中继器的升级版，不仅具备中继器的功能，还优化了中继器只能对网络进行一对一连接的缺陷。集线器的特点是能够对接收到的信号进行整形和放大，以延长网络中数据信号的传输距离。此外，集线器还能够将所有连接的节点集中在集线器上。

因此集线器与网卡、网线等传输介质一样，都是局域网中常用的基础设备，都是基于带冲突检测的载波监听多路访问存取（Carrier Sense Multiple Access/Collision Detection，CSMA/CD）技术进行数据信息传输与交换的。集线器的每个接口简单地收发比特流，收到 1 就转发 1，收到 0 就转发 0，不进行碰撞检测。

图 1-13　集线器

1.6.3　网桥

网桥（Bridge）（见图 1-14）是工作在 OSI 参考模型数据链路层的网络设备。网桥的任意两个接口之间都设计有一条独立的电路通道，不像集线器那样所有接口共享一条背板总线，因此网桥能够解决用集线器连接的网络产生的冲突域问题。在连接局域网时，采用网桥连接的网络的传输性能比采用集线器连接的网络的传输性能更好、传输效率更高。随着技术的发展，网桥被交换机取代。

网桥像一个聪明的中继器。中继器从一个网络电缆接收信号，放大它们，并将信号送入下一个电缆。相比较而言，网桥对从关卡上传来的信息更敏锐。网桥是基于数据链路层的设备，因此只会对帧进行转发，根据 MAC 地址表分区块，可避免传输信号的碰撞。由于网桥工作在数据链路层，因此它只能连接同构网络（同一网段），不能连接异构网络（不同网段）。

图 1-14　网桥

1.6.4　交换机

交换机（Switch）意为“开关”，如图 1-15 所示，是一种用于转发电（光）信号的网络设备，与网桥类似，工作于数据链路层。它是集线器的升级替换产品。交换机与集线器最大的区别是，能够学习连接各个接口设备的 MAC 地址，并在存储设备中形成 MAC 地址表（有的资料称之为 CAM 表）。根据 MAC 地址表记录的接口序号与该接口连接的设备的 MAC 地址关系，交换机在完成 MAC 地址表学习后，在其后的接口设备进行数据交互时，能够做到一对一的数据通信，从而避免了采用集线器连接的网络产生的冲突域问题。因此，在交换机连接的网络中，多个接口设备能够同时进行通信，互不干扰。也就是说，接入交换机的任意两个终端，交换机都能够为其提供独享的、互不干扰的电信号通路。最常见的交换机是二层交换机。

交换是根据通信两端传输信息的需要，用人工或设备自动完成的方法把要传输的信息送到符合要求的相应路由上的技术的统称。交换机根据工作位置的不同，可以分为广域网交换机和局域网交换机。广域网交换机是一种在通信系统中完成信息交换功能的设备，它应用在数据链路层。局域网交换机有多个端口，每个端口都具有桥接功能，可以连接一个局域网或一台高性能服务器或工作站。实际上，交换机有时被称为多接口网桥。

图 1-15　交换机

1.6.5　路由器

路由器（Router）（见图 1-16）是连接两个或多个网络的硬件设备，这些网络可以是同构的，也可以是异构的，只要遵循相同的网络层协议即可。路由器在网络之间发挥网关的作用，先读取接收到的数据包中的网络地址（IP 地址），然后依据其生成的路由表信息，决定数据包由哪一个接口转发出去。路由器能够分析不同网络结构的协议。例如，与路由器某个接口连接的是运行以太网协议的局域网，而另一个接口连接的是运行 TCP/TP 协议的互联网。当两个网络进行数据交互时，路由器可以分析接收到的数据包的目的地址，能够通过其协议将数据包中的非 TCP/IP 协议网络地址转换成 TCP/IP 协议网络地址，或者通过其协议将数据包中的 TCP/IP 协议网络地址转换成非 TCP/IP 协议网络地址，最后依据管理员配置好的路由算法，将各数据包按最佳路径从另一个接口转发出去，所以路由器可以连接不同类型的网络。

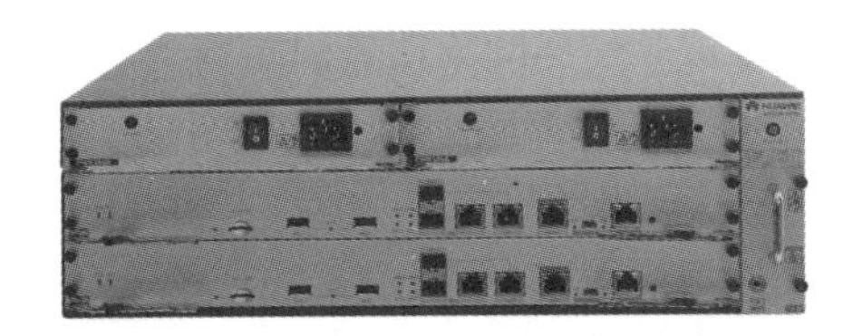

图 1-16　路由器

路由器通常位于 OSI 参考模型的网络层，因此路由技术是与网络层相关的一门技术。路由器与早期的网桥相比有很多不同。网桥的用途比较局限，只能连接类似的网络，如数据链路层一致的网络，不能连接数据链路层间有较大差异的网络。而路由器工作于网络层，能够连接任意两种不同类型的网络，但是这两种不同类型的网络之间要遵守一个原则，即使用相同的网络层协议。

1.6.6　网关

网关（Gateway）又称网间连接器、协议转换器，如图 1-17 所示。网关工作在传输层上，用于实现网络互连，是复杂的网络设备，仅用于两个高层协议不同的网络间的互连。网关既可以用于广域网互连，也可以用于局域网互连。网关是一种充当转换重任的计算机系统或设备，是一个翻译器，使用在通信协议、数据格式或语言不同，甚至体系结构完全不同的两种系统之间。与网桥只是简单地传达信息不同，网关要对收到的信息重新打包，以适应目的系统的需求。

图 1-17　网关

在 OSI 参考模型中，网关有两种：一种是面向连接的网关，另一种是无连接的网关。当两个子网之间有一定距离时，往往将一个网关分成两部分，中间用一条链路连接起来，我们称之为半网关。

按照不同的分类标准，网关有很多种。

1.6.7　防火墙

防火墙（Firewall）技术是通过有机结合各类用于安全管理与筛选的软件和硬件设备，在内、外部网络之间构建一道相对隔绝的保护屏障，以保护用户资料与信息安全的一种技术。防火墙如图 1-18 所示。

图 1-18　防火墙

防火墙的功能主要是及时发现并处理网络运行时可能存在的安全风险、数据传输等问题（其中处理措施包括隔离与保护），同时对网络安全中的各项操作进行记录与检测，以确保网络运行的安全性，保障用户资料与信息的安全，为用户提供更好、更安全的网络使用体验。

防火墙技术是一种将内部网络和外部网络（如 Internet）分开的方法，实际上是一种建立在现代通信网络技术和信息安全技术基础上的应用性安全技术，被越来越多地应用在内部网络与外部网络的互连环境中。

1.6.8 无线设备

不同网络间除用有线传输信息外，还可以利用无线电波传输信息。无线通信是进行远距离通信的唯一手段。无线设备由发信机、收信机、天线、馈线和相应的终端设备构成。

无线设备能传输电报、电话、数据和图像，并能实施保密通信。随着保密学和电子技术的发展，现代广泛使用保密机对信息进行自动加密/解密处理，提高了网络的保密性和信息传递效率。现在的无线电通信设备具有良好的电磁兼容性，天线配置合理，降低了相互干扰和影响。图 1-19 所示为常用的无线路由器。

图 1-19　常用的无线路由器

1.7 项目实验

项目实验一　正确安装 eNSP 软件

1. 项目描述

1）项目背景

eNSP 软件是一款由华为提供的、可扩展的、图形化操作的网络仿真工具平台，主要对企业网络路由器、交换机进行软件仿真，可完美呈现真实设备场景，支持大型网络模拟，让广大用户有机会在没有真实设备的情况下进行模拟演练，学习网络技术。

2）任务内容

第一部分：安装 VirtualBox 软件。

第二部分：安装 WinPcap 软件。

第三部分：安装 Wireshark 软件。

第四部分：安装 eNSP 软件。

第五部分：测试 eNSP 软件正常运行。

3）所需资源

为了能够正常运行 eNSP 软件，在安装 eNSP 软件前，需要先安装三个软件，以为 eNSP 软件的运行提供虚拟化支持、抓取数据包功能等，本次实验的软件需求表如表 1-3 所示。

表 1-3　软件需求表

软件	版本	备注
Windows	10	操作系统
eNSP	100R003C00SPC100	仿真软件
VirtualBox	5.1.38-122592-Win	提供虚拟化支持
WinPcap	4-1-3	抓包驱动
Wireshark	3.4.6.0	抓包工具

表 1-3 中的四个软件的图标如图 1-20 所示。

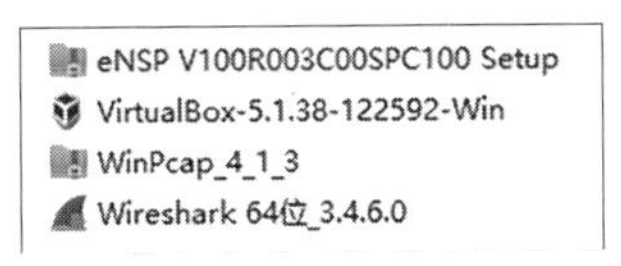

图 1-20　表 1-3 中的四个软件的图标

2. 项目实施

1）第一部分：安装 VirtualBox 软件

双击如图 1-20 所示的 VirtualBox 图标，弹出如图 1-21 所示的对话框，单击“下一步”按钮。

图 1-21　安装 VirtualBox 软件的对话框

安装过程中遇到任何提示窗口，直接单击“确认”按钮即可，整个安全过程大约需要花费 2 分钟。

2）第二部分：安装 WinPcap 软件

双击如图 1-20 所示的 WinPcap 图标，弹出如图 1-22 所示的对话框，单击“Next”按钮。

安装过程中遇到任何提示窗口，直接单击“确认”按钮即可，整个安全过程需要花费十几秒。

3）第三部分：安装 Wireshark 软件

双击如图 1-20 所示的 Wireshark 图标，弹出如图 1-23 所示的对话框，单击“Next”按钮。

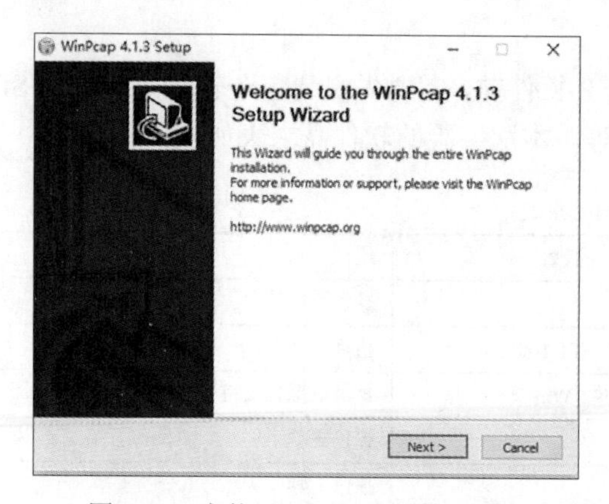

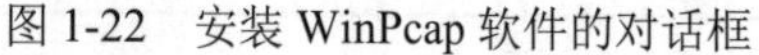
图 1-22　安装 WinPcap 软件的对话框

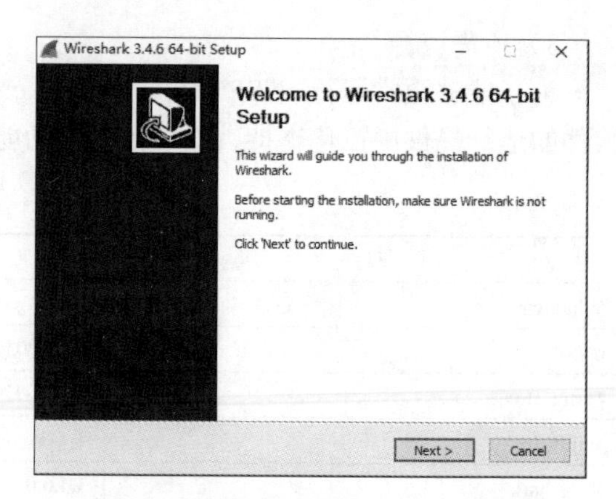

图 1-23　安装 Wireshark 软件的对话框

安装开始时，一般选择默认选项即可，需要注意的是，到了如图 1-24 所示的步骤时，要保持默认选项，不需要修改，单击“Next”按钮即可。

当安装进入如图 1-25 所示的对话框时，不需要安装 Npcap。如果选择了 Npcap 软件，将会与刚才安装的 WinPcap 软件产生冲突，导致 eNSP 软件不能正常运行。

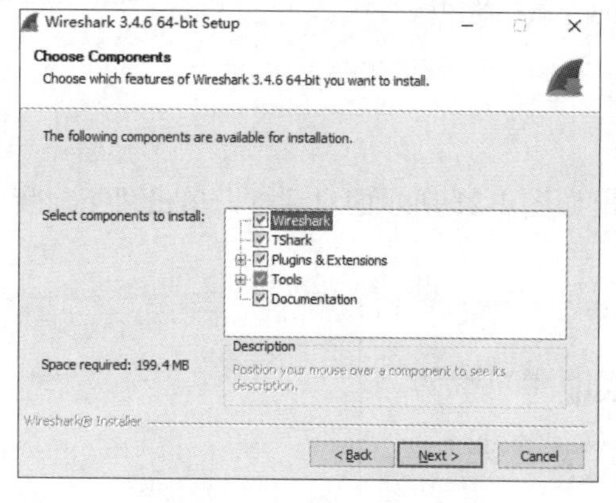

图 1-24　保持默认选项

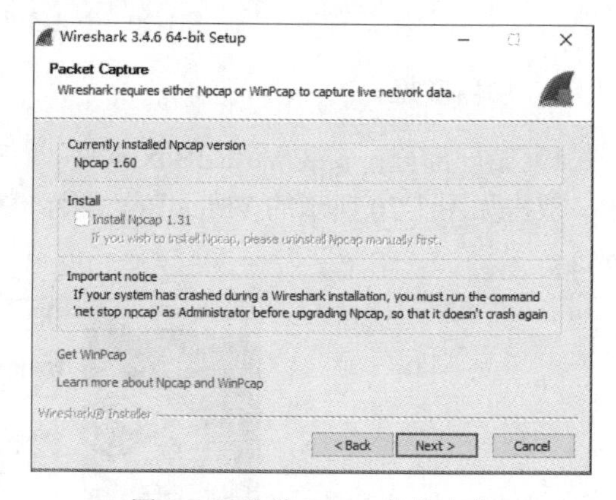

图 1-25　取消 Npcap 软件安装

接下来的安装选项直接保持默认选项即可，直至安装完成。

4）第四部分：安装 eNSP 软件

双击如图 1-20 所示的 eNSP 图标，弹出如图 1-26 所示的对话框，单击“下一步”按钮。

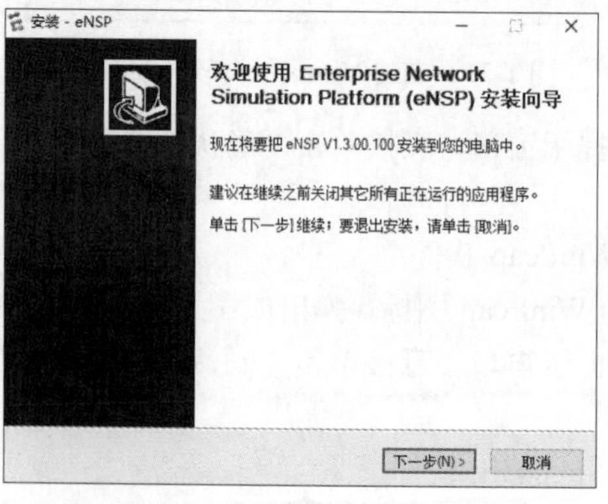

图 1-26　安装 eNSP 软件的对话框

安装过程中遇到任何提示窗口，直接单击“确认”按钮即可，整个安全过程需要花费几分钟。

5）第五部分：测试 eNSP 软件能否正常运行

双击桌面上的 eNSP 图标，打开软件新建项目后，启动一台路由器和一台交换机，如果能正常启动，将出现如图 1-27 所示的界面，说明实验安装满足实验要求，eNSP 软件安装成功。

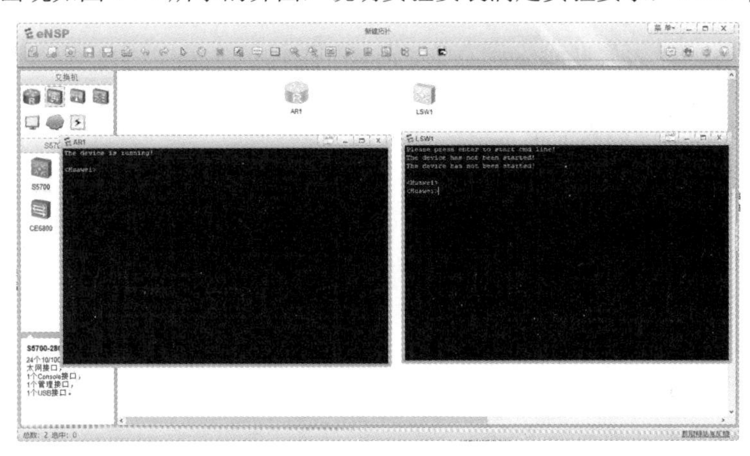

图 1-27　成功安装 eNSP 软件

通过本次实验内容，掌握 eNSP 软件的安装方法。eNSP 软件为今后学习其他章节的实验内容提供了一个虚拟平台。

习题 1

一、选择题

1. 以下没有采用存储-转发技术的交换方式是______。
   A．电路交换　B．报文交换　C．分组交换　D．信元交换
2. 在网络通信中，分组交换方式有______。
   A．报文头　B．报文尾　C．路由　D．分组编号之间
3. 下列 IPv6 地址分类中，错误的分类是______。
   A．独播地址　B．单播地址　C．组播地址　D．任播地址
4. 工作于 OSI 参考模型物理层的设备是______。
   A．交换机　B．路由器　C．网桥　D．集线器
5. 交换机转发数据的原理是 ______。
   A．信号获取再放大　B．默认发送
   C．存储-转发系统　D．电路发送
6. 某台计算机的 IP 地址是 192.168.1.2，子网掩码是 255.255.255.0，那么网络号是______。
   A．192.168.1.0　B．192.168.1.2　C．192.168.0.0　D．192.168.1.0

7．数据传输要选择交换方式，在选用______时通过链路的连接后，所有数据都通过该链路进行传输。

A．数据转换方式　　B．数据帧交换方式

C．电路交换方式　　D．以上都不是

8．在 OSI 参考模型中，每个 PDU 子层都不一样，从下往上数，第三层的传输单位是________。

A．报文　　B．比特　　C．帧　　D．分组

9．下列地址的子网掩码都是 255.255.255.0，与其他三个地址都不属于同一网络的地址是________。

A．192.168.2.21　　B．192.168.1.123

C．192.168.1.158　　D．192.168.1.11

10．通信子网中的最高层是______。

A．对话层　　B．硬件层　　C．网络层　　D．应用层

11．下列描述正确的是______。

A．网桥比交换机更先进　　B．集线器是目前常用的联网设备

C．路由器可以连接不同结构的网络　　D．交换机工作于物理层

12．下列说法错误的是_______。

A．IPv6 地址是 128 位二进制

B．IPv6 地址位数是 IPv4 地址位数的 4 倍

C．MAC 地址是 48 位二进制

D．IPv4 地址资源很紧缺

13．在 OSI 参考模型中，有三个重要的概念，分别是_____。

A．服务、接口、协议　　B．IP、路由、端口

C．层次、接口、交换　　D．协议、服务、网络

14．从本章对 TCP / IP 协议概念的介绍可知，TCP / IP 模型的四层结构分别是网络接口层、_________、传输层、应用层。

A．物理层　　B．网络层　　C．应用层　　D．广域网层

15．由本章对 OSI 参考模型概念的介绍可知，______的功能叫服务。

A．各层分别向其下一层给予原语操作

B．各层分别实现对等实体之间通信的功能

C．各层通过自身向上层提供的一组功能

D．服务就是协议

16．在 OSI 参考模型中，两个对等层间进行通信，服务是由______提供的。

A．其下一层提供的服务　　B．自己提供的服务就可以

C．其上一层提供的服务　　D．以上说法都不对

17．由本章可知，网络中定义协议的三个要素分别是语法、语义和______。

A．服务　　B．原语　　C．时序　　D．言语

18．下列描述正确的是______。
A．协议是双方通信的规约
B．服务是相互之间提供的功能
C．协议包括对上一层提供服务和规则
D．协议的三要素是语法、语义和顺序（时序）

19．OSI 参考模型中的______处理比特流信号同步。
A．物理层　B．MAC 层　C．交换层　D．网络层

20．由本章对 OSI 参考模型概念的介绍可知，层与层之间是用_____来进行数据交换的。
A．相互之间的服务　B．协议
C．计算机的程序　D．用户定义的进程

21．由本章对 OSI 参考模型概念的介绍可知，能将不同网络进行互连的是_____。
A．互联网层　B．数据层　C．网络层　D．物理层

22．由本章对 OSI 参考模型概念的介绍可知，从上往下数，_____是提供端到端通信服务的。
A．应用层　B．传输层　C．物理层　D．会话层

23．网络体系结构需要进行分层管理的原因是____。
A．降低网络的复杂度
B．分层就是为了理想化
C．使能够互相连在一起的网络功能组合在同一层
D．选项 A 和选项 C 都正确

24．在 OSI 参考模型中，可以用同步点来解决传输过程中发生的发送中断而重传的问题，该功能实现在_____。
A．应用层　B．会话层　C．网络层　D．数据链路层

25．下列层次中，在数据传输时，没有数据封装的是_____。
A．物理层　B．应用层　C．数据链路层　D．会话层

二、判断题

1．信息共享是网络的重要功能之一。（　　）
2．Internet 起源于美国的 ARPANET。（　　）
3．以太网协议是现有广域网采用的最通用的通信协议标准。（　　）
4．双绞线是目前最常用的带宽最宽、信号传输衰减最小、抗干扰能力最强的一类传输介质。（　　）
5．目前使用的广域网基本都采用网状拓扑结构。（　　）
6．计算机联网的主要目的是相互通信和资源共享。（　　）
7．普通家庭上网使用的是 A 类 IP 地址。（　　）
8．分布在一座大楼中的网络可以称为一个局域网。（　　）
9．资源子网由主计算机系统、终端、终端控制器、连网外设、各种软件资源及数据资

源组成。 (　　)

10．TCP/IP 模型由 OSI 参考模型演变而来。 (　　)

三、简答题

1．端到端通信和点到点通信有什么区别？

2．请对比 OSI 参考模型与 TCP/IP 模型，并说明 TCP/IP 协议实现网络互连的关键思想是什么，网络协议为什么需要分层，以及协议为什么不能设计成 100%可靠的。

3．请描述 OSI 参考模型中层间数据流动的过程。

4．网络由哪几个部分组成？

5．什么是网络体系结构？为什么要定义网络体系结构？

第 2 章 交换技术

交换技术是随着通信技术的发展和使用出现的通信技术。在网络技术和交换技术的发展过程中，逐步形成了以交换技术为主的网络技术。对于一般性用户来说，在降低建设网络成本投入的同时，更需要保证网络的易维护性、运行的稳定性，以及随着业务的发展需要进行的快捷、方便的扩展性，这些都与选择何种组网技术密切相关。对于设备厂商来说，采用的组网技术的优劣，成为在保证用户网络功能实现的基础上，取得更为可观的利润的一种手段。

在实际的系统集成工作中，是使用低成本的、传统的二层交换机技术，还是使用具有路由功能的、性能更高的三层交换机技术，还是使用具有更多应用服务的应用层级别的交换机技术呢？基于不同层次的交换机有所不同，这关系到在今后组网建设中该选择哪种类型的交换机。本章将对此进行详细的阐述。

2.1 交换机的分类

在学习交换机的工作原理及应用前，先了解常用的局域网交换机的分类。

1. 固定式交换机

固定式交换机的结构比较简单。常见的固定式交换机具有 24 个以太网端口；也有 8 个以太网端口、16 个以太网端口的，用于满足小范围的网络连接需求，如家庭少量几台机器的连网需求。除了以太网端口，固定式交换机一般还有一个标识为 Uplink 的端口（又称级联端口）。对于一台刚刚出厂的交换机，为了更好地对其进行管理和配置，有一个能够进行初始配置的 Console 端口（又称配置端口）。管理员可以使用特殊的配置线，通过 Console 端口对交换机进行初始化配置。下面将会详细介绍管理人员如何通过 Console 端口对交换机进行初始化配置。固定式交换机的外观如图 2-1 所示。

图 2-1　固定式交换机的外观

2. 模块化交换机

模块化交换机提供模块插槽，根据需要，用户可以利用插槽对交换机进行灵活扩展，可以通过直接将相关的端口模块插入相应插槽的方式来实现端口数量或类型的扩展，同时可以通过将不同的功能模块插入相应插槽来满足相应需求。例如，Cisco 的 3550-12G 交换机可以插百兆或千兆的模块。模块化交换机的外观如图 2-2 所示。交换机的 8 口 1000BASE-FX 模块如图 2-3 所示。

图 2-2　模块化交换机的外观

图 2-3　交换机的 8 口 1000BASE-FX 模块

2.2　交换机的组成结构及功能与作用

2.2.1　交换机的内部组成结构

交换机由硬件和软件两部分组成，其中，硬件主要包括中央处理器（Central Processing Unit，CPU）、存储器等物理硬件和电路，其结构与一般的计算机主机没有太大区别；软件是由交换机的生产厂商提供的，包括操作系统和配置文件。可以把一台交换机当成一台独立运行的 PC。

1．交换机的 CPU

交换机内部有一个 CPU。不同系列和型号的交换机的 CPU 不尽相同。CPU 是交换机的处理中心，交换机要执行的数据处理及数据包转发操作都是通过 CPU 的控制来实现的。

2．交换机的存储器

存储器是交换机存储信息和数据的地方，各类交换机有以下几种存储器。

1）ROM

只读存储器（Read Only Memory，ROM）保存着交换机的引导或启动程序（Bootstrap Program），是交换机启动时运行的第一个软件。交换机的 ROM 是可擦写的，其操作系统是可以升级的。

2）FLASH

FLASH 又称闪存，主要用来保存操作系统软件，通常被视为主操作系统，以维持交换机的正常工作。FLASH 的功能相当于 PC 的硬盘，但其容量比 PC 的硬盘小得多，一般只能容纳一个操作系统映像文件。交换机的 FLASH 中还保存有 config 信息。

3）RAM

交换机的随机存取存储器（Random Access Memory，RAM）是系统运行的主存储器，在开机时，交换机的操作系统会把上次关机时最后保存的配置信息（config 信息）调入 RAM

并运行。当前运行的配置信息称为 Running-config。如果操作者对交换机进行了修改，那么当前 RAM 中保存的 Running-config 会随之改变，但若要使修改的信息在下次启动交换机时生效，则需要在退出前进行保存。保存操作实际上就是把 Running-config 信息保存到 config 文件中。

2.2.2 交换机的功能与作用

交换式局域网中普遍使用的中心设备是交换机，作为数据交换的中心，交换机担负着繁重的数据处理及转发任务。交换机的主要功能包括物理编址、错误校验、帧序列处理及数据流控制。此外，交换机还提供对虚拟局域网（Virtual Local Area Network，VLAN）的支持、对链路汇聚的支持，有的交换机还具有防火墙功能。

交换机不仅能够连接相同类型的网络，还能够连接不同类型的网络（如以太网和快速以太网）。如今，许多交换机都提供支持快速以太网或光纤分布式数据接口（Fiber Distributed Data Interface，FDDI）等的高速连接端口，用于连接网络中的其他交换机，或者为带宽占用量大的关键服务器提供附加带宽。

2.2.3 交换机的级联、堆叠与端口聚合

在网络工程的实际应用中，往往需要用交换机来连接大量机器，但一台交换机的端口数量是有限的，如仅有 24 个端口。是否可以扩展交换机的端口数量，以实现更多机器间的相互通信呢？答案是肯定的。将多台交换机进行连接的方式有两种：级联和堆叠。采用这两种连接方式进行组网或扩充网络主要是为了增加网络中的端口数量。下面分别对这两种方式进行简要介绍。

1．交换机级联的实现

级联既可以使用专用的 Uplink 端口实现，也可以使用普通端口实现。当使用 Uplink 端口与另外一台交换机的普通端口级联时，应当使用直通线；当相互级联的两个端口均为普通端口时，应当使用交叉电缆（又称交叉线）。两种级联方式具体如下。

（1）使用 Uplink 端口实现级联。

交换机在出厂时，会有一个默认的 Uplink 端口（见图 2-4），这就是用于与其他交换机的任意端口（除 Uplink 端口外）进行连接，从而实现级联的端口。在连接过程中，可以利用直通线直接将该端口与其他交换机的除 Uplink 端口外的任意端口级联（见图 2-5）。连接方式与计算机与交换机之间的连接方式完全相同。需要注意的是，某些品牌的交换机（如 3Com）会使用其中一个普通端口（一般是端口 1）兼作 Uplink 端口。当然，这种类型的交换机会有一个转换开关用于实现端口在两种类型之间的手动切换。

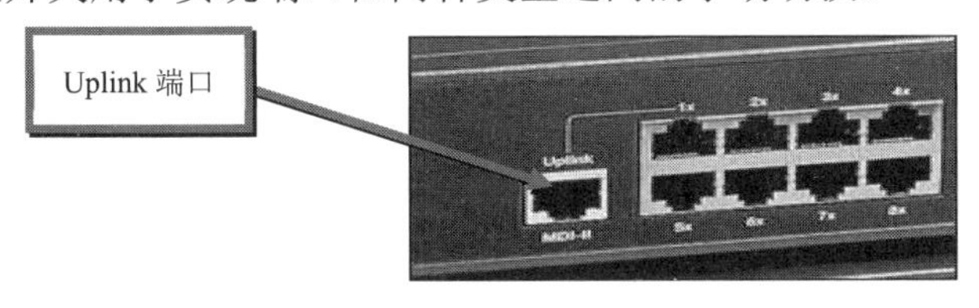

图 2-4 交换机的 Uplink 端口

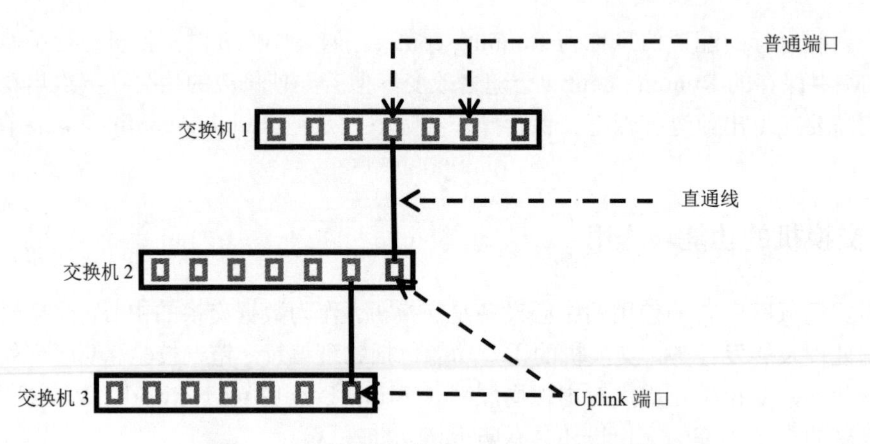

图 2-5 使用交换机的 Uplink 端口实现级联

（2）使用普通端口实现级联。

如果使用交换机的普通端口来实现级联，就需要使用交叉线来连接。使用普通端口实现级联的连接方法与使用 Uplink 端口实现级联的方法相似，实现效果和使用 Uplink 端口实现级联的效果是一样的，但是要占用普通端口，在端口利用率上不如使用 Uplink 端口实现级联，具体连接如图 2-6 所示。

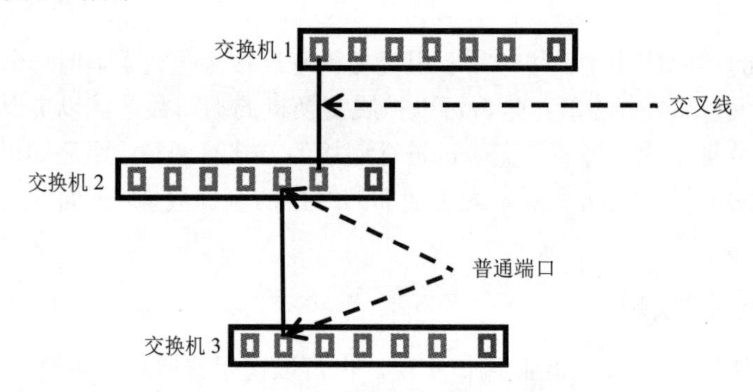

图 2-6 使用交换机的普通端口实现级联

2. 交换机堆叠的实现

上面介绍的交换机级联可以通过一根线在任何品牌的交换机之间、集线器之间或交换机与集线器之间实现，但堆叠是将交换机或集线器的背板连接起来，是一种芯片级的连接。堆叠通常需要使用专门的堆叠电缆和专门的堆叠模块实现，并且堆叠线缆一般只有几米长，堆叠后的交换机带宽是交换机端口速率的几十倍。例如，一台速率为 100Mbit/s 的交换机在堆叠后带宽可以达到每秒几百兆甚至上千兆。堆叠模块和电缆如图 2-7 所示。

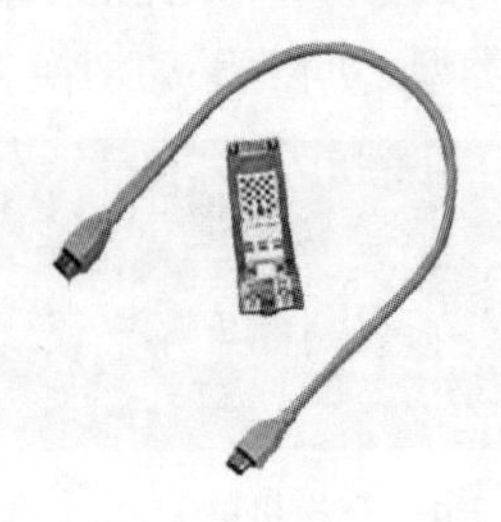
图 2-7 堆叠模块和电缆

级联和堆叠各有优点，在实际的方案设计中经常同时出现，可以灵活应用，以下是交换机级联与堆叠的区别。

（1）级联可以扩大网络范围，按照单根双绞线的最长距离为100m来算，级联实现的网络跨度可以达到500m，即最多4台交换机实现级联，读者可以自己画图进行分析；堆叠受电缆长度限制，一般是在机柜范围内实现的。因此，堆叠和级联都能增加端口数量，但是级联可以扩大连接距离，堆叠则不可以。

（2）级联可以在不同型号和厂家的设备之间进行，通常用来解决不同品牌交换机间的连接问题；堆叠只能在相同厂家的设备之间进行，并且要求设备必须具有堆叠功能。

（3）级联只是对网络范围的扩大，不能提高设备的带宽。如果两台百兆交换机通过一根双绞线级联，它们的级联带宽仍是百兆，而这两台交换机如果通过堆叠线缆实现堆叠，那么堆叠线缆将能提供高于1Gbit/s的背板带宽。

（4）堆叠在一起的多台交换机在逻辑上可视为一台交换机，只需要1个IP地址，通过该IP地址可以对所有交换机进行管理；级联的设备在逻辑上是独立的，如果想要管理这些设备，必须依次连接各设备。

3. 端口聚合

在实际应用中常常可以看到很多品牌的交换机在其性能参数上指出支持Trunk功能，可以提供更好的传输性能，那什么是Trunk？Trunk在应用中有哪些主要功能呢？下面进行简要介绍。

Trunk称为端口聚合或端口汇聚，主要功能就是将多个物理端口（一般为2～8个）绑定为一个逻辑通道，将属于这几个端口的带宽合并，为端口提供几倍于独立端口的高带宽。例如，4个100Mbit/s、全双工的快速以太网端口可以使用链路聚合技术集中在一起，形成总带宽为400Mbit/s的连接，这几个端口可以视作一个端口。当交换机和节点之间的连接带宽不能满足负载需求时，这就是一种非常有效且实用的增加带宽的方法。将多个物理链路捆绑在一起，不仅可以提升整个网络的带宽，还可以实现链路冗余。由于数据可以同时通过被绑定的多个物理链路传输，因此在网络因故障或其他原因断开其中一条或多条链路时，剩下的链路可以继续支持数据传输。

2.3 二层交换原理

2.3.1 局域网的帧交换方式

交换机是数据链路层设备。对应于OSI参考模型，在数据链路层封装的数据称为数据帧。基于数据链路层的交换机在接收到数据帧时，能够分析数据帧的目的MAC地址的信息，并根据自身的MAC地址表来分析该数据帧从交换机的哪个端口送出去，如果目的MAC地址在MAC地址表中已经存在，那么二层交换机就会将信息从目标MAC地址对应的端口送出去，以实现数据交换（称为帧交换）。交换机内部端口与端口之间的链路是相对独立的，能够提供两个不同端口之间的数据的并行传送机制，从而减少不同端口之间数据传输的冲突，以此来获得更优化的带宽。交换机的帧交换方式一般有以下三种。

1. 直通交换

直通交换具有线速处理能力。采用直通交换方式时，交换机在接收到要转发的数据帧时，只读取数据帧前 14B 的内容，然后将数据帧传送到相应的端口，转发速度快。

2. 存储-转发

存储-转发可通过对数据帧的读取进行检错和控制。采用存储-转发方式时，交换机在接收数据帧时会完全接收，并将其存储在缓冲器中，在转发数据帧前，交换机会检测该数据帧是否存在错误，只有接收的数据帧完全正确，才会对存储的数据帧进行转发。

3. 自由分段

自由分段是在直通交换的基础上进行了调整的交换方式，其综合了直通交换和存储-转发的特点，既进行数据检测，又不完全接收数据帧。在采用自由分段方式时，交换机在接收数据帧时会边接收边检测。交换机只检测数据帧的前 64B，如果前 64B 数据不存在错误，那么交换机就不会再向下进行检测，而是直接转发该数据帧。自由分段的工作原理是，传输数据帧常出现的错误总是发生在数据帧的前 64B。

综上所述，直接交换的速度非常快，但由于没有对数据帧进行管理与检测，因此缺乏智能性和可靠性，同时该交换方式不支持具有不同速率端口的交换。因此，各厂商把存储-转发方式作为重点。但对于数据帧的转发，许多交换机都具备存储-转发与自由分段两种交换方式合并使用的特点，可以根据当前数据出错的概率，在一定出错范围内采用自由分段进行交换，在超出出错率时采用存储-转发进行交换。

2.3.2 MAC 地址表的建立

在上一节中提到，二层交换机的帧交换过程是根据自身的 MAC 地址表，分析接收到的数据帧中的目的 MAC 地址信息进行的。在实际进行帧交换时，如果交换机接收的数据帧来自一个新的 MAC 地址，交换机就会把该 MAC 地址和接收数据的端口对应关系在交换机的 MAC 地址表中记录下来。随着连接交换机的不同计算机间不断进行通信，交换机内部的 MAC 地址表将会逐渐完善，将其连接的所有计算机的 MAC 地址与其连接的端口关系记录下来。在之后的通信中，交换机依靠该 MAC 地址表中的信息，就可以实现数据端口到端口的快速转发了。

交换机的 MAC 地址表的建立过程具体可以进行如下描述。

（1）在初始状态，交换机的 MAC 地址表是空白的，没有任何记录，随着与交换机连接的计算机进行数据交换，该 MAC 地址表逐渐被完善。例如，交换机从某个端口获取一个数据帧，就会分析该数据帧帧头中的源 MAC 地址信息，由于 MAC 地址表中没有任何信息，所以交换机就会记录源 MAC 地址与接收数据帧的端口的对应关系，并将该端口对应信息写入 MAC 地址表。

（2）当 MAC 地址表完善后，交换机再次接收数据帧时会分析该数据帧帧头中的目的 MAC 地址，如果能够在已有的 MAC 地址表中查找到相应的端口，那么交换机就会根据数据转发规则，把数据帧从这个端口转发出去，从而实现数据帧的转发。这时，接收数据帧的端口和转发数据帧的端口会形成一条逻辑链路，不会影响其他端口间的通信。

（3）当然，MAC 地址表是在不断学习中完善的。如果交换机新接收的数据帧在已有的 MAC 地址表中找不到相应的端口，交换机就会把数据帧广播到所有端口上（除了接收数据帧的端口）。虽然是广播，但是最后只有目的终端会对源终端进行回应（其他终端会丢弃该数据帧）。交换机会把回应的数据帧的源 MAC 地址与相应端口的对应关系记录在 MAC 地址表中，这样，相同的源终端与目的终端间再进行数据转发时，交换机就不会再对所有端口进行广播了。

二层交换机就是通过以上步骤建立并维护自己的 MAC 地址表的。当然，MAC 地址表中的信息是有时间周期的，管理员可以设置交换机 MAC 地址表信息的老化时间，在到达老化时间时，对 MAC 地址表进行刷新，在一段时间内没有和任何终端进行通信的表项将会被删除，在下次通信时将要重新学习相关信息，所以交换机的 MAC 地址表通常被称为动态的 MAC 地址表。MAC 地址表中的表项也可以是手动配置的，这种表项被称为静态地址表项。静态地址表项在地址刷新时不会被删除，但这种地址信息一般较少使用。

2.3.3 冗余备份与环路问题

在网络连接中，设备之间使用一条线路进行连接往往会造成因单条线路出现故障而导致整个网络瘫痪的现象。单链路的缺点在主干核心设备之间连接时更为突出，若核心设备之间的链路断掉而不采用相应的解决方法，将可能导致严重的后果。为此，可以采用“冗余备份”的思想，在设备连接中使用双链路或多链路方法，增加的链路可以作为冗余链路。但增加冗余链路会带来新问题，如图 2-8 所示，在交换机 A 与交换机 B 之间搭建 2 条链路，链路 2 作为冗余链路，通过分析可以得出这样的情况：当交换机 A 连接链路 1 的端口转发一个广播数据帧时，该数据帧经过链路 1 传输到交换机 B，同一个广播帧经过复制后通过链路 2 又返回交换机 A，如此循环下去，在整个网络中将存在大量复制广播数据帧，最终形成广播风暴。造成这种现象的根本原因是网络中存在的冗余链路，为了克服单链路的缺陷，同时解决冗余链路带来的网络环路问题，可以使用交换机的生成树协议（Spanning Tree Protocol，STP），有关 STP 的原理可参见第 4 章。

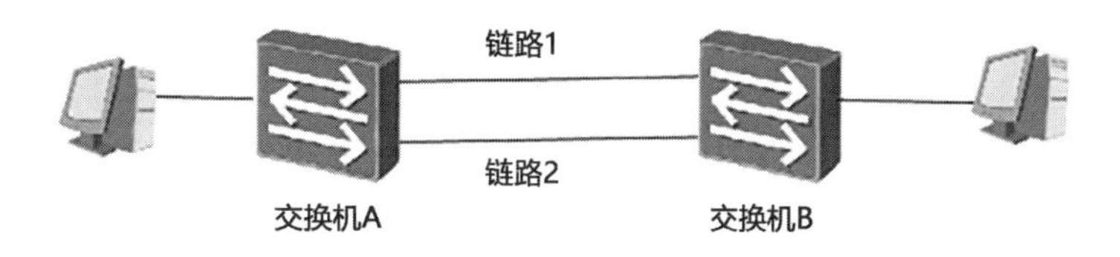

图 2-8 冗余链路连接

2.4 交换机基本配置

2.4.1 交换机的配置方法

要对交换机实现配置管理，首先要登录交换机。常用的登录方法有两种：一种是通过交换机的配置端口（一般标识为 Console），使用专用配置电缆登录；另一种方法是通过网络从交换机的以太网端口远程登录，此方法执行的前提条件是交换机已经配置了相应的管理 IP 地址，可以使用 Telnet 命令远程登录管理 IP 地址指定的交换机设备。下面分别对这两种登录方法进行介绍。

1．使用 Console 端口登录交换机进行配置

对交换机进行初始配置时使用的是 Console 端口登录交换机的方法：使用一条专用的配置电缆（Console 线），一端连接 PC 的串口（COM1 端口或 COM2 端口），另一端连接交换机的 Console 端口。交换机的 Console 端口类型可能是 RJ-45 端口，也可能是 DB-9 或 DB-25 串口，应根据 Console 端口的不同类型选择配置电缆。使用 Console 端口登录交换机进行配置的设备连接示意图如图 2-9 所示。实际连接示意图如图 2-10 所示。连接好设备后在 PC 端运行超级终端程序，创建一个与交换机的连接。连接参数参照交换机的要求进行设置。

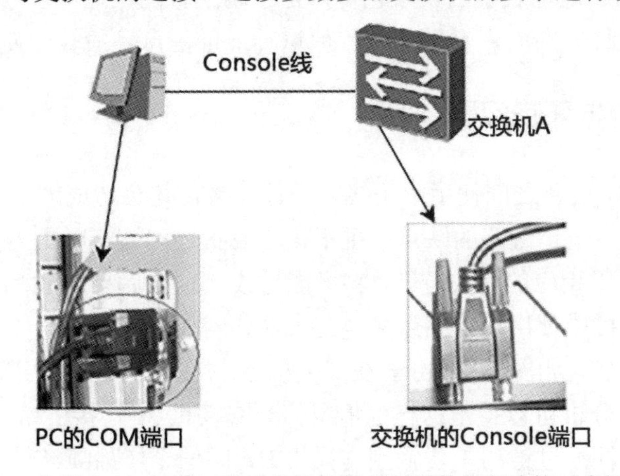

图 2-9　使用 Console 端口登录交换机进行配置的设备连接示意图

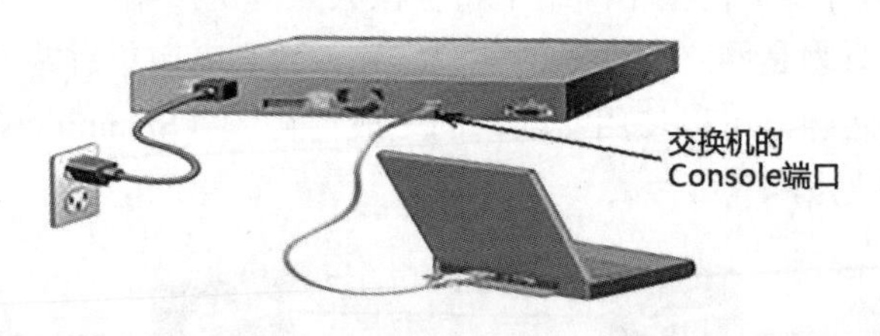

图 2-10　实际连接示意图

2．使用 Telnet 命令行方式登录交换机进行配置

使用 Console 端口登录交换机对交换机进行了初始配置后，一般会配置一个用于管理该交换机的管理 IP 地址，此地址将作为以后其他接入该网络的机器通过网络登录交换机的依据。假设给交换机配置了管理 IP 地址 192.168.0.1/24，那么接入此网络的 PC 只要把网卡的 IP 地址设置为与 192.168.0.1/24 处于同一网段的地址，就可以通过 Telnet 命令行方式登录交换机。操作方法是在 PC 的命令行界面执行\>Telnet 192.168.0.1 命令，如图 2-11 所示。使用 Telnet 命令行方式登录交换机进行配置的设备连接示意图如图 2-12 所示，具体操作将在“项目实验”部分进行介绍。

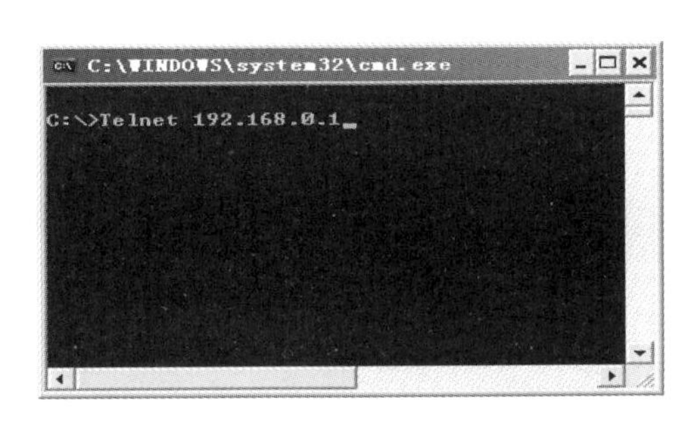

图 2-11　执行 Telnet 命令

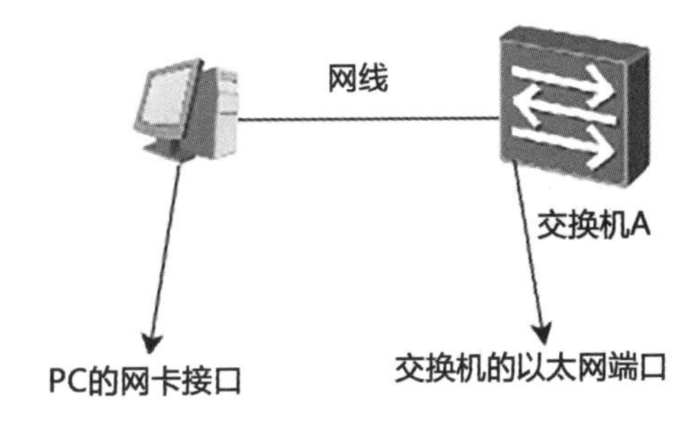

图 2-12　使用 Telnet 命令行方式登录交换机进行配置的设备连接示意图

2.4.2　交换机的视图模式

使用上述方法登录交换机后，接着就会与交换机使用的操作系统软件打交道。交换机的通用路由平台（Versatile Routing Platform，VRP）提供的是一个字符操作界面，支持命令集。配置者需要掌握相关操作命令，了解不同操作命令应该在什么命令模式中实现。下面来介绍一下华为系列交换机进行命令配置时使用的视图模式，以便读者更快地掌握命令配置操作。

1. 普通用户视图

普通用户视图的提示符为<Huawei>，其中 Huawei 是交换机的名称，可以自定义；符号“<>”是普通用户视图的标记。在该视图下，用户只能执行有限的一小部分命令，如果要执行所有命令，就需要切换到系统视图。从普通用户视图切换到系统视图可以通过执行 system-view 命令来实现，方法如下：

```
<Huawei>system-view          /*执行进入系统视图命令
[Huawei]                     /*系统视图提示符
```

2. 系统视图

系统视图提示符为[Huawei]，其中符号“[]”是系统视图的标记。在该视图下，用户可以执行所有命令。若想从系统视图返回普通用户视图可以通过执行 quit 命令来实现，方法如下：

```
[Huawei]quit                 /*执行退出系统视图命令
<Huawei>                     /*返回普通用户视图
```

3. 系统视图的子视图

在系统视图下，针对不同目的，可以进入相应的子视图来实现交换机的不同配置，包括线路配置视图、端口配置视图、VLAN 配置视图等。在线路配置视图下，可以配置交换机的线路参数，如配置 Console 线连接限制；在接口配置视图下，可以配置交换机的端口参数，这个视图是十分常用的视图，读者应该牢记该视图的切换方法，具体如下：

```
[Huawei]                     /*进入系统视图
/*进入 GigabitEthernet0/0/1 端口配置视图
[Huawei]interface GigabitEthernet 0/0/1
[Huawei-GigabitEthernet0/0/1]
[Huawei]vlan 10              /*进入 VLAN 配置视图
```

```
[Huawei-vlan10]              /*vlan 10 配置视图提示符
```

如果要退出子视图，可以通过执行 quit 命令来实现，方法如下：

```
[Huawei-vlan10] quit         /*返回上一级视图
[Huawei]                     /*系统视图
```

2.4.3 交换机的基本配置内容

对入门者来说，熟悉各种视图下的命令应用，可以为今后进行复杂的配置打下坚实的基础，而且相关的初始配置项目是使用者必须掌握的，因此学习者应该熟练地掌握相关的基本配置。交换机的基本配置包括以下几个基本内容。

1. 配置交换机的主机名

配置交换机的主机名，如：

```
/*在系统视图下使用 sysname 命令，其中 SW1 是要配置的主机名，修改后是[SW1]
[Huawei]sysname SW1
```

2. 配置交换机 Console 端口的登录模式

配置交换机 Console 端口的登录模式，如：

```
[SW1]user-interface console 0                          /*进入 console 0 子视图
[SW1-ui-console0]authentication-mode password          /*建立统一认证模式
/*设置登录密码为“huawei”
[SW1-ui-console0]set authentication password simple huawei
```

3. 配置交换机 Telnet 用户的用户名和密码

配置交换机 Telnet 用户的用户名和密码，如：

```
[SW1-ui-console0]aaa                                  /*进入 AAA 子视图
/*创建用户名为“test”、密码为“123”、级别为“3”的本地用户
[SW1-aaa]local-user test password simple 123 privilege level 3
[SW1-aaa]local-user test service-type telnet          /*配置用户“test”服务模式为telnet
[SW1]user-interface vty 0 4                           /*进入 VTY 子视图
[SW1-ui-vty0-4]authentication-mode aaa                /*配置认证模式为AAA
```

4. 配置交换机的端口切换

交换机端口默认为二层端口，当需要在交换机端口配置 IP 地址时，需要将该端口配置为三层端口，如：

```
/*指定 GigabitEthernet0/0/1 端口为三层端口
[Huawei-GigabitEthernet0/0/1]undo portswitch
[Huawei-GigabitEthernet0/0/1]display interface /*显示端口状态
```

执行结果如下：

```
GigabitEthernet0/0/1 current state : UP
Line protocol current state : UP
```

```
Description:
Route Port,The Maximum Frame Length is 9216
```

5. 配置端口流量控制

当连接两台交换机端口的数据传输速率不一致时，如果没有进行端口流量控制，往往会导致数据在传输过程中丢失，为了避免出现这种情况，需要为两台连接的交换机端口进行配置，协调数据传输速率。示例如下：

```
/*连接线两端的交换机端口都要进行相同配置
[Huawei-GigabitEthernet0/0/1]flow-control
```

6. 查看 MAC 地址表

查看 MAC 地址表的示例如下：

```
[SW1]display mac-address
```

执行以上配置后，交换机就实现了基本的初始配置。

2.5 交换机安全配置

2.5.1 Telnet 与 SSH

2.3 节提到，在局域网通信中，单链路连接会出现链路中断导致的整个网络通信中止的情况。如图 2-13 所示，三台交换机通过链路 1 和链路 2 连接，网络服务器 FS 接在交换机 C 上，客户机 PC 接在交换机 A 上。由于该网络是单链路连接，因此链路 1 和链路 2 中的任意一条中断都会造成客户机 PC 无法访问网络服务器 FS。为了解决这个问题，可以在交换机 A、交换机 B 之间和交换机 B、交换机 C 之间分别增加一条链路作为冗余链路，修改后的连接网络如图 2-14 所示；还可以在交换机 A、交换机 C 之间添加一条链路作为冗余链路，如图 2-15 所示。

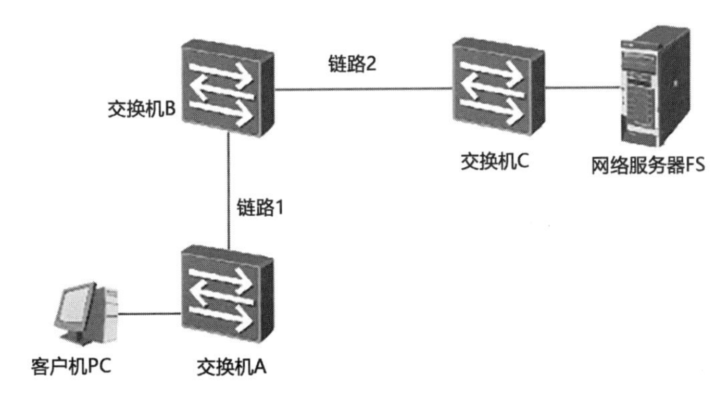

图 2-13　单链路连接网络

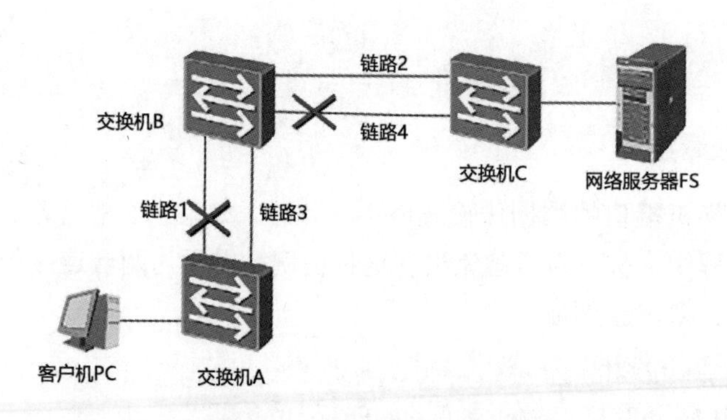

图 2-14　增加冗余链路的连接网络（一）

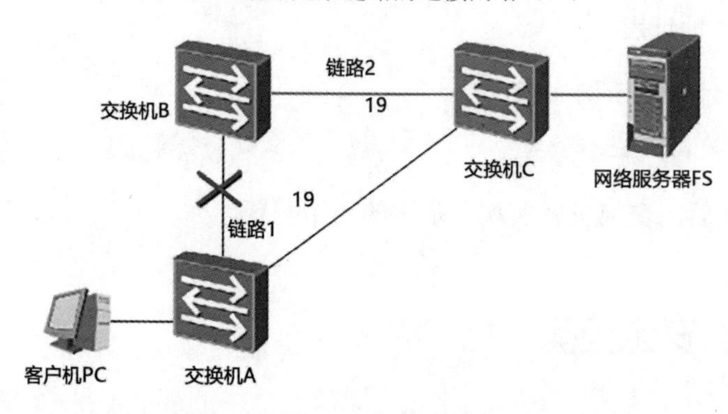

图 2-15　增加冗余链路的连接网络（二）

在增加了冗余链路后，网络拓扑结构中形成了环路，更为严重的是，如果没有做特殊处理，这样的网络拓扑结构很容易产生广播风暴，从而造成整个网络瘫痪。为解决此问题，可以在交换机中启用 STP，该协议能够在逻辑上去掉网络拓扑结构中物理上的环路。这样的好处是：①能够抑制网络环路；②可以提供物理上的冗余链路。

STP 的工作原理主要是在网络中建立备份链路，在一般情况下，当网络拓扑结构中存在备份链路时，该网络只允许主链路处于激活状态，只有在主链路发生故障时，备份链路才会被启用。

在图 2-14 中，交换机 A、交换机 B、交换机 C 都启用了 STP，对连接交换机 A 和交换机 B 的 2 条链路而言，根据 STP，链路 1 是主链路，链路 3 是备份链路，链路 1 处于激活状态，而链路 3 处于阻塞状态，当链路 1 发生故障时，链路 3 自动调整到激活状态，代替链路 1 来维持网络的连通；当链路 1 恢复正常后，交换机会根据链路信息，重新将链路 1 调整到激活状态，而将链路 3 调整到阻塞状态。这些调整动作都是根据配置好的 STP 自动执行的，其目的就是在任何时候，2 条链路中只能允许一条链路处于工作状态，而另外一条链路处于备用状态，从而解决单链路故障造成的网络通信中止。

针对上述 STP 功能，交换机是依据什么来对冗余链路做出主链路和备份链路的选择的呢？下面对相关问题进行介绍。

交换机在启用了 STP 后，各交换机会定时与所在网络的其他交换机进行信息交流，这种信息交流通过相互发送网桥协议数据单元（Bridge Protocol Data Unit，BPDU）来实现。BPDU

是一种二层数据帧，该数据帧以组播方式传输，传输的所有信息都是用来判断冗余链路中的哪条链路是处于激活状态的。具体来说，BPDU 包括以下字段。

Bridge ID：交换机的网桥 ID，即 BID，是交换机唯一的标识符，是由交换机的优先级与 MAC 地址构成的。

Port ID：发送 BPDU 的端口的标识符，也就是端口 ID，由端口优先级与端口号构成。

Root Bridge ID：本交换机根据对比判断得出的当前根桥 ID。

Root Path Cost：本交换机的根路由开销。

Message Age：报文已存活的时间。

Forward-Delay Time：发送延迟时间。

各交换机先进行第一个判断操作，即根桥的选举：先将相互交换接收到的 BPDU 包含的 BID 与自己本身的 BID 的大小进行比较，并把 BID 最小的交换机选举出来，作为根桥。选举原则为先比较交换机优先级，优先级值越小，BID 就越小；如果交换机优先级值相同，就对 MAC 地址进行比较，把 MAC 地址最小的交换机选出来作为根桥。

然后将根桥作为比较的标准目标，比较其他非根桥到达根桥的路由开销大小，判断冗余链路中的最佳路径，把最优路径作为主链路激活，同一交换机其余可以到达根桥的链路将作为备份链路，STP 会将这些链路阻塞，从而保证网络中不形成环路。在图 2-15 中，假设通过选举后交换机 B 是根桥，并且所有链路的带宽都是 100Mbit/s，那么交换机 A 到达交换机 B 的路径有 A→B 和 A→C→B，由于 A→B 的路由开销是 19，而 A→C→B 的路由开销是 19+19，因此路径 A→B 为最佳路径。链路的带宽与路由开销的关系如表 2-1 所示。

表 2-1 链路的带宽与路由开销的关系

链路的带宽/（Mbit/s）	路由开销
10	100
100	19
1000	4

当然，在选择路径的过程中，如果存在多条链路的根路由开销是一样的，那么最佳路径的选择会依照以下的顺序进行：先比较根路由开销，然后比较发送者的 BID，再比较发送者的端口 ID，最后比较本交换机的端口 ID，以比较值最小的为优先。

如图 2-16 所示，假设连接 4 台交换机的所有链路的带宽相同，这表示各交换机的优先级一致，各交换机的 MAC 地址标示在图中，为了避免网络环路的存在，各交换机都启用 STP，通过选举得到 SWD 为根桥。对非根桥 SWC 来说，存在两条到达根桥 SWD 的链路，因此需要选择出最佳路径。根据最佳路径优先顺序的选择规则，两条链路的根路由开销是一样的，都是 19+19，因此需要继续比较 SWA 和 SWB 的 BID。因为这 2 台交换机的优先级一样，所以选择 MAC 地址小的交换机作为根桥。此时，在 SWC 分别与 SWA 和 SWB 连接的链路中，从 SWA 连接 SWD 的链路将会被激活，而 SWC 连接 SWB 的链路将被阻塞。如果在 SWC 和 SWA 之间增加一条链路，如图 2-17 所示，假设一条链路连接 SWA 的端口 1，另一条链路连接 SWA 的端口 3，此时在选择最佳路径时，由于 2 条链路的根路由开销和发送者的 BID 都一样，因此根据发送者的端口 ID 来决定最佳路径。此时，与 SWA 的端口 1 连接的链路是最佳的，将被激活，而与 SWA 的端口 3 连接的链路将被阻塞。

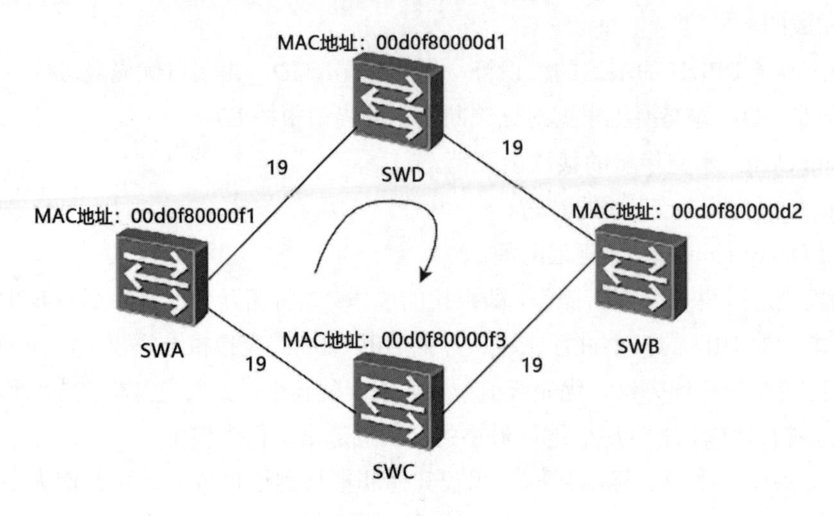

图 2-16　最佳路径的选择示意图（一）

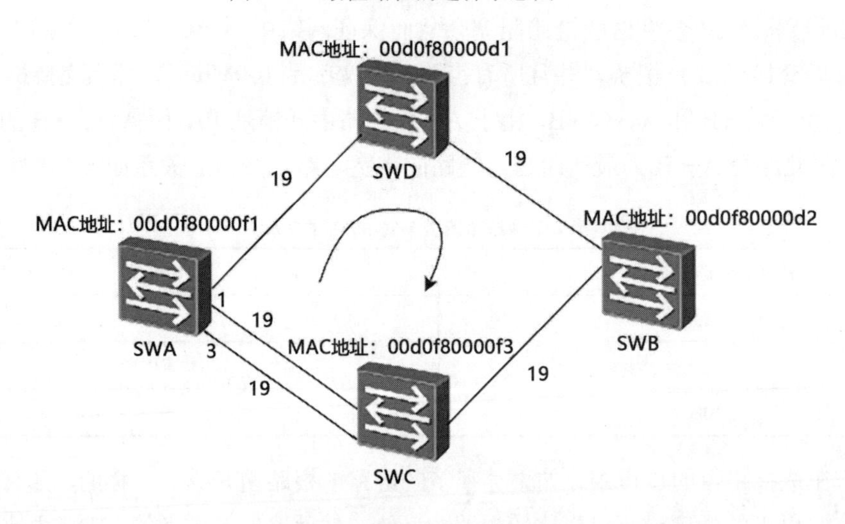

图 2-17　最佳路径的选择示意图（二）

在实际网络连接中还存在特殊情况，即网络连接中混合使用了交换机和集线器，由于集线器属于物理层设备，只起到信号放大的作用，因此其端口不存在优先级。当交换机的多条链路通过集线器与其他交换机连接时，应该如何选择最佳路径呢？这时，将通过本交换机的优先级来决定。

如图 2-18 所示，SWC 通过集线器到达根桥的 2 条链路的根路由开销、发送者的 BID、发送者的端口 ID 都一样，这时只能比较本交换机的端口 ID。假设 SWC 与集线器相接的 2 条链路中一条通过端口 2 连接，另一条通过端口 5 连接，根据本交换机的端口 ID 越小优先级越高的原则，SWC 中端口 2 连接的链路将被激活，另一条链路将被阻塞。

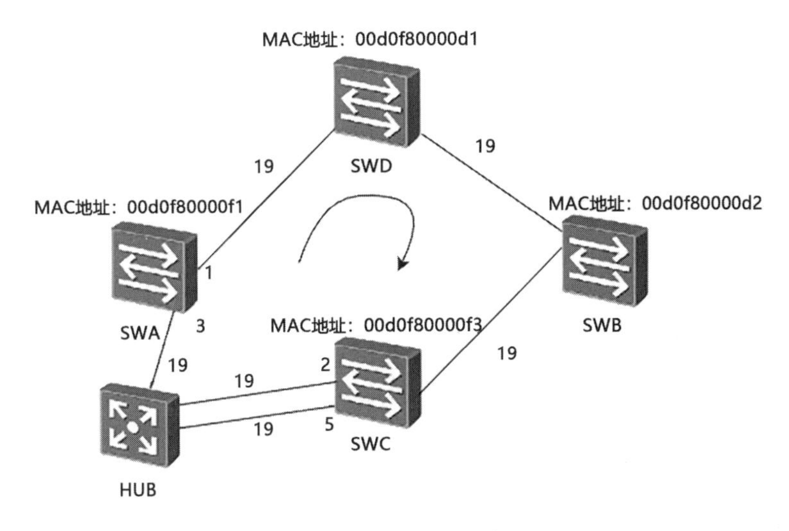

图 2-18　最佳路径的选择示意图（三）

至此，交换机 STP 的基本工作原理介绍完毕，下面叙述在 STP 工作期间，交换机各端口的工作状态，以帮助读者进一步了解 STP。

2.5.2　端口安全

启用 STP 后，网络中各交换机各端口的工作状态不同，STP 下的各端口被赋予了相关名称，端口类型可以参考图 2-19，主要如下。

（1）Root Port：称为根端口，是非根桥到根桥的所有路径中最短路径的端口，简称 RP。

（2）Alternate Port：称为根端口的替代端口，当已选择的根端口失效时，这个端口就会变更成根端口，简称 AP。

（3）Designated Port：称为指定端口，每个局域网通过该端口连接到根桥，简称 DP。

（4）Backup Port：指定端口的备份端口。如果一个根桥有两个端口都连接在一个局域网上，那么高优先级的端口为指定端口，低优先级的端口为备份端口，简称 BP。

（5）Undesignated Port：称为禁用端口，当前不处于活动状态，即工作状态是 down 的端口，简称 UP。

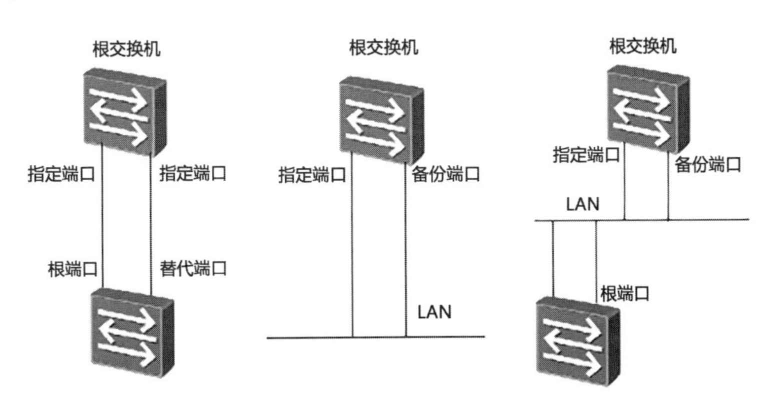

图 2-19　交换机的 STP 端口类型

交换机启用STP时，需要有一个选举过程，如网络中最佳路径的选取、根桥的选举等。经过这些步骤后，才能最终确定各个端口的工作状态。启用STP的交换机的各端口在STP工作过程中会有不同的状态，总的来说，主要有以下5种。

（1）Disabled（禁用）：禁用状态的端口不接收BPDU，不发送BPDU，不学习MAC地址表，不转发数据，端口关闭。

（2）Blocking（阻塞）：这时候，端口不处于工作状态，既不转发已收到的帧，也不会学习源Mac地址。

（3）Listening（监听）：当原来正常工作的链路发生阻塞时，该端口将立即进入监听状态，这时，端口就可以接收和解析BPDU信息。

（4）Learning（学习）：这时候，该端口不会对接收到的数据帧进行转发，但是，端口会学习源Mac地址，因此，这个时候是处于过渡状态。

（5）Forwarding（转发）：顾名思义，在这个状态下，端口既对收到的帧进行转发，也会学习源Mac地址。

交换机启用STP后，在运行期间当链路发生变化时，端口从转发状态到阻塞状态需要经过一个时间周期（默认值是50s左右），待稳定后，整个网络中的所有端口就会进入转发状态，或者阻塞状态。对于一个经过学习已经稳定的网络，只有根端口和指定端口会进入转发状态，其他端口都处于阻塞状态。当然，由于学习需要花费一定时间，因此收敛速度慢成为STP的缺点。50s对于一些对实时性、稳定性与可靠性有很高要求的网络应用是无法忍受的。因此，需要对其进行优化。快速生成树协议（Rapid Spanning Tree Protocol，RSTP）在STP的基础上做了很多优化，收敛速度变快很多（最快少于1s），大大提高了网络的自我恢复能力。本书不对RSTP的工作原理进行详细介绍，有兴趣的读者可以参考与CISCO或锐捷网络相关的书籍，目前中高端的锐捷交换机都支持RSTP。

2.5.3 在交换机上配置STP

在交换机上配置STP时，需要在交换机中启用STP并进行相关配置，主要如下。

（1）更改设备名：

```
<Huawei>system-view                        /*进入系统视图
[Huawei]sysname SW1                        /*将设备命名为SW1
```

（2）启用STP：

```
[SW1]stp mode mstp                         /*启用STP
```

（3）配置桥优先级：

```
[SW1]stp priority 0                        /*配置桥优先级
```

将SW1设为根桥最直接的方法就是提高桥优先级，其他交换机使用默认的桥优先级。

注意：优先级值小者优先级高，优先级最小值为0。

（4）配置边缘端口与BPDU保护：

```
[SW1]stp bpdu-protection                   /*配置BPDU保护
[SW1]interface GigabitEthernet0/0/4        /*进入GigabitEthernet0/0/4端口视图
/*配置GigabitEthernet0/0/4端口为边缘端口
[SW1-GigabitEthernet0/0/4]stp edged-port enable
```

SW1 的 G0/0/4 端口连接计算机 PC1，可通过配置边缘端口与 BPDU 保护，对生成树进行优化。

2.6 项目实验

2.6.1 项目实验二 交换机的基本配置

1. 项目描述

（1）项目背景。

交换机的基本配置的实验任务是熟练掌握交换机的简单配置，为今后复杂项目的交换机配置打下基础。

（2）交换机基本配置拓扑图如图 2-20 所示。

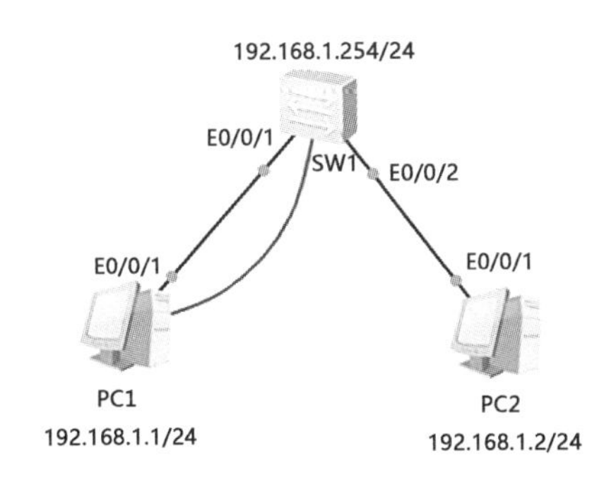

图 2-20 交换机基本配置拓扑图

（3）任务内容。

第一部分：配置计算机通过 Console 端口登录交换机。

第二部分：测试。

（4）所需资源。交换机基本配置实验设备如表 2-2 所示。

表 2-2 交换机基本配置实验设备

实验设备及线缆	数量	备注
S5700 交换机	1 台	支持 Comware V7 命令的交换机即可
PC	2 台	操作系统为 Windows 10
Console 线	1 根	—
以太网线	2 根	—

2. 项目实施

1）第一部分：配置计算机通过 Console 端口登录交换机

步骤 1：按如图 2-20 所示的拓扑图使用 Console 线、以太网线连接所有设备相应的端口。

步骤 2：配置计算机的 IP 地址，将 PC1 和 PC2 的 IP 地址及掩码分别配置为 192.168.1.1/24

和 192.168.1.2/24。

（1）配置 PC1 和 PC2 的 IP 地址。其中，配置 PC1 的 IP 地址如图 2-21 所示。

（2）配置 PC1 的串口（见图 2-22），连接 SW1。

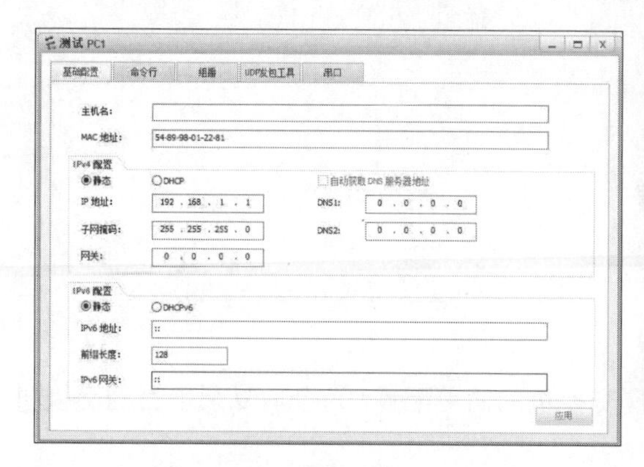

图 2-21　配置 PC1 的 IP 地址

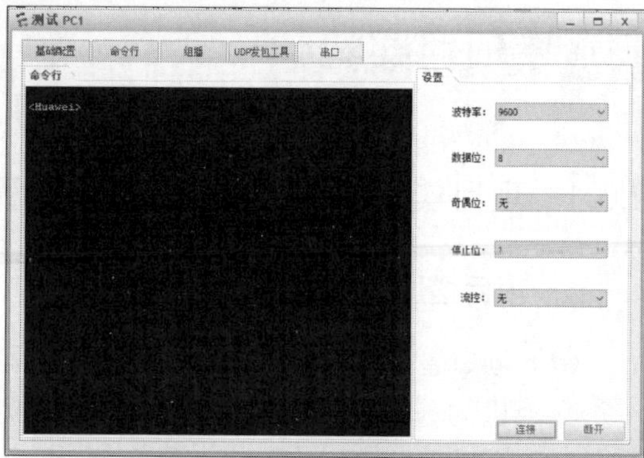

图 2-22　配置 PC1 的串口

一般不需要修改串口的任何配置，直接单击“连接”按钮即可建立 PC1 与 SW1 的连接。测试 PC2 到 SW1 的连通性，结果如图 2-23 所示，这表明 PC2 能连通 SW1。

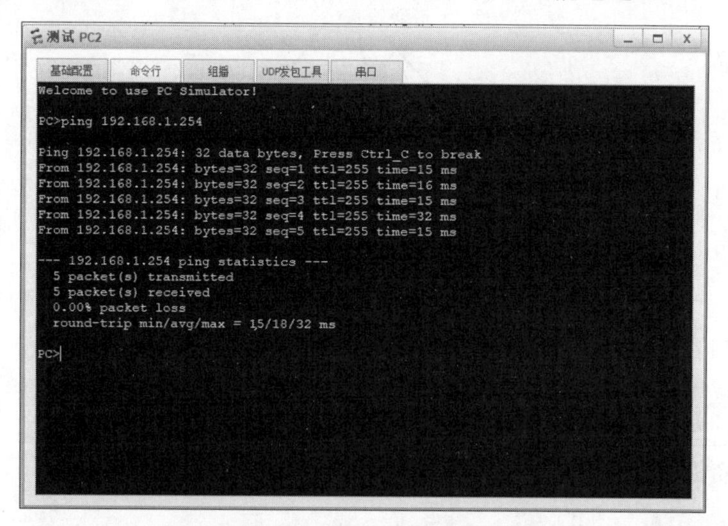

图 2-23　测试 PC2 到 SW1 的连通性结果

步骤 3：交换机基本配置。

（1）更改设备名：

```
<Huawei>system-view                              /*进入系统视图
[Huawei]sysname SW1                              /*将设备命名为 SW1
[SW1]undo info-center enable                     /*关闭信息提示
```

（2）配置交换机 IP 地址：

```
[SW1]int Vlan1                                   /*进入交换机 Vlan1 子视图
/*配置 IP 地址为 192.168.1.254，子网掩码为 24 位
[SW1-Vlanif1]ip address 192.168.1.254 24
[SW1-Vlanif1]quit                                /*退出交换机 Vlan1 子视图
```

（3）配置交换机 Console 端口登录模式：

```
[SW1]user-interface console 0                        /*进入 console 0 子视图
[SW1-ui-console0]authentication-mode password        /*建立统一认证模式
/*设置登录密码为 huawei
[SW1-ui-console0]set authentication password simple huawei
```

（4）配置交换机 Telnet 用户名和密码：

```
[SW1-ui-console0]aaa                                 /*进入 AAA 子视图
/*创建用户名为 test、密码为 123、级别为 3 的本地用户
[SW1-aaa]local-user test password simple 123 privilege level 3
/*配置用户 test 的服务模式为 telnet
[SW1-aaa]local-user test service-type telnet
[SW1]user-interface vty 0 4                          /*进入 VTY 子视图
[SW1-ui-vty0-4]authentication-mode aaa               /*配置认证模式为 AAA
```

（5）配置端口的通信速率为 100Mbit/s：

```
[SW1]port-group 1                                    /*配置端口组，统一进行端口配置
[SW1-port-group-1]group-member e0/0/1 to e0/0/2      /*定义端口范围
[SW1-port-group-1]description Computer               /*定义端口描述信息
[SW1-port-group-1]undo negotiation  auto             /*关闭端口自适应速率
[SW1-port-group-1]speed 100                          /*定义端口的通信速率为100Mbit/s
```

2）第二部分：测试

具体步骤如下。

（1）通过 PC2 ping 交换机，测试连通性。

在 PC2 的命令行界面中输入 ping 192.168.1.254 命令并执行，结果显示 PC2 与 SW1 的链路是互通的。

（2）从 PC2 Telnet 到交换机。

在 PC2 的命令行界面中修改 PC2 的名字为 ceshi2，输入 telnet 192.168.1.254 命令并执行，如果设置正确，就会弹出如图 2-24 所示的内容，正确输入在交换机基本配置中设置的用户名 test 和密码 123，就能够成功登录 SW1。

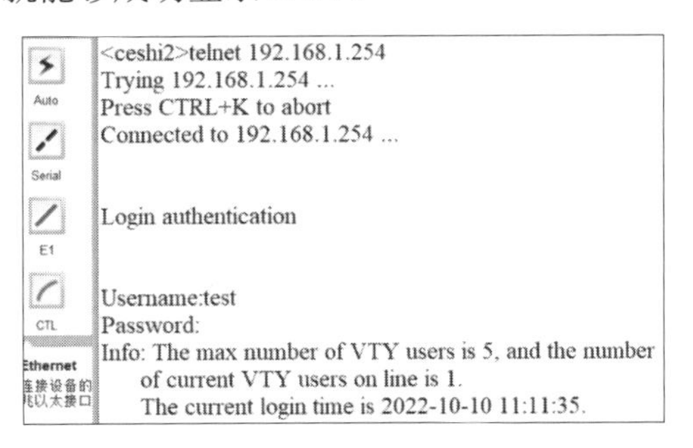

图 2-24　测试从 PC2 Telnet 到交换机

注意：输入密码的时候不会显示，完成输入后，直接按回车键即可。

（3）验证 PC1 通过 Console 端口需要用密码登录交换机。

PC1 在通过 Console 端口再次连接交换机时，会出现 Password 提示符，需要输入在交换

机基本配置中设置的密码 huawei 才能登录 SW1，如图 2-25 所示。

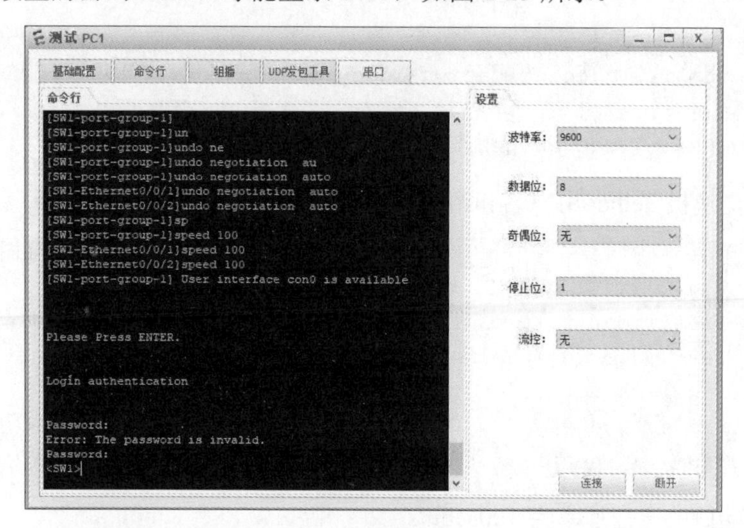

图 2-25　验证 PC1 通过 Console 端口用密码登录 SW1

综上所述，本次实验达到了预期目标，完成了交换机基础配置命令，以及计算机与交换机互连的配置的实验练习。

2.6.2　项目实验三　STP 配置

1. 项目描述

（1）项目背景。

在交换机上配置 STP，以消除二层网络中的环路，实现链路备份。

（2）STP 配置拓扑图如图 2-26 所示。

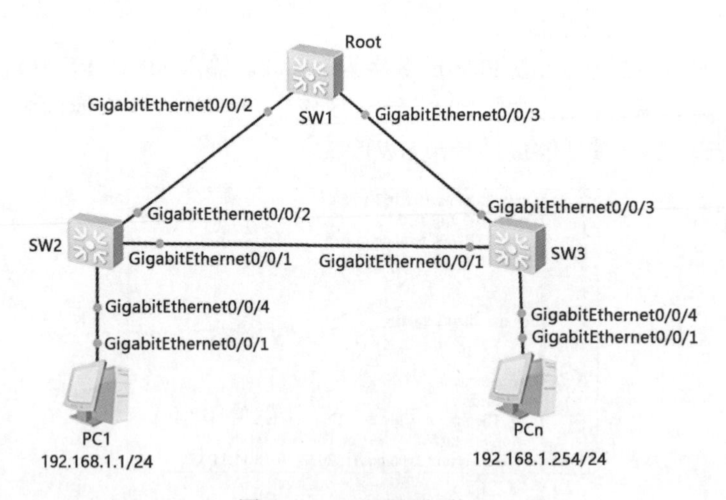

图 2-26　STP 配置拓扑图

（3）任务内容。

第一部分：配置 STP，消除二层网络中的环路。

第二部分：STP 的测试与状态查看。

（4）所需资源。STP 配置实验设备如表 2-3 所示。

表 2-3　STP 配置实验设备

实验设备及线缆	数量	备注
S5700 交换机	3 台	支持 Comware V7 命令的交换机即可
计算机	2 台	操作系统为 Windows 10
Console 线	1 根	—
以太网线	4 根	—

2．项目实施

1）第一部分：配置 STP，消除二层网络中的环路

按如图 2-26 所示的拓扑图使用以太网线连接所有设备相应的端口。

配置计算机的 IP 地址，将 PC1 和 PCn 的 IP 地址及掩码分别配置为 192.168.1.1/24 和 192.168.1.254/24。

步骤 1：SW1 启用 STP，设置桥优先级。

通过 Console 端口登录 SW1。

（1）更改设备名：

```
<Huawei>system-view                        /*进入系统视图
[Huawei]sysname SW1                        /*将设备命名为 SW1
```

（2）启用 STP：

```
[SW1]stp mode mstp                         /*启用 STP
```

（3）配置桥优先级：

```
[SW1]stp priority 0
```

将 SW1 设为根桥最直接的方法就是提高桥优先级，其他交换机使用默认的桥优先级。

注意：优先级值小者优先级高。优先级最小值为 0。

步骤 2：SW2 启用 STP，配置边缘端口与 BPDU 保护。

通过 Console 端口登录 SW2。

（1）更改设备名：

```
<Huawei>system-view                        /*进入系统视图
[Huawei]sysname SW2                        /*将设备命名为 SW2
```

（2）启用 STP：

```
[SW1]stp mode mstp                         /*启用 STP
```

（3）配置边缘端口与 BPDU 保护：

```
[SW2]stp bpdu-protection                   /*配置 BPDU 保护
[SW2]interface GigabitEthernet0/0/4        /*进入 GigabitEthernet0/0/4 端口视图
/*配置 GigabitEthernet0/0/4 端口为边缘端口
[SW2-GigabitEthernet0/0/4]stp edged-port enable
```

SW2 的 GigabitEthernet0/0/4 端口连接 PC1，可通过配置边缘端口与 BPDU 保护对 STP 进行优化。

步骤 3：SW3 启用 STP，配置边缘端口与 BPDU 保护。

（1）更改设备名：

```
<Huawei>system-view                          /*进入系统视图
[Huawei]sysname SW3                          /*将设备命名为 SW3
```

（2）启用 STP：

```
[SW3]stp mode mstp                           /*启用 STP
```

（3）配置边缘端口与 BPDU 保护：

```
[SW3]stp bpdu-protection                     /*配置 BPDU 保护
[SW3]interface GigabitEthernet0/0/4          /*进入 GigabitEthernet0/0/4 端口视图
/*配置 GigabitEthernet0/0/4 端口为边缘端口
[SW3-GigabitEthernet0/0/4]stp edged-port enable
```

SW3 的 GigabitEthernet0/0/4 端口连接计算机 PCn，可通过配置边缘端口与 BPDU 保护对 STP 进行优化。

2）第二部分：STP 的测试与状态查看

步骤 1：连通性测试与状态查看。

（1）连通性测试。

用 PC1 去 ping 计算机 PCn，结果如图 2-27 所示，说明两台计算机可以正常互通。

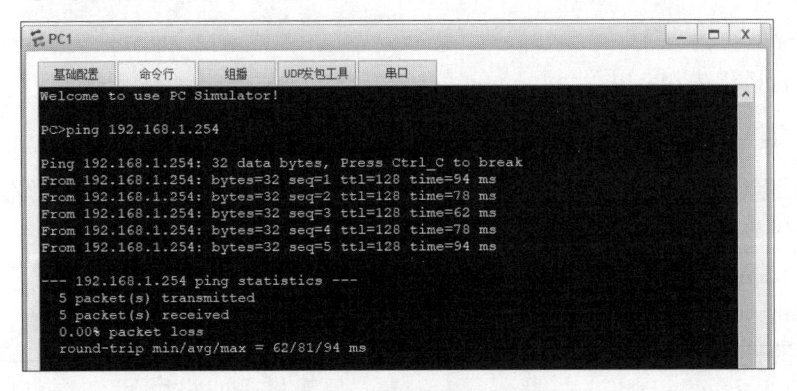

图 2-27 连通性测试结果

（2）查看 SW1 端口的 STP 状态信息。

使用 display stp 命令查看 SW1 端口的 STP 状态与角色信息，结果显示端口 GigabitEthernet0/0/2 和端口 GigabitEthernet0/0/3 均为指定端口，并处于转发状态。

图 2-28 展示了 display stp 命令查看到的部分 STP 状态与统计信息（信息内容较多，未一一展示），部分重要信息解析如下。

```
CIST Bridge         :0    .4c1f-cc45-2378
```

SW1 的网桥 ID 为 0.4c1f-cc45-2378（点号前的 0 为桥优先级，后面为 SW1 的 MAC 地址）。

```
Config Times        :Hello 2s MaxAge 20s FwDly 15s MaxHop 20
```

配置BPDU发送周期为2s，最大生存周期为20s，转发延迟为15s，多生成树（Multiple Spanning Tree，MST）域最大跳数为20。

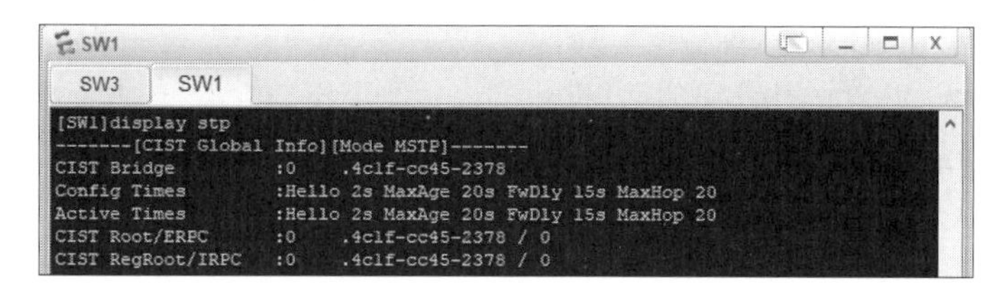

图2-28 查看SW1的STP状态信息

由图2-28可知，SW1为CIST的根桥。

（3）查看SW2端口与SW3端口的STP状态与角色信息。

如图2-29所示，由SW2的端口信息可以看出GigabitEthernet0/0/2为根端口，GigabitEthernet0/0/1为预备端口，GigabitEthernet0/0/4为指定端口；由SW3的端口信息可以看出GigabitEthernet0/0/3为根端口，GigabitEthernet0/0/1和GigabitEthernet0/0/4为指定端口。SW3的GigabitEthernet0/0/1端口与SW2连接，SW2和SW3之间的链路成为备份链路，在逻辑上被阻断了。

```
[SW2]display stp brief
 MSTID  Port                        Role  STP State     Protection
   0    GigabitEthernet0/0/1        ALTE  DISCARDING      NONE
   0    GigabitEthernet0/0/2        ROOT  FORWARDING      NONE
   0    GigabitEthernet0/0/4        DESI  FORWARDING      BPDU
```

```
[SW3]display stp bri
[SW3]display stp brief
 MSTID  Port                        Role  STP State     Protection
   0    GigabitEthernet0/0/1        DESI  FORWARDING      NONE
   0    GigabitEthernet0/0/3        ROOT  FORWARDING      NONE
   0    GigabitEthernet0/0/4        DESI  FORWARDING      BPDU
```

图2-29 查看SW2和SW3的STP状态信息

总结：通过查看STP状态信息，可以知道STP的根端口和交换机各端口的状态，以及交换机之间的链路状态，最终勾画出完整的生成树及备份链路。

步骤2：测试STP工作效果。

根据STP状态信息可知，SW2和SW3之间的链路为备份链路，在逻辑上被阻断了。如果将SW2和SW1间的链路断开，生成树会被重新计算，并启动SW2和SW3之间的备份链路，形成新的生成树。

（1）用PC1不间断ping计算机PCn，如图2-30所示。

```
PC1
基础配置  命令行  组播  UDP发包工具  串口
  5 packet(s) received
  0.00% packet loss
  round-trip min/avg/max = 78/93/110 ms

PC>ping 192.168.1.254 -t

Ping 192.168.1.254: 32 data bytes, Press Ctrl_C to break
From 192.168.1.254: bytes=32 seq=1 ttl=128 time=63 ms
From 192.168.1.254: bytes=32 seq=2 ttl=128 time=62 ms
From 192.168.1.254: bytes=32 seq=3 ttl=128 time=47 ms
From 192.168.1.254: bytes=32 seq=4 ttl=128 time=62 ms
From 192.168.1.254: bytes=32 seq=5 ttl=128 time=47 ms
From 192.168.1.254: bytes=32 seq=6 ttl=128 time=63 ms
From 192.168.1.254: bytes=32 seq=7 ttl=128 time=78 ms
From 192.168.1.254: bytes=32 seq=8 ttl=128 time=47 ms
From 192.168.1.254: bytes=32 seq=9 ttl=128 time=47 ms
From 192.168.1.254: bytes=32 seq=10 ttl=128 time=62 ms
From 192.168.1.254: bytes=32 seq=11 ttl=128 time=47 ms
```

图2-30 生成树重构连通性测试

（2）在 SW2 的 GigabitEthernet0/0/2 端口上使用 shutdown 命令将端口关闭，断开 SW2 和 SW1 间的链路。关闭 SW2 的 GigabitEthernet0/0/2 端口的命令如下：

```
[SW2]int GigabitEthernet0/0/2
[SW2-GigabitEthernet0/0/2]shutdown
```

注意：在重构生成树时，可能会出现短暂丢包现象，但连通性很快就会恢复。丢包时间的长短与 STP 的时间参数设置、网络规模及交换机性能有关。

习题 2

一、选择题

1. 下面的描述中，没有错误的是 ________。
   A．级联既可使用普通端口实现，也可使用专用的 Uplink 端口实现
   B．级联只能使用普通端口实现
   C．级联只能使用专用的 Uplink 端口实现
   D．以上都不对
2. 数据分段属于 OSI 参考模型中的____。
   A．应用层　　B．会话层　　C．数据链路层　　D．传输层
3. 利用集线器进行网络互连一般是针对______。
   A．在一百多平方米的室内实现计算机互连
   B．一个覆盖几百平方米的厂房网络的互连
   C．一个校园网内的主机的互连
   D．一个大型小区内的主机的互连
4. 下列对于交换机的种类描述正确的是______。
   A．交换机有固定式交换机和模块化交换机
   B．交换机的端口可以任意定义
   C．交换机工作于物理层
   D．二层交换机工作于物理层
5. 用交换机连接不同局域网，那么交换机的每一个端口连接的网络可以被视为一个_____。
   A．冲突域　　B．备用域　　C．阻塞域　　D．广播域
6. 一个 C 类网络需要划分 5 个子网，每个子网至少包含 32 台主机，请问合适的子网掩码应为_______。
   A．255.255.255.224　　B．255.255.255.192
   C．255.255.255.252　　D．没有合适的子网掩码
7. 交换机在转发数据时，常用的方式是______。
   A．存储-转发　　B．直接转发　　C．检查转发　　D．自由分段

8．在学习 STP 之后，对其优缺点描述错误的是______。

A．管理冗余链路

B．阻断冗余链路、避免环路的产生

C．防止网络临时失去连通性

D．使透明网桥工作在存在物理环路的网络环境中

9．在以太网中，根据_____来区分不同的设备。

A．逻辑地址　　B．IP 地址　　C．硬件地址　　D．MAC 地址

10．一般来说，MAC 地址由_____位二进制数组成，IPv4 地址由_____位二进制数组成。

A．16，16　　B．64，96　　C．48，32　　D．32，32

11．下面对 STP 描述正确的是______。

A．STP 就是使用协议形成的一个逻辑上的树形结构

B．STP 的收敛时间很短，不到 1s

C．STP 稳定后，数据转发的路径不会再次变化

D．STP 不提供冗余链路管理

12．当交换机检测到一个数据帧所封装的目的地址与源地址源于同一个端口时，交换机的处理过程是______。

A．根据目的地址，将数据帧依次发送到交换机上的所有端口

B．不再把数据帧转发到其他端口

C．不做任何转发处理，直接丢弃数据帧

D．随机选择端口传送数据帧

13．下面对交换机的描述正确是_____。

A．交换机只能单独连网

B．与集线器一样，可以隔离冲突域

C．STP 能够满足交换机组建虚拟子网的需求

D．为了隔离网络中的冲突域，可以使用交换机连接计算机

14．下面对交换机转发数据方式的描述没有错误的是_____。

A．直接转发最为可靠　　B．存储-转发最为常用

C．自由分段效率最高　　D．以上说法全部正确

15．MAC 地址直接采用 16 进制数表示，下列正确的是_____。

A．0A67.8GCD.AAEF　　B．A07D.7AA0.ES89

C．0000.3922.6DDB　　D．0098.FFFF.0AS1

16．关于交换机硬件描述正确的是_____。

A．交换机没有 ROM　　B．交换机的 FLASH 是主存储器

C．交换机有 CPU、ROM 等　　D．交换机不需要 RAM

17．广播风暴是交换网络中危害较大的现象之一，其产生原因是_____。

A．每次开启交换机时，都会产生大量 ARP 报文，导致广播风暴

B．交换机每次发送信息都需要广播到所有端口

C．连接网络中的设备太多，因此整个网络产生太多广播报文

D．交换机与集线器一样，没有控制流量机制

18．下面对 STP 的工作原理描述正确的是________。

A．网络中只会选择一台交换机作为根桥

B．计算出每台交换机到根桥的最复杂的链路

C．网络中允许同时存在主备两台根桥

D．以上都不对

19．日常工作中，要远程登录另一台计算机使用的应用程序为______。

A．HTTP　B．ping　C．Telnet　D．Tracert

20．能正确描述数据封装的过程的是_____。

A．数据段→数据包→数据帧→数据流→数据

B．数据流→数据段→数据包→数据帧→数据

C．数据→数据包→数据段→数据帧→数据流

D．数据→数据段→数据包→数据帧→数据流

21．采用 CSMA/CD 技术的以太网的作用是_______。

A．回避冲突　B．隔离广播域　C．回避广播　D．冲突检查

22．交换机用于连网的优点是______。

A．组网的扩展性强　B．隔离冲突域

C．能连接不同结构的网络　D．以上都是

23．交换机依据______来确认将数据帧从哪个端口进行转发。

A．MAC 地址表（或 CAM 表）　B．比特信息位

C．数据帧的 IP 地址　D．上一条转发记录

24．当交换机第一次从某个端口接收数据帧时，接下来会怎么处理______。

A．不做任何处理

B．把数据帧发送到交换机某个特殊端口进行处理

C．把数据帧发送到的所有端口（除本端口以外）

D．以上都不是

25．以太网是______标准的具体实现

A．IEEE 802.3　B．IEEE 802.4　C．IEEE 802.1q　D．IEEE 802.z

二、判断题

1．交换机与集线器一样，能够隔离广播域。（　）

2．交换机在需要通信时，先建立连接，等数据传输完后，再拆除连接。（　）

3．交换机内会启用一个 MAC 地址表，用来记录端口与端口连接终端的 MAC 地址关系。（　）

4．交换机常用存储-转发方式进行转发数据。（　）

5．信息网络安装技术层次分为业务网、传送网、局域网。（　）

6．交换机采用直接转发方式的效率最高。（　）

7．在对实时性要求比较高的网络中，交换机常启用 STP。（　）

8．在学习华为数通设备知识时，经常用到的模拟软件是 eNSP 软件。（ ）

9．交换机与路由器一样，能够连接异构网络。（ ）

10．Telnet 访问是通过 TCP/IP 网络对设备进行访问的，只要网络互通，不需要在交换机上做任何配置就可以登录交换机。（ ）

三、简答题

1．请简述 STP 判断最短路径的规则。

2．请简要说明网络中形成环路、产生广播风暴的原理。

3．请简述交换机的启动过程。

4．交换机与路由器有什么区别？为什么交换机一般用于实现局域网内主机的互连，不能实现不同网络中的主机的互相访问？

第3章 VLAN技术

VLAN 是被普遍使用的逻辑网络划分技术，通过对连接二层交换机端口的网络用户进行逻辑分段，来根据业务需求对位于不同物理位置的用户进行网络分段。一个 VLAN 可以在一个交换机中实现，也可以跨交换机实现。VLAN 可以根据网络用户的位置、作用、部门进行分组，也可以根据网络用户使用的应用程序和协议进行分组。基于交换机的 VLAN 能够为局域网解决冲突域、广播域、带宽等问题。

3.1 VLAN 概述

3.1.1 VLAN 的概念及意义

对于一台交换机而言，在默认情况下，它的所有端口都属于同一个广播域。广播域，是指一份广播数据能到达的范围。当多台主机连接到同一台交换机时，它们可以直接进行通信（只需要配置相同网段的 IP 地址），无须借助路由设备，这种通信行为被称为二层通信。由于这些主机属于同一个广播域，因此当其中一台主机发出一份广播数据时，连接在交换机上的其他所有主机都会收到这份数据的副本。当然，当交换机的某个端口收到目的 MAC 地址未知的单播帧时，交换机会将这个数据帧在广播域中进行泛洪，如图 3-1 所示。然而，并非所有主机都需要这些数据帧。此时，对于不需要这些数据帧的主机而言，这些广播帧或目的 MAC 地址未知的单播帧增加了设备性能损耗，而且对于网络带宽而言也是一种浪费。设想一下，如果存在一个由多台二层交换机构成的大型二层网络，那么在这个大规模的广播域中，一旦出现广播帧或目的 MAC 地址未知的单播帧，就会引发泛洪现象，将会给网络带来沉重负担。

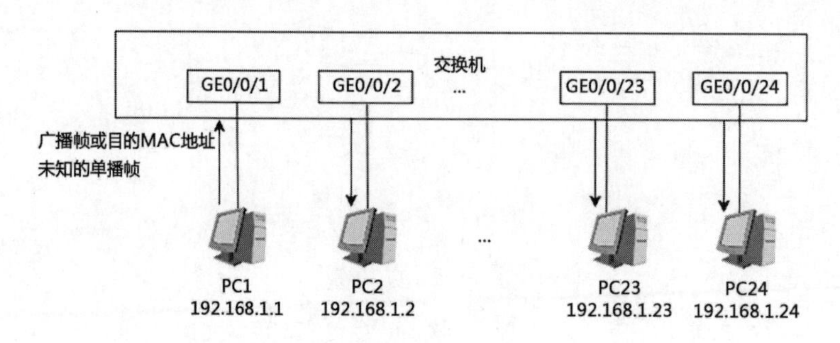

图 3-1　交换机的所有端口属于同一个广播域

实际的网络中经常存在这样的业务要求：某个企业人员较少，每个部门只有几个人，用一台交换机足以把所有人的设备都接入网络，但是，由于不同的业务部门的数据的安全性要求不同，所以用户希望对各业务部门进行隔离，以提高网络的性能。针对此种情况，网络中迫切需要一种能够在交换机上实现二层隔离的技术。否则，网络管理人员就不得不为不同的业务部门分配不同的交换机，并且搭配其他设备，以实现二层隔离。

当然，我们在规划一个网络时，还需要关注网络中广播域的大小，只有对广播域进行合适划分，才能提升整个网络的性能。因此需要采用适当的技术将一个大的广播域划分为更小的范围。

如图3-2所示，路由器的每个三层端口连接着一个独立的广播域，因此在网络中部署路由器可以起到隔离广播域的作用，因为一个广播帧在默认情况下会被终结在路由器的三层端口，不会被透传。但是，路由器端口资源相对于交换机而言是有限的，而且增加模块会使成本变得更高。能否直接在交换机上实现广播域的隔离或规划呢？

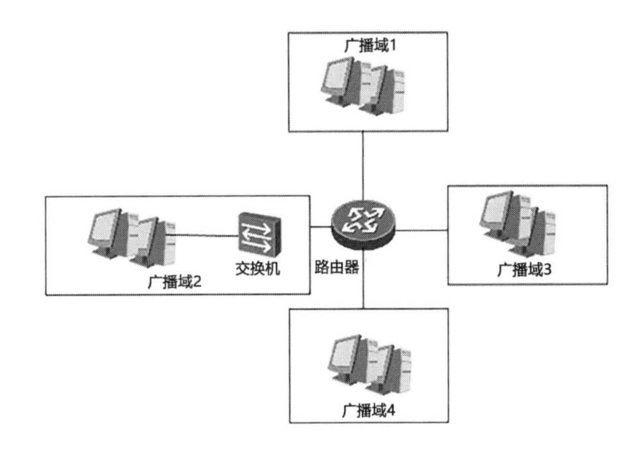

图3-2 路由器隔离广播域

VLAN技术就是这样一种技术，它可以将一个物理上连成一片的局域网，在逻辑上划分成多个小的广播域，如图3-3所示。

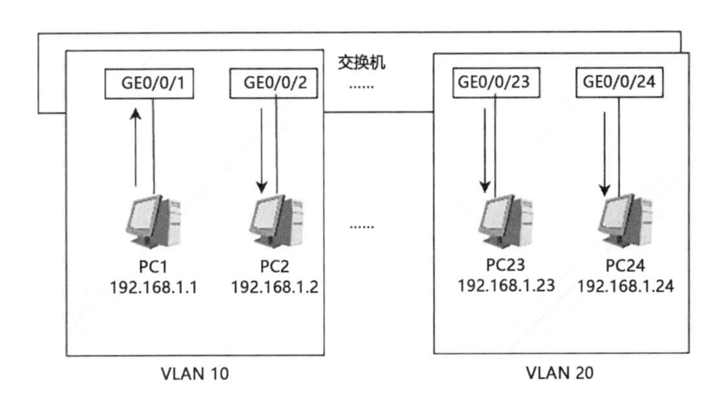

图3-3 使用VLAN技术在网络中实现广播域的隔离

交换机创建了两个VLAN，这两个VLAN各有一个ID，分别是10和20，现在我们将交换机的GE0/0/1和GE0/0/2两个端口划入VLAN 10，将GE0/0/23和GE0/0/24两个端口划入VLAN 20。经过处理后，原来网络中存在的一个广播域被切割成两个小的且独立的广播域。将交换机上的端口加入特定 VLAN 这种划分技术是最常用的 VLAN 划分技术，是基于端口的 VLAN 划分。VLAN 划分就是将用户（或用户发出的数据）与特定的 VLAN 进行关联的操作。VLAN 有多种划分方式，上面所举的例子是基于交换机的端口序列号来划分 VLAN，是一种比较常用的方式。除此之外，还有基于 MAC 地址、IP 网段、协议类型及策略等进行 VLAN 划分的方式，若在交换机上基于 MAC 地址来划分 VLAN，则需要在交换机上配置指定 MAC 地址与 VLAN 的一一对应关系。例如，将 MAC-1 映射到 VLAN 30，当拥有 MAC-1 这个地址的 PC 接入交换机时，它发出的数据会被自动关联到 VLAN 30，无论这台 PC 从交换机的哪个端口接入。

一个规划好的 VLAN 属于同一广播域，同一 VLAN 内的设备之间依然可以按照传统的数据链路层的数据帧传输方式直接进行二层通信，因此同一 VLAN 内的数据泛洪只会被限制在该 VLAN 范围内。在图 3-3 中，PC1 和 PC2 可以进行二层通信，并且其中一台 PC 发出来的广播帧会被泛洪到另外一台 PC 上。当然，如果交换机第一次从某台 PC 接收到数据帧，并且目的 MAC 地址没有被记录在 MAC 地址表中，交换机就会在属于该 VLAN 的所有端口（除发送数据帧的端口以外）上泛洪（广播）这个数据帧。当然，这时 VLAN 内的通信还属于二层通信。不同的 VLAN 之间是没有办法进行二层通信的，这一点需要注意。

PC1 从网卡发出一个广播帧，数据帧通过连接网卡的链路被传输到交换机的连接端口，交换机从该端口接收到数据帧后，分析出该数据帧是一个来自 VLAN 10 的广播帧。因此，交换机将该数据帧从加入 VLAN 10 的所有端口泛洪出去。这时，PC2 会通过网卡接收到这个数据帧。然而，处于 VLAN 20 中的 PC23 和 PC24 是不会收到这个数据帧的。这就是 VLAN 能够隔离广播域的基本运作原理。

3.1.2 VLAN 的特征及优点

划分 VLAN 是二层交换领域中非常重要的一种优化技术，也是学习网络工程技术必须掌握的基础技术。对网络进行 VLAN 划分，能为网络带来很多好处。

（1）隔绝广播。

当管理人员对交换机进行 VLAN 规划与划分后，连接交换机所有端口的计算机发送的广播帧会被限制在其所属 VLAN 内。其他 VLAN 内的计算机不会接收到该广播帧，因此采用 VLAN 技术可以轻松、简单地将一个大的广播域划分成多个较小的广播域，减少了泛洪带来的原网络带宽资源的消耗和设备性能的降低。

（2）提高网络组件的灵活度。

网络管理人员采用 VLAN 技术对原网络进行划分，能使网络设计及部署更具备灵活性。例如，同属于一个部门或工作组的用户可以位于不同地理位置，但他们的组网可以安排在一个 VLAN 内。

（3）提高网络的可管理性。

网络管理人员按照不同的业务，将不同业务的终端设备划分到不同 VLAN 中，从而将每个业务规划在一个小的范围内，并对业务主机进行 IP 地址配置。这样做可以极大地提高网络管理人员今后进行日常网络管理和维护的效率。

（4）提高网络的安全性。

网络管理人员采用 VLAN 技术手动对不同业务部门的终端设备进行二层隔离，当某个

VLAN 内发生病毒感染等安全事件时，病毒不会蔓延到其他 VLAN，极大地提高了整个网络的安全性，同时保证了不同业务部门之间的数据不会轻易地被其他部门的网络攻击。

3.2 VLAN 工作原理与 VLAN 类型

3.2.1 VLAN 工作原理

为了提高同一 VLAN 内或不同 VLAN 间的数据处理效率，在交换机内部会为数据帧封装上 Tag（标签）。当交换机从某个端口接收到一个数据帧时，如果该数据帧没有 Tag，但该端口配置了默认 VLAN ID（Port Default VLAN ID，PVID），交换机就会为该数据帧封装端口的 PVID。如果该数据帧已经有 Tag，那么即使端口已经配置了 PVID，交换机也不会再为数据帧封装 Tag。

交换机上的端口有多种类型，不同类型的端口在处理数据帧时会有不同的表现。各类型端口对数据帧的处理方式如表 3-1 所示。

表 3-1 各类型端口对数据帧的处理方式

端口类型	对不带 Tag 数据帧的处理	对带 Tag 数据帧的处理	发送数据帧的处理过程
Access 端口	接收该数据帧，并打上 PVID	当 VLAN ID 与 PVID 相同时，接收该数据帧；当 VLAN ID 与 PVID 不同时，丢弃该数据帧	先剥离数据帧的 PVID，再发送
Trunk 端口	打上 PVID，当 PVID 在端口允许通过的 VLAN ID 列表中时，接收该数据帧；当 PVID 不在端口允许通过的 VLAN ID 列表中时，丢弃该数据帧	当 VLAN ID 在端口允许通过的 VLAN ID 列表中时，接收该数据帧；当 VLAN ID 不在端口允许通过的 VLAN ID 列表中时，丢弃该数据帧	当 VLAN ID 与 PVID 相同，且在端口允许通过的 VLAN ID 列表中时，去掉 Tag，发送该数据帧；当 VLAN ID 与 PVID 不同，且在端口允许通过的 VLAN ID 列表中时，保持原有 Tag，发送该数据帧
Hybrid 端口	打上 PVID，当 PVID 在端口允许通过的 VLAN ID 列表中时，接收该数据帧； 打上 PVID，当 PVID 不在端口允许通过的 VLAN ID 列表中时，丢弃该数据帧	当 VLAN ID 在端口允许通过的 VLAN ID 列表中时，接收该数据帧；当 VLAN ID 不在端口允许通过的 VLAN ID 列表中时，丢弃该数据帧	当 VLAN ID 是该端口允许通过的 VLAN ID 时，发送该数据帧。 可以通过命令设置发送时是否携带 Tag

除表 3-1 中所列端口外，交换机上还有 QinQ 端口。QinQ 端口是使用 QinQ 协议的端口，可以给数据帧加上双重 Tag，即在原来 Tag 的基础上给数据帧加上一个新的 Tag，可以支持多达 4094×4094 个 VLAN。

在默认情况下，交换机所有端口都会划分给 VLAN 1，因此当网络中的交换机没有进行任何配置时，只要网络足够大，交换机数量足够多，就有可能引起广播风暴。所以，在通常情况下，网络管理人员要及时对不需要加入 VLAN 1 的端口进行配置，并且关闭默认配置，以避免网络中存在环路。

3.2.2 VLAN 类型

根据划分方式可将 VLAN 划分为多种类型，如基于端口划分的 VLAN、基于 MAC 地址划分的 VLAN、基于协议划分的 VLAN、基于 IP 子网划分的 VLAN。

在这几种 VLAN 中，基于端口划分的 VLAN 由于配置简单、方便是网络规划人员最常用的 VLAN 划分方式。

基于 MAC 地址划分的 VLAN 是依据接入网络的每台计算机的网卡中的 MAC 地址进行配置的。这种 VLAN 最大的优点是计算机可以随意移动，不受物理位置限制，只要重新接入交换机，就可以被划分到先前配置的 VLAN 中。这种配置 VLAN 的方式，比较适用于经常移动的办公环境。

基于协议划分的 VLAN 根据端口接收到的数据帧所属的协议类型及封装格式来为数据帧分配不同的 VLAN ID。

基于 IP 子网划分的 VLAN 是以数据帧中 IP 包的源 IP 地址作为依据来进行划分的。

当然，交换机的端口可以同时进行多种不同划分方式的配置。在交换机的端口同时配置了以上 4 种 VLAN 的情况下，在默认情况下，VLAN 将按照以下顺序依次生效：基于 MAC 地址划分的 VLAN、基于 IP 子网划分的 VLAN、基于协议划分的 VLAN、基于端口划分的 VLAN。

3.3 中继连接与 VLAN Trunk 协议

3.3.1 访问连接与中继连接

交换机的端口依据对数据转发的特性可以分为访问（Access）端口和汇聚（Trunk）端口。在一般情况下，大多数厂商的交换机的端口的连接模式在默认情况下会预设置为访问模式。访问模式的端口连接的是客户机。

网络管理人员可以从业务的实际需求出发，配置访问连接的方法。可以事先配置，也可以根据所连终端进行动态配置。这就是常见的静态 VLAN 和动态 VLAN。

1．静态 VLAN

静态 VLAN 是提前配置的，一般是基于端口进行划分的 VLAN，就是网络管理人员在规划网络拓扑时，规划好哪些主机属于哪个 VLAN，在对交换机进行配置时，明确指定交换机中的各个端口分别属于哪个 VLAN。由于需要对交换机中的每个端口进行配置，所以当配置的网络很庞大且交换机数据很多时，网络管理人员的配置操作就会变得无比烦琐，在配置过程中很可能出现差错，导致网络调试过程较长。此外，在网络正常运行过程中，如果有客户机需要变更所连端口，网络管理人员必须登录交换机，并更改该端口所属 VLAN 的相关设定，因此静态 VLAN 的配置方法不适用于大型的、业务变换频繁的网络。

2．动态 VLAN

动态 VLAN 是网络管理人员在交换机中设定好每个端口所连的计算机，随时根据业务需求，改变端口所属 VLAN。这样的动态修改无须手动干预，因此其灵活性远远高于基于静态 VLAN 配置的网络。

动态 VLAN 大致可以分为以下 3 类。

（1）基于 MAC 地址划分的 VLAN。

（2）基于子网划分的 VLAN。

（3）基于用户划分的 VLAN。

基于 MAC 地址划分的 VLAN、基于子网划分的 VLAN、基于用户划分的 VLAN 的主要区别是决定端口所属 VLAN 的信息在 OSI 参考模型中的层次不同。例如，基于 MAC 地址划分的 VLAN 其实就是通过查询交换机中的端口所连计算机的网卡信息，在获得该网卡的 MAC 地址信息后，根据 MAC 地址信息确定端口属于哪个 VLAN。假设有 PCA，依据其网卡的 MAC 地址，网络管理人员在交换机中设定其属于 VLAN 2，那么在后续的运行中，无论将 PCA 与交换机哪个端口连接，该端口都会被交换机划分到 VLAN 2 中。例如，将 PCA 与端口 23 连接，端口 23 将被划分到 VLAN 2 中；而将 PCA 与端口 2 连接，端口 2 将被划分到 VLAN 2 中。

其他两类 VLAN 与此大致相同，事实上，划分端口所属 VLAN 时基于的信息在 OSI 参考模型中的层次越高，其包括的信息越详尽，构建的网络拓扑的灵活性越高。

3.3.2 VLAN 帧标记协议：IEEE 802.1q

IEEE 802.1q 是经过 IEEE 认证的、对数据帧附加 VLAN 识别信息的协议。IEEE 802.1q 附加的 VLAN 识别信息位于数据帧中发送源 MAC 地址与类别域（Type Field）之间，具体内容为 2B 的标签协议标识（Tag Protocol Identifier，TPID）和 2B 的标签控制信息（Tag Control Information，TCI），共计 4B。

在数据帧中添加了 4B 的内容，循环冗余校验（Cyclic Redundancy Check，CRC）值自然也会有所变化。这时，数据帧上的 CRC 被插在 TPID、TCI 之后，是对包括它们在内的整个数据帧重新计算后所得的值。

需要注意的是，不论是 IEEE 802.1q 中的虚拟区域网络标签（Tagging VLAN），还是 ISL 中的封装型 VLAN（Encapsulated VLAN），都不是很严密的称谓。在不同的书籍与参考资料中，上述词语有可能被混合使用。

3.3.3 VLAN Trunk 协议

VLAN Trunk（虚拟局域网中继技术）是指能让连接在不同交换机上的相同 VLAN 中的主机互通。如果交换机 A 的 VLAN 1 中的机器要访问交换机 B 的 VLAN 1 中的数据，那么我们可以把两台交换机的直连端口设置为 Trunk 端口，这样，当交换机把数据包从 Uplink 端口转发出去时，会在数据包中加一个 Tag，以使其他交换机识别该数据包属于哪一个 VLAN，其他交换机在收到该数据包后，只会将该数据包转发到 Tag 指定的 VLAN，从而完成跨越交换机的 VLAN 内部的数据传输。VLAN Trunk 目前有两种标准，ISL 和 IEEE 802.1q，前者是 Cisco 专有技术，后者是 IEEE 的国际标准，除 Cisco 的交换机两者都支持外，其他厂商都只支持后者。

3.4 VLAN 通信

3.4.1 VLAN 内跨越交换机的通信

在进行网络规划与组建时，经常会将属于同一个 VLAN 的主机根据业务的实际要求，分配到不同的交换机上。当同属于一个 VLAN 的不同主机需要跨越交换机进行通信时，就需要识别交换机间的端口，并跨越交换机传输 VLAN 报文。这样的通信应怎么实现呢？这就需要用到下面介绍的 Trunk Link 技术。

Trunk Link 技术有中继和干线两个作用。

（1）中继作用：在相互连接的交换机之间透传 VLAN 报文。

（2）干线作用：Trunk Link 通道上可以传输交换机上配置的所有 VLAN 报文。

如图 3-4 所示，为了让交换机 A 和交换机 B 之间的链路在支持 VLAN 2 内的用户通信的同时支持 VLAN 3 内的用户通信，需要将连接两台交换机的端口同时划入 VLAN 2 和 VLAN 3。

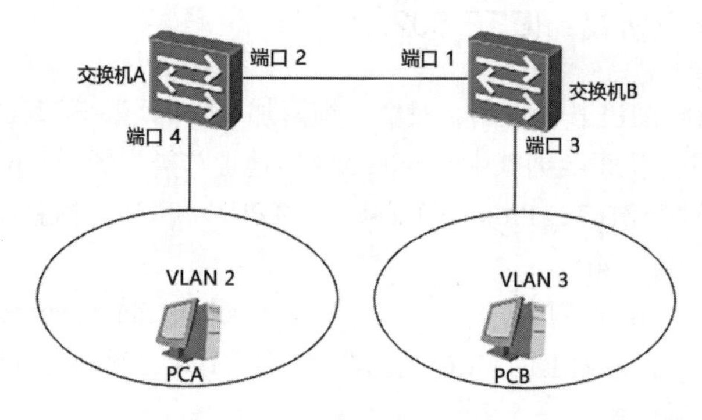

图 3-4　VLAN 内跨越交换机通信原理

在上述示例中，网络管理人员需要配置交换机 A 的端口 2 和交换机 B 的端口 1 为 Trunk 模式，并将它们同时划入 VLAN 2 和 VLAN 3。

如果 PCA 作为发送方，PCB 作为接收方，那么在 PCA 发送数据给 PCB 时数据帧在网络中的传输过程如下。

（1）数据帧从 PCA 的网卡连接的链路传输至交换机 A 的端口 4。

（2）交换机 A 检查到信号后，端口 4 会为接收到的数据帧打上 Tag 信息，Tag 信息的 VID 字段中将填入端口 4 所属 VLAN 2 的标识符 2。

（3）交换机 A 查询自己的 MAC 地址表，检查其中是否有目的地址为交换机 B 的 MAC 地址的记录项。如果有相应的记录项，交换机 A 就直接将数据帧转发给端口 2。如果没有相应的记录项，交换机 A 就会将数据帧发送给本设备上除端口 4 外的所有属于 VLAN 2 的端口。

（4）端口 2 将数据帧通过两台交换机之间的连接链路发送给交换机 B。

（5）交换机 B 在接收到交换机 A 发送的数据帧后，查询自己的 MAC 地址表，检查其中是否有目的地址为 PCB 的 MAC 地址的记录项。如果有相应的记录项，交换机 B 就会将数据帧直接发送给端口 3。如果没有相应的记录项，交换机 B 就会将数据帧发送到本设备上除端口 1 外的所有属于 VLAN 2 的端口。

（6）端口 3 将数据帧发送给 PCB。

3.4.2　VLAN 间的通信原理

当交换机的所有端口被划分到不同 VLAN 后，这些端口所连接的计算机之间是不能直接通信的。如果要实现 VLAN 间的通信，可以采取以下方案。

1）子端口

如图 3-5 所示，交换机 A 为支持配置子端口的三层机，交换机 B 为普通的二层交换机，用线路连接交换机 B 的端口与交换机 A 的端口。由图 3-5 可知，局域网中的用户主机被划分到 2 个 VLAN：一个是 VLAN 2，另一个是 VLAN 3。为了实现这两个 VLAN 间的数据通信，可进行如下配置。

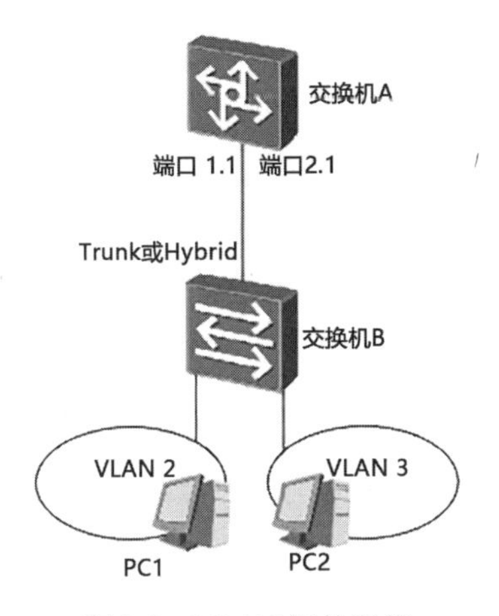

图 3-5　VLAN 间的通信

网络管理人员登录交换机 A，在其端口（与交换机 B 相连的端口）上创建 2 个子端口——端口 1.1 和端口 2.1，并用 IEEE 802.1q 进行封装，分别对应于 VLAN 2 和 VLAN 3。

首先，分别配置 2 个子端口的 IP 地址，并进行测试，以保证两个子端口对应的 IP 地址可以相互路由。

其次，分别登录交换机 A 与交换机 B，配置相连的 2 个端口类型为 Trunk 或 Hybrid，并且允许 VLAN 2 和 VLAN 3 两个 VLAN 之间的数据帧通过。

最后，将 VLAN 中的所有用户设备的默认网关按照所属的 VLAN 分别设置为所属 VLAN 对应子端口的 IP 地址。

网络管理人员进行测试，以检查配置是否成功。通过 PC1 向 PC2 发送数据，其数据传输过程如下。

（1）要发送信息的 PC1 先读取接收信息的 PC2 的 IP 地址，并和自己所在网段进行比较，结果检测出 PC2 与自己不在同一个子网内。

（2）PC1 发送 ARP 请求报文到自己配置的网关交换机 A，请求其 MAC 地址，以进行下一步信息交换。

（3）网关交换机 A 接收到 ARP 请求报文之后，按照报文的要求返回 ARP 应答报文，报文中包括的源 MAC 地址是 VLAN 2 对应子端口的 MAC 地址。

（4）PC1 接收到网关交换机 A 发送回来的 ARP 应答报文后，通过分析数据报的信息，学习网关交换机 A 的 MAC 地址。

（5）PC1 向网关交换机 A 发送目的 MAC 地址为子端口 MAC 地址、目的 IP 地址为 PC2 的 IP 地址的报文。

（6）网关交换机 A 收到该报文后进行三层转发，发现 PC2 的 IP 地址为直连路由，因此将报文通过 VLAN 3 关联的子端口进行转发。

（7）网关交换机 A 作为 VLAN 3 内主机的网关，向 VLAN 3 内广播一个 ARP 请求报文，请求 PC2 的 MAC 地址。

（8）PC2 收到网关交换机 A 广播的 ARP 请求报文后，对此请求进行 ARP 应答。

（9）网关交换机 A 收到 PC2 的应答后，把 PC1 的报文发送给 PC2。之后 PC1 发给 PC2 的报文都会先发送给交换机 A，再由交换机 A 进行三层转发。

2）VLANIF 端口

三层交换技术是在二层交换机的基础上结合路由技术诞生的一种全新技术，该种技术能够在交换机内部实现路由选择功能，具有与路由器相同的功能，简化了网络结构，提高了网络整体的便利性。三层交换机内有路由表信息，它根据路由表传输第一个数据流后，会在路由表中记录一个 MAC 地址与 IP 地址的映射表。有了这些路由信息后，当同样的数据流再次通过时，三层交换机将根据路由表直接通过二层网络进行转发而不是进行三层转发，这样一来，可以减少因单纯用路由器每次都要进行路由选择造成的网络延迟，从而提高了数据包转发效率。

为了保证第一次数据流通过路由表正常转发，路由表中必须有正确的路由表项。因此，必须在三层交换机上部署三层端口及路由协议，才能实现三层路由可达。VLANIF 端口由此产生。

VLANIF 端口是三层逻辑端口，可以采用三层交换机进行配置，也可以采用路由器进行配置。

图 3-6 所示的网络拓扑图采用了三层交换机进行 VLANIF 端口配置，该网络中划分了两个 VLAN——VLAN 2 和 VLAN 3，可通过如下配置实现 VLAN 间的通信。

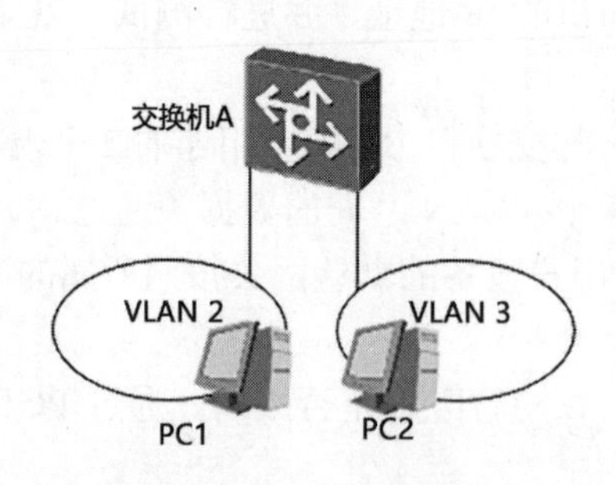

图 3-6　VLAN 间通信网络拓扑图

在三层交换机中，网络管理人员创建了 2 个 VLANIF 端口，并对这 2 个 VLANIF 端口配置了 IP 地址，配置完需要测试 2 个 VLANIF 端口是否能互连互通，以保证两者间的 IP 地址路由可通。

将用户设备的默认网关设置为所属 VLAN 对应 VLANIF 端口的 IP 地址，通过 VLANIF 端口实现 VLAN 间的通信。

PC1 和 PC2 的通信过程如下。

（1）PC1 将 PC2 的 IP 地址和自己所在网段进行比较，发现 PC2 和自己不在同一个子网内。

（2）PC1 发送 ARP 请求报文给网关交换机 A，请求网关的 MAC 地址。

（3）网关交换机 A 收到该 ARP 请求报文后，返回 ARP 应答报文，报文中的源 MAC 地址为 VLANIF 2 的 MAC 地址。

（4）PC1 学习网关的 MAC 地址。

（5）PC1 向网关交换机 A 发送目的 MAC 地址为 VLANIF 2 端口的 MAC 地址、目的 IP 地址为 PC2 的 IP 地址的报文。

（6）网关交换机 A 收到该报文后进行三层转发，发现 PC2 的 IP 地址为直连路由，报文将通过 VLANIF 3 端口进行转发。

（7）网关交换机 A 作为 VLAN 3 内的 PC2 的网关，向 VLAN 3 内的 PC2 广播一个 ARP 请求报文，请求 PC2 的 MAC 地址。

（8）PC2 收到网关交换机 A 广播的 ARP 请求报文后，对此请求进行 ARP 应答。

（9）网关交换机 A 收到 PC2 的应答后，把 PC1 的报文发送给 PC2。之后 PC1 向 PC2 发送的报文都先发送给网关交换机 A，再由网关交换机 A 进行三层转发。

3.5 VLAN 的配置

3.5.1 VLAN 配置步骤及命令

在华为交换机上，需要熟练配置 VLAN 的 Access 端口和 Trunk 端口，允许特定 VLAN 通过，并根据实际需要，将网络划分为多个 VLAN 进行端口配置。下面将对最基础的 VLAN 配置步骤进行介绍。VLAN 配置步骤及命令网络拓扑图如图 3-7 所示。

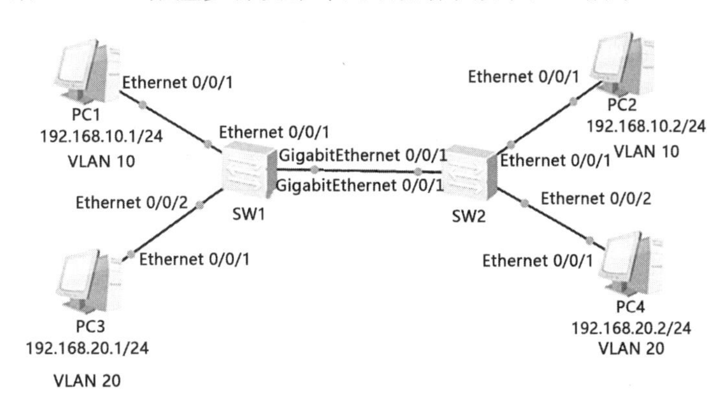

图 3-7 VLAN 配置步骤及命令拓扑图

步骤 1：配置 SW1 的 Ethernet0/0/1 端口、Ethernet0/0/2 端口和 GigabitEthernet0/0/1 端口。

（1）将设备命名为 SW1：

```
<Huawei>system-view                          /*进入系统视图
[Huawei]sysname SW1                          /*将设备命名为 SW1
```

（2）配置 Ethernet0/0/1 端口：

```
[SW1]vlan batch 10 20                        /*在 SW1 上创建 VLAN 10 和 VLAN 20
[SW1]interface Ethernet 0/0/1                /*进入 Ethernet0/0/1 端口视图
[SW1-Ethernet0/0/1]port link-type access     /*将端口属性设为 Access
[SW1-Ethernet0/0/1]port default vlan 10      /*将端口划入 VLAN 10
```

（3）配置 Ethernet0/0/2 端口：

```
[SW1]interface Ethernet 0/0/2                /*进入 Ethernet0/0/2 端口视图
[SW1-Ethernet0/0/2]port link-type access     /*将端口属性设为 Access
[SW1-Ethernet0/0/2]port default vlan 20      /*将端口划入 VLAN 20
```

（4）配置 GigabitEthernet0/0/1 端口：

```
[SW1]interface GigabitEthernet 0/0/1     /*进入 GigabitEthernet0/0/1 端口视图
/*将该端口设为 Trunk 模式
[SW1-GigabitEthernet0/0/1]port link-type trunk
/*允许所有 VLAN 通过
[SW1-GigabitEthernet0/0/1]port trunk allow-pass vlan all
```

步骤 2：配置 SW2 的 Ethernet0/0/1 端口、Ethernet 0/0/2 端口和 GigabitEthernet0/0/1 端口。

（1）将设备命名为 SW2：

```
<Huawei>system-view                          /*进入系统视图
[Huawei]sysname SW2                          /*将设备命名为 SW2
```

（2）配置 Ethernet0/0/1 端口：

```
[SW2]vlan batch 10 20                        /*在 SW2 上创建 VLAN 10 和 VLAN 20
[SW2]interface Ethernet 0/0/1                /*进入 Ethernet0/0/1 端口视图
[SW2-Ethernet0/0/1]port link-type access     /*将端口属性设为 Access
[SW2-Ethernet0/0/1]port default vlan 10      /*将端口划入 VLAN 10
```

（3）配置 Ethernet0/0/2 端口：

```
[SW2]interface Ethernet 0/0/2                /*进入 Ethernet0/0/2 端口视图
[SW2-Ethernet0/0/2]port link-type access     /*将端口属性设为 Access
[SW2-Ethernet0/0/2]port default vlan 20      /*将端口划入 VLAN 20
```

（4）配置 GigabitEthernet0/0/1 端口：

```
[SW2]interface GigabitEthernet 0/0/1     /*进入 GigabitEthernet0/0/1 端口视图
/*将该端口设为 Trunk 模式，允许所有 VLAN 通过
[SW2-GigabitEthernet0/0/1]port link-type trunk
[SW2-GigabitEthernet0/0/1]port trunk allow-pass vlan all
```

步骤 3：测试过程。

在 PC1 上的命令行界面分别 ping PC2 和 PC3，由于 PC1 和 PC2 都在 VLAN 10 中，所

以能够 ping 通；但 PC1 和 PC3 不在同一个 VLAN 中，所以不能 ping 通，如图 3-8 所示。

```
PC1
基础配置 命令行 组播 UDP发包工具 串口
Welcome to use PC Simulator!

PC>ping 192.168.10.2

Ping 192.168.10.2: 32 data bytes, Press Ctrl_C to break
From 192.168.10.2: bytes=32 seq=1 ttl=128 time=62 ms
From 192.168.10.2: bytes=32 seq=2 ttl=128 time=63 ms
From 192.168.10.2: bytes=32 seq=3 ttl=128 time=47 ms
From 192.168.10.2: bytes=32 seq=4 ttl=128 time=62 ms
From 192.168.10.2: bytes=32 seq=5 ttl=128 time=63 ms

--- 192.168.10.2 ping statistics ---
  5 packet(s) transmitted
  5 packet(s) received
  0.00% packet loss
  round-trip min/avg/max = 47/59/63 ms

PC>ping 192.168.20.1

Ping 192.168.20.1: 32 data bytes, Press Ctrl_C to break
From 192.168.10.1: Destination host unreachable
```

图 3-8　VLAN 配置测试结果

3.5.2　查看 VLAN 参数

在完成交换机 VLAN 配置后，执行 display vlan 命令，查看 VLAN 的配置信息。在上述例子中，在 SW1 系统视图中执行 display vlan 命令的结果如图 3-9 所示。

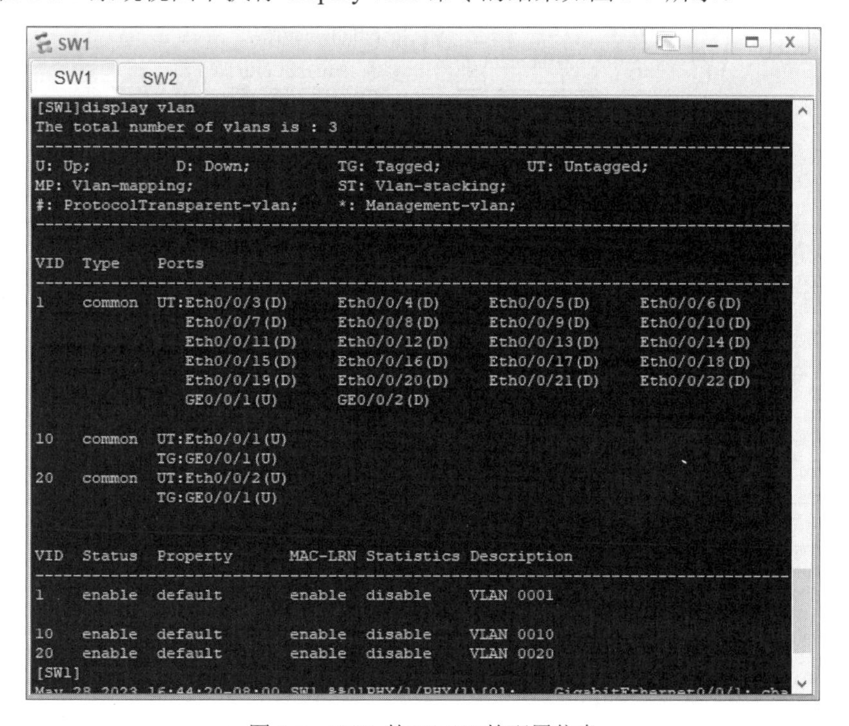

图 3-9　SW1 的 VLAN 的配置信息

由图 3-9 可知，SW1 的 Ethernet0/0/1 端口被划分至 VLAN 10，Ethernet0/0/2 端口被划分至 VLAN 20，并且 VLAN 10 和 VLAN 20 间都能通过 GigabitEthernet0/0/1 端口传递数据。

3.6 项目实验

3.6.1 项目实验四 VLAN 划分与配置实验

1．项目描述

（1）项目背景。

某企业有 2 个部门，办公室分布在同一栋楼的两层，每层同时存在 2 个部门的办公人员。2 个部门的共有 30 台计算机、2 台交换机，请以部门为单位进行网络规划，并保证同部门的计算机二层互通。使用 VLAN 技术将 2 个部门的计算机分别划分到 VLAN 10 和 VLAN 20 中进行二层隔离。

（2）VLAN 划分与配置实验拓扑图如图 3-10 所示。

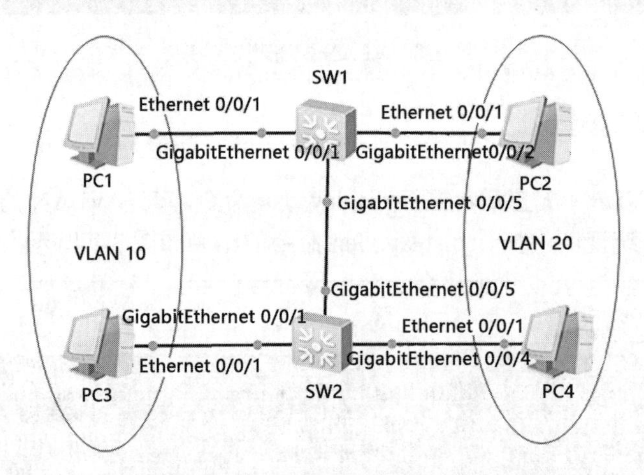

图 3-10 VLAN 划分与配置实验拓扑图

（3）设备 IP 地址及 VLAN 规划如表 3-2 所示。

表 3-2 设备 IP 地址及 VLAN 规划

设备名称	端口	IP 地址及掩码	所属 VLAN
PC1	网卡	192.168.1.1/24	（部门 A） VLAN 10
PC2	网卡	192.168.2.2/24	（部门 B） VLAN 20
PC3	网卡	192.168.1.3/24	（部门 A） VLAN 10
PC4	网卡	192.168.2.4/24	（部门 B） VLAN 20
SW1	GigabitEthernet0/0/1	—	VLAN 10
	GigabitEthernet0/0/2	—	VLAN 20
	GigabitEthernet0/0/5	—	（Trunk）VLAN 10， VLAN 20
SW2	GigabitEthernet0/0/1	—	VLAN 10
	GigabitEthernet0/0/4	—	VLAN 20
	GigabitEthernet0/0/5	—	（Trunk）VLAN 10， VLAN 20

（4）任务内容。

第 1 部分：连接设备、配置计算机的 IP 地址。

第 2 部分：VLAN 划分与配置。

第 3 部分：连通性测试。

（5）所需资源。VLAN 划分与配置实验设备如表 3-3 所示。

表 3-3　VLAN 划分与配置实验设备

实验设备及线缆	数量	备注
S5700 交换机	2 台	支持 Comware V7 命令的交换机即可
计算机	4 台	操作系统为 Windows 10
以太网线	5 根	—

2．项目实施一

1）第 1 部分：连接设备、配置计算机的 IP 地址

步骤 1：按如图 3-10 所示的拓扑图使用以太网线连接所有设备相应的端口。

步骤 2：配置 PC 的 IP 地址。

配置部门 A 的计算机 PC1 和 PC3 的 IP 地址及掩码为 192.168.1.1/24 和 192.168.1.3/24；配置部门 B 的计算机 PC2 和 PC4 的 IP 地址及掩码为 192.168.2.2/24 和 192.168.2.4/24。

注意：实验只要求进行二层隔离，因此所有计算机均未配置网关，同一个 VLAN 设备间通信是通过 MAC 寻址实现的，无须网关转发。

2）第 2 部分：VLAN 划分与配置

步骤 1：创建 VLAN 并配置各计算机的 VLAN。

（1）SW1 的配置：

```
<Huawei>system-view                        /*进入系统视图
[Huawei]sysname SW1                        /*将设备命名为 SW1
[SW1]vlan 10                               /*创建 VLAN 10
[SW1-vlan10]vlan 20                        /*创建 VLAN 20
[SW1-vlan20]quit                           /*退出 VLAN 20
[SW1]interface GigabitEthernet 0/0/1       /*进入 GigabitEthernet0/0/1 端口视图
/*将 GigabitEthernet0/0/1 端口配置为 Access 模式
[SW1-GigabitEthernet0/0/1]port link-type access
/*将 GigabitEthernet0/0/1 端口划分到 VLAN 10
[SW1-GigabitEthernet0/0/1]port default vlan 10
[SW1]interface GigabitEthernet 0/0/2       /*进入 GigabitEthernet0/0/2 端口视图
/*将 GigabitEthernet0/0/2 端口配置为 Access 模式
[SW1-GigabitEthernet0/0/2]port link-type access
/*将 GigabitEthernet0/0/2 端口划分到 VLAN 20
[SW1-GigabitEthernet0/0/2]port default vlan 20
```

（2）SW2 的配置：

```
<Huawei>system-view                        /*进入系统视图
[Huawei]sysname SW2                        /*将设备命名为 SW2
[SW2]vlan 10                               /*创建 VLAN 10
```

```
[SW2-vlan10]vlan 20                       /*创建 VLAN 20
[SW2-vlan20]quit                          /*退出 VLAN 20
[SW2]interface GigabitEthernet 0/0/1      /*进入 GigabitEthernet0/0/1 端口视图
/*将 GigabitEthernet0/0/1 端口配置为 Access 模式
[SW2-GigabitEthernet0/0/1]port link-type access
/*将 GigabitEthernet0/0/1 端口划分到 VLAN 10
[SW2-GigabitEthernet0/0/1]port default vlan 10
[SW2]interface GigabitEthernet 0/0/4      /*进入 GigabitEthernet0/0/4 端口视图
/*将 GigabitEthernet0/0/4 端口配置为 Access 模式
[SW2-GigabitEthernet0/0/4]port link-type access
/*将 GigabitEthernet0/0/4 端口划分到 VLAN 20
[SW2-GigabitEthernet0/0/4]port default vlan 20
```

步骤 2：配置交换机间的连接端口为 Trunk 类型，允许来自 VLAN 10 和 VLAN 20 的数据帧通过。

（1）SW1 的配置：

```
[SW1]interface GigabitEthernet 0/0/5      /*进入 GigabitEthernet0/0/5 端口视图
/*配置 GigabitEthernet0/0/5 端口为 Trunk 类型
[SW1-GigabitEthernet0/0/5]port link-type trunk
/*配置 GigabitEthernet0/0/5 端口允许来自 VLAN 10 和 VLAN 20 的数据帧通过
[SW1-GigabitEthernet0/0/5]port trunk allow-pass vlan 10 20
```

（2）SW2 的配置：

```
[SW2]interface GigabitEthernet 0/0/5      /*进入 GigabitEthernet0/0/5 端口视图
/*配置 GigabitEthernet0/0/5 端口为 Trunk 类型
[SW2-GigabitEthernet0/0/5]port link-type trunk
/*配置 GigabitEthernet0/0/5 端口允许来自 VLAN 10 和 VLAN 20 的数据帧通过
[SW2-GigabitEthernet0/0/5]port trunk allow-pass vlan 10 20
```

3）第 3 部分：连通性测试

（1）用 PC1 去 ping PC3，用 PC2 去 ping PC4，结果显示 Echo reply 报文回复正常，说明 PC1 和 PC3 之间及 PC2 和 PC4 之间可以互通，因为 PC1 与 PC3 同属于 VLAN 10，PC2 和 PC4 同属于 VLAN 20。

（2）用 PC1 去 ping PC2，用 PC3 去 ping PC4，结果显示超时，说明 PC1 和 PC2 之间及 PC3 和 PC4 之间不可以互通，因为它们分属于不同的 VLAN。

测试结果说明实验配置满足实验要求。

3.6.2 项目实验五 服务器访问网络的 Hybrid 配置实验

1．项目描述

（1）项目背景。

在服务器访问网络中使用 VLAN 技术保证属于 2 个不同 VLAN 的客户机不可以进行二层相互连通，但它们都可以访问另一个 VLAN 的服务器。ServerA、Client1、Client2 处于同一网段，但属于不同 VLAN。要求 Client1、Client2 能在二层访问 ServerA，而 Client1、Client2 间不可以进行二层互访。Client1、Client2、ServerA 分别属于 VLAN 10、VLAN 20、VLAN 30。

为了让 Client1、Client2 都能访问 ServerA，需要将交换机与 ServerA 连接的端口设置成 Hybrid 类型，PVID 为 VLAN 30，但允许来自 VLAN 10 和 VLAN 20 的数据帧不带 Tag 通过；将交换机与 Client1 连接的端口设置成 Hybrid 类型，PVID 为 VLAN 10，但允许来自 VLAN 30 的数据帧不带 Tag 通过；将交换机与 Client2 连接的端口设置成 Hybrid 类型，PVID 为 VLAN 20，但允许来自 VLAN 30 的数据帧不带 Tag 通过。

为了让 Client1、Client2 不可以进行二层互访，应使交换机与 Client1 连接的端口不允许来自 VLAN 20 的数据帧通过，交换机与 Client2 连接的端口不允许来自 VLAN 10 的数据帧通过。

（2）服务器访问网络的 Hybrid 配置实验拓扑图如图 3-11 所示。

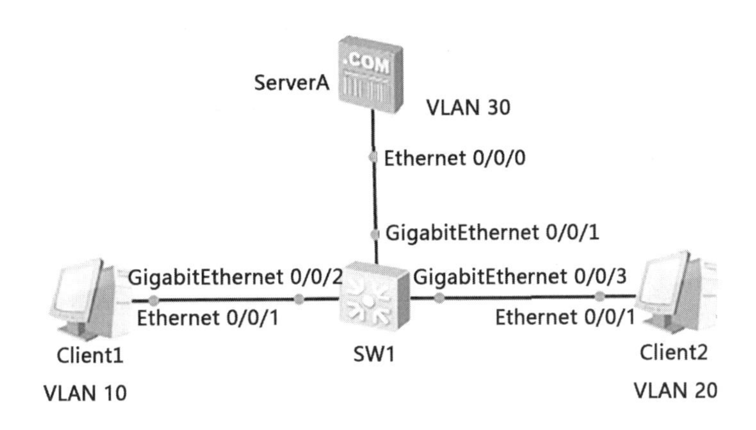

图 3-11 服务器访问网络的 Hybrid 配置实验拓扑图

（3）网络设备 IP 地址分配及 VLAN 划分如表 3-4 所示。

表 3-4 网络设备 IP 地址分配及 VLAN 划分

设备名称	端口	IP 地址及掩码	所属 VLAN
Client1	网卡	192.168.1.1/24	VLAN 10
Client2	网卡	192.168.1.2/24	VLAN 20
ServerA	网卡	192.168.1.3/24	VLAN 30
SW1	GigabitEthernet0/0/1	—	PVID 为 VLAN 30，允许来自 VLAN 10 和 VLAN 20 的数据帧不带 Tag 通过
	GigabitEthernet0/0/2	—	PVID 为 VLAN 10，允许来自 VLAN 30 的数据帧不带 Tag 通过
	GigabitEthernet0/0/3	—	PVID 为 VLAN 20，允许来自 VLAN 30 的数据帧不带 Tag 通过

（4）任务内容。

第 1 部分：连接设备、配置计算机的 IP 地址。

第 2 部分：Hybrid 配置。

第 3 部分：连通性测试。

（5）所需资源。服务器访问网络的 Hybrid 配置实验设备如表 3-5 所示。

表 3-5　服务器访问网络的 Hybrid 配置实验设备

实验设备及线缆	数量	备注
S5700 交换机	1 台	支持 Comware V7 命令的交换机即可
计算机	2 台	操作系统为 Windows 10
服务器	1 台	—
以太网线	3 根	—

2. 项目实施

1）第 1 部分：连接设备、配置计算机的 IP 地址

步骤 1：按如图 3-11 所示拓扑图使用以太网线连接所有设备相应的端口。

步骤 2：配置计算机的 IP 地址。

配置 Client1、Client2、ServerA 的 IP 地址及掩码分别为 192.168.1.1/24、192.168.1.2/24、192.168.1.3/24。

注意：实验只要求进行二层隔离，因此所有计算机均未配置网关。同一个 VLAN 内的设备间通信可以通过 MAC 寻址实现，无须网关转发。

2）第 2 部分：Hybrid 配置

（1）创建 VLAN：

```
<Huawei>system-view                                   /*进入系统视图
[Huawei]sysname SW1                                   /*将设备命名为 SW1
[SW1]vlan 10                                          /*创建 VLAN 10
[SW1-vlan10]vlan 20                                   /*创建 VLAN 20
[SW1-vlan20]vlan 30                                   /*创建 VLAN 30
```

（2）配置 GigabitEthernet0/0/1 端口：

```
[SW1]interface g0/0/1                     /*进入 GigabitEthernet0/0/1 端口视图
/*配置 GigabitEthernet0/0/1 端口为 Hybrid 类型
[SW1-GigabitEthernet0/0/1]port link-type hybrid
/*配置 GigabitEthernet0/0/1 端口的 PVID 为 VLAN 30
[SW1-GigabitEthernet0/0/1]port hybrid pvid vlan 30
/*允许来自 VLAN 10、VLAN 20、VLAN 30 的数据帧不带 Tag 通过
[SW1-GigabitEthernet0/0/1]port hybrid untagged vlan 10 20 30
```

（3）配置 GigabitEthernet0/0/2 端口：

```
[SW1]interface g0/0/2                     /*进入 GigabitEthernet0/0/2 端口视图
/*配置 GigabitEthernet0/0/2 端口为 Hybrid 类型
[SW1-GigabitEthernet0/0/2]port link-type hybrid
/*配置 GigabitEthernet0/0/2 端口的 PVID 为 VLAN 10
[SW1-GigabitEthernet0/0/2]port hybrid pvid vlan 10
/*配置 GigabitEthernet0/0/2 端口允许来自 VLAN 10、VLAN 30 的数据帧不带 Tag 通过
[SW1-GigabitEthernet0/0/2]port hybrid untagged vlan 10 30
```

（4）配置 GigabitEthernet0/03 端口：

```
[SW1]interface g0/0/3                        /*进入 GigabitEthernet0/0/3 端口视图
/*配置 GigabitEthernet0/0/3 端口为 Hybrid 类型
[SW1-GigabitEthernet0/0/3]port link-type hybrid
/*配置 GigabitEthernet0/0/3 端口的 PVID 为 VLAN 20
[SW1-GigabitEthernet0/0/3]port hybrid pvid vlan 20
/*配置 GigabitEthernet0/0/2 端口允许来自 VLAN 20、VLAN 30 的数据帧不带 Tag 通过
[SW1-GigabitEthernet0/0/3]port hybrid untagged vlan  20 30
```

3）第 3 部分：连通性测试

（1）分别用 Client1 和 Client2 去 ping ServerA，结果显示 Echo reply 报文回复正常，说明 Client1 和 ServerA 之间、Client2 和 ServerA 之间可以互通。

（2）用 Client1 去 ping Client2，结果显示超时，说明 Client1 和 Client2 之间不可以互通。

测试结果说明实验配置满足实验要求。

习题 3

一、选择题

1．一个 VLAN 可以看作一个______。

A．冲突域　　B．广播域　　C．管理域　　D．阻塞域

2．VLAN 的静态划分方法有_______。

A．依据设备的端口来划分　　B．依据协议进行来划分

C．依据 MAC 地址来划分　　D．依据物理位置来划分

3．移动终端在不同 VLAN 中进行网络切换是______。

A．无缝的 AP 漫游　　B．跨网漫游

C．多层漫游　　D．特定层漫游

4．下列关于 VLAN 的说法中不正确的是______。

A．划分 VLAN 有利于提高网络的安全性

B．划分 VLAN 有利于控制广播域

C．划分 VLAN 有利于优化网络的管理维护

D．VLAN 最好基于静态来划分，以免日后的运维工作过于麻烦

5．实施 VLAN 划分给网络管理人员带来的好处是______。

A．节约了成本，不需要采购三层设备

B．提高了管理的复杂性

C．简化了网络结构

D．对设备进行了逻辑分组，不需要关注设备的物理位置

6．在企业内部网络实施 VLAN 时，下面描述中没有错误的是______。

A．会大大减少网络中存在的冲突域

B．可以节约网络中交换机的数量，从而节约网络建设成本

C．通过划分 VLAN，可以对主机进行逻辑分组，不需要考虑它们的物理位置

D．隔断 VLAN 间的通信

7．VLAN 的划分方法有很多，包括______。

A．基于交换机端口来划分

B．基于路由设备来划分

C．基于交换机端口的 MAC 地址来划分

D．基于交换机的 IP 地址来划分

8．在配置华为交换机的时候，需要在______下创建 VLAN。

A．子端口视图　　B．系统视图

C．端口视图　　D．以上都可以

9．在支持 VLAN 的华为交换机上的端口类型有________。

A．Access 端口　　B．Dot1q-tunnel 端口

C．Hybrid 端口　　D．Trunk 端口

10．VLAN 在以太网中的优势是_______。

A．可以提高 IT 人员工作效率　　B．可以提高网络性能

C．可以控制广播范围　　D．可以提高网络安全性

11．静态 VLAN 的特性有很多，包括______。

A．交换机中的每个端口都属于一个特定的（或网络管理人员指定的）VLAN

B．不需要做任何配置

C．端口能够根据它们连接的终端来进行自动配置

D．当用户不在原来的地方工作时，网络管理人员必须重新配置

12．下列关于 VLAN 的描述不正确的是_______。

A．VLAN 把同一物理局域网内的不同用户从逻辑上划分成不同的广播域

B．VLAN 并没有提高 IT 人员的工作效率，反而增加了企业成本投入

C．VLAN 的全称是虚拟局域网

D．属于不同 VLAN 的计算机在数据链路层是相互隔离的

13．下面哪个提示符表示当前处于 VLAN 模式______。

A．[Huawei]　　B．<Huawei>

C．[Huawei-vlan10]　　D．[Huawei-line]

14．华为交换机刚启动完成时，初始默认提示符是________。

A．<Huawei>　　B．[Huawei]

C．<Huawei-sys>　　D．以上都不是

15．在华为交换机上创建 VLAN 10 的命令是________。

A．<Huawei>vlan 10　　B．[Huawei]vlan 10

C．[Huawei]int vlan 10　　　　D．[Huawei]port vlan 10

16．网络管理人员在设置交换机 VLAN 时，VLAN 的取值范围是______。

A．0～4096　　B．1～4096　　C．0～4095　　D．1～4094

17．在将一个交换机端口设置为 Access 类型时，下面说法正确的是_______。

A．只能划分给一个 VLAN

B．最多能划分给 64 个 VLAN

C．最多能划分给 1024 个 VLAN

D．依据交换机的性能来确定，没有固定的值

18．下面哪个设备可以转发不同 VLAN 间的数据帧_______。

A．二层交换机　B．计算机　　C．集线器　　D．STP 网桥

19．在 VLAN 内，当 Trunk 端口发送数据帧时，下面的描述正确的是______。

A．不需要做任何处理，直接透传

B．需要进行特殊配置才能处理

C．网络管理人员需要将进行数据转发的端口划分到同一个 VLAN 中才可以

D．以上都不对

20．通过网络在交换机之间分发和同步 VLAN 信息的协议是______。

A．IEEE802.1x　　　　B．IEEE802.1q

C．ISL　　　　D．VTP

21．查看华为交换机的 VLAN 配置信息的命令是_______。

A．show vlan　　B．show run vlan　　C．display vlan　　D．dispaly vlan name

22．在华为交换机中，用于修改交换机名称的命令是_______。

A．system-view 名称　　　　B．sysname 名称

C．rename 名称　　　　D．display 名称

23．华为交换机可以手动配置多个 VLAN，下面不能手动创建的是______。

A．VLAN 1　　B．VLAN 4094　　C．VLAN 4095　　D．VLAN 1024

24．默认管理 VLAN 是_______。

A．VLAN 0　　B．VLAN 1　　C．VLAN 10　　D．VLAN 1024

二、判断题

1．在对华为交换机进行配置时，在默认的情况下，是基于端口来划分 VLAN 的。（　　）

2．在对华为交换机进行配置时，可以用 vlan batch 命令创建多个 VLAN。（　　）

3．在对华为交换机进行配置时，不可以用 undo 命令删除的 VLAN 是 VLAN 1。（　　）

4．在对华为交换机进行配置时，所有端口默认都属于 VLAN 0。（　　）

5．在对华为交换机进行配置时，端口在默认情况下为 Trunk 类型。（　　）

6．Trunk 端口可以允许多个 VLAN 通过，包括 VLAN 4096。（　　）

7．Trunk 端口和 Hybrid 端口接收数据帧时的处理方式相同。（　　）

8．Trunk 端口既能发送带 Tag 的数据帧，也能发送不带 Tag 的数据帧。（　　）

9．Hybrid 端口既可以连接用户主机，也可以连接其他交换机。（ ）

三、简答题

1．在配置好的华为交换机上，可以用什么命令查看网络管理人员已划分的 VLAN 数量？可以输入什么命令查看每个端口所属的 VLAN？

2．网络管理人员在配置华为交换机时，用什么命令能够一次性将多个端口加入同一个 VLAN？

3．网络管理人员在配置华为交换机时，用什么命令为指定的 VLAN 端口配置 IP 地址？

4．网络管理人员在配置华为交换机时，在将端口划分给特定的 VLAN 后如何把端口从 VLAN 中删除？

第4章 冗余网络

网络系统会因设备故障而中断，为了保障网络在某个部位出现故障时也能正常运行，提高系统可靠性，在建设网络系统时，通常会进行关键网络设备和关键线路进行冗余设计，但是这样做会使得网络在物理上形成环路，会产生广播风暴，从而会导致网络性能下降，甚至网络瘫痪。在网络设备上配置 STP，可以避免网络在物理上形成环路。Eth-Trunk 技术可以将多条物理链路配置成一条逻辑链路，实现网络带宽的增加和链路的冗余。

本章主要介绍 STP 和 RSTP 的工作原理和配置，以及 Eth-Trunk 技术的基本概念和配置。

4.1 STP

4.1.1 STP 简介

STP 是一个用于在局域网中消除环路的协议。IEEE 802.1d 中定义了 STP 相关标准。STP 能在以太网中创建一个无环路的逻辑拓扑。一个网络中如果出现了物理环路，就会产生广播风暴，从而导致用户通信质量下降，甚至通信中断。针对这种情况，可以在网络中启用 STP，发现存在的物理环路，并且通过一系列计算对冗余端口进行阻塞以消除环路，同时在网络出现拓扑变更时（如网络设备故障），自动调整网络，避免出现通信中断。

4.1.2 STP 的用途

在规模比较大的交换机网络中，为了避免单点故障（因设备故障导致网络中断），通常采用双汇聚和双核心的网络架构，对网络关键部位进行链路冗余设计，提高网络的可靠性。但是，这样做网络中会出现物理环路，从而会产生广播风暴和 MAC 地址表震荡，这就需要在网络设备上配置 STP。

STP 能够将一个有物理环路的网络拓扑变成一个没有环路的逻辑拓扑。STP 建立的网络拓扑为树型结构，其原理是在网络中选择一个交换机作为根节点，其他交换机作为树枝节点，一棵生成树有且只有一个根节点，任何一个节点到根节点有唯一的最优工作路径。当网络拓扑结构出现变化时，生成树会自动进行相应调整。有环路的物理拓扑提高了网络连接的可靠性，而无环路的逻辑拓扑避免了广播风暴的产生。

在冗余网络中，下游交换机采用单上行接入，上行交换机的端口故障或设备故障会导致下游网络全部中断。图 4-1 所示为单链路网络，一台 PC 和两台交换机通过链路 1 和链路 2 进行连接，PC 接在接入交换机上。由于该网络是单链路连接的，因此链路 1 和链路 2 中的任意一条断开都会造成 PC 无法访问外部网络。为了解决这个问题，对关键的网络设备，即汇聚交换机，进行链路冗余设计和设备冗余设计，在接入交换机和汇聚交换机之间加一条备份链路。增加冗余链路的网络拓扑如图 4-2 所示。

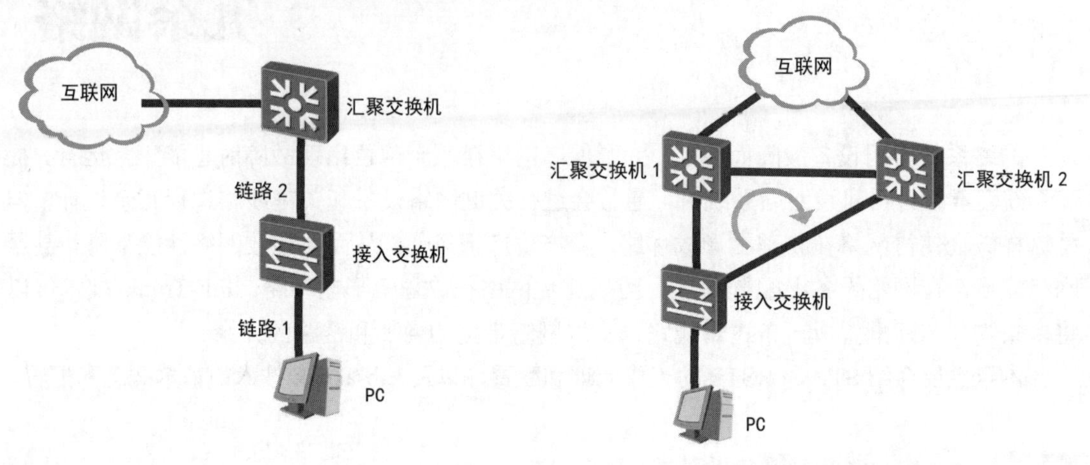

图 4-1　单链路网络　　　　图 4-2　增加冗余链路的网络拓扑

但是，在增加了冗余链路后，网络中形成了物理环路，会产生广播风暴，从而会导致网络性能下降，甚至瘫痪，为此可以在交换机中启用 STP，以在抑制网络环路的同时提供冗余链路。启用 STP 的网络如图 4-3 所示，接入交换机与汇聚交换机 2 连接的 G0/0/1 端口被阻塞（Block），打破了环路。

在 3 个交换机上启用 STP，将冗余端口置于阻塞状态，网络中的设备在通信时逻辑上只有一条链路，而当 G0/0/2 端口连接链路出现故障时，STP 将会重新计算该网络的最佳路径，将原来处于阻塞状态的 G0/0/1 端口转换至转发状态，如图 4-4 所示，从而确保网络连接稳定可靠。

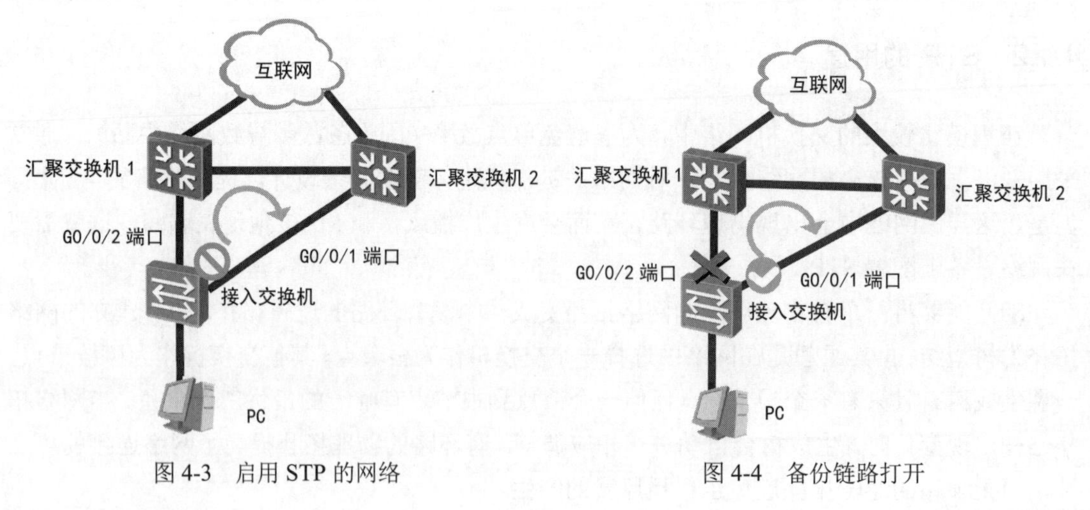

图 4-3　启用 STP 的网络　　　　图 4-4　备份链路打开

4.1.3 STP的工作原理

STP要实现的目标是网络中任意两个设备间只存在一条活动路径，该目标具体是通过以下4个步骤实现的。

（1）在交换网络中选举一个根桥。

（2）在每台非根桥上选举一个根端口。

（3）在每条链路上选举一个指定端口。

（4）阻塞备份端口。

1．在交换网络中选举一个根桥

STP 计算的第一步就是确定环路中的根桥。树型网络结构必须有一个唯一的根，一个STP交换网络中的“树根”叫作根桥（Root Bridge）。STP开始工作后，先在交换网络中选举出一个根桥。对于一个STP交换网络，根桥在全网中只有一个，但是根桥的角色是可抢占的。一个交换网络中有多个交换机，哪个交换机会成为根桥，是根据各交换机的BID来确定的（拥有最小BID的交换机成为根桥）。

BID是什么呢？BID又称网桥标识符，这里的网桥就是交换机，在IEEE 802.1d中，BID是由桥优先级（Bridge Priority）与桥MAC地址两部分组成的，每台运行STP的交换机都拥有一个唯一的BID。BID中的桥优先级长度为16bit，默认值为32768；桥MAC地址长度为48bit，如图4-5所示。运行STP的交换网络在进行交换机BID比较时，先比较桥优先级，具有更小桥优先级的交换机成为根桥，若桥优先级相等，则需要再比较桥MAC地址，具有更小桥MAC地址的交换机成为根桥。也可以通过配置命令设置桥优先级的大小。

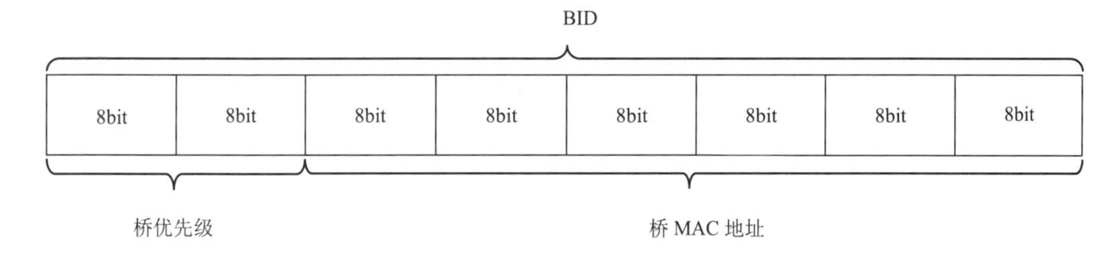

图4-5 BID的构成

运行STP的网络拓扑如图4-6所示，3台交换机中的哪一台交换机会成为根桥呢？网络中的3台交换机的桥优先级都是32768，需要比较3台交换机的桥MAC地址。经比较得出，交换机3具有最小桥MAC地址，因此交换机3将成为该网络中的根桥。根桥上的所有端口都将被设置为转发状态。为了确保交换网络的稳定，一般会提前规划好STP组网，将性能较好的交换机规划为根桥，并将规划为根桥的交换机的桥优先级设置为最小值0。

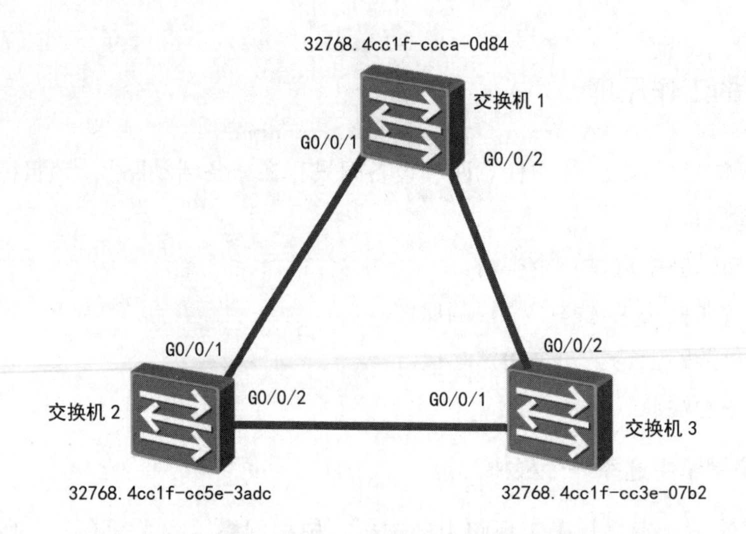

图 4-6　运行 STP 的网络拓扑

2. 在每台非根桥上选举一个根端口

选举根端口就是在非根桥的所有端口中选举出一个到根桥最近的端口，每台非根桥都选举出一个根端口。每台交换机有且只有一个根端口。当非根桥有多个端口接入网络时，收到最优配置 BPDU 的端口被定为根端口。依次按下面三个条件来选举根端口。

（1）选择根路由开销（Path Cost）最小的端口。

（2）如果根路由开销相等，就选择对端 BID 最小的端口。

（3）如果对端 BID 也相等，就选择对端端口 ID 最小的端口。

可以将根端口理解为每台非根桥上"朝向"根桥的端口，根端口不在根桥上，而在非根桥上，并且到根桥有最小路由开销。路由开销是一个端口变量，是 STP 用于选择链路的参考值。STP 通过计算路由开销，选择较为"强壮"的链路作为主链路，余下的链路作为冗余链路。冗余的链路将会进入阻塞状态，将网络修剪成树状结构。在一个运行 STP 的网络中，一个端口到根桥经过的各个桥上的各端口的路由开销累加，得到的结果叫作根路由开销。

运行 STP 的交换机端口都维护着一个开销（Cost），该值是通过这个端口发送数据时的开销，也就是到达根桥的开销。端口开销的定义有不同的标准。一般是端口带宽越大，其开销越小，也可以根据实际需要通过命令配置端口的开销。

选举根端口的目的是找到非根桥到根桥开销最小的端口。如图 4-7 所示，交换机 3 为该网络的根桥，3 条链路的开销都为 20。交换机 1 到根桥（交换机 3）的路径有 2 条。

路径一：交换机 1→交换机 3，该路径的开销是根路由开销+路由开销，即 0+20=20。

路径二：交换机 1→交换机 2→交换机 3，该路径的开销是根路由开销+路由开销，即 20+20=40。

路径一开销小，所以交换机 1 会选择 G0/0/2 端口作为根端口，根端口将处于转发状态。同理，交换机 2 将选择 G0/0/2 端口作为根端口。

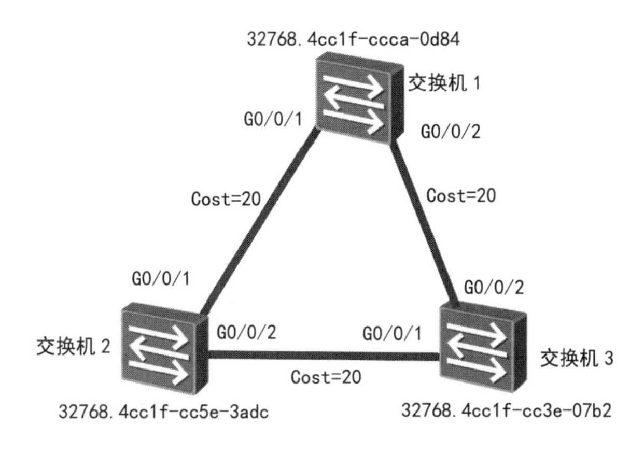

图 4-7 根端口选举网络拓扑

3. 在每条链路上选举一个指定端口

选举指定端口就是在每个物理网段上的不同端口之间选举一个指定端口。依次按下面三个条件来选举指定端口。

（1）选择根路由开销最小的端口。

（2）如果有多个端口的根路由开销相等，就选择对端 BID 最小的端口。

（3）如果有多个端口的对端 BID 相等，就选择对端的端口 ID 最小的端口。

被选为指定端口的端口会被设置为转发状态，在一般情况下，根桥的所有端口都是指定端口，都处于转发状态。如图 4-7 所示，在交换机 1 的 G0/0/1 端口和交换机 2 的 G0/0/1 端口之间，哪个端口是指定端口，哪个端口应该被阻塞，根据路由开销并不能确定，因此需要比较交换机 1 和交换机 2 发送的 BPDU。在该环路中交换机 1 与交换机 2 相比较，交换机 2 具备更小的 BID，所以它的 G0/0/1 端口是指定端口，被设置成转发状态。

4. 阻塞备份端口

所有落选的端口都是备份端口，备份端口处于阻塞状态。在如图 4-7 所示网络中，交换机 1 的 G0/0/1 端口将被阻塞。处于阻塞状态的端口不接收数据帧，不转发数据帧，也不发送 BPDU，但是会监听 BPDU，随时做好转换角色的准备。备份端口被阻塞后，STP 生成生成树，如图 4-8 所示。

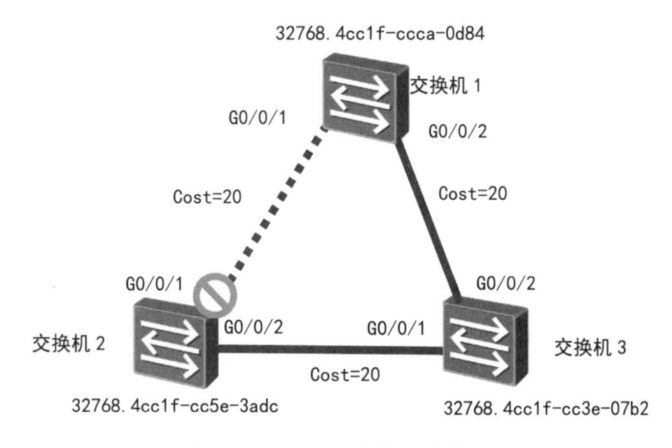

图 4-8 STP 生成的生成树

4.1.4 STP 端口的五种状态和三种角色

1. STP 端口的五种状态

STP 端口包含五种状态，分别是禁用、阻塞、监听、学习、转发，如表 4-1 所示。

表 4-1 STP 端口的五种状态

端口状态	说明
禁用（Disabled）	处于禁用状态的端口不接收 BPDU，不发送 BPDU，不学习 MAC 地址表，不转发数据帧，端口关闭
阻塞（Blocking）	处于阻塞状态的端口接收并处理 BPDU，不发送 BPDU，不学习 MAC 地址表，不转发数据帧
监听（Listening）	处于监听状态的端口接收并发送 BPDU，不学习 MAC 地址表，不转发数据帧
学习（Learning）	处于学习状态的端口接收并发送 BPDU，学习 MAC 地址表，但不转发数据帧
转发（Forwarding）	处于转发状态的端口接收并发送 BPDU，学习 MAC 地址表，转发数据帧

2. STP 端口的三种角色

运行 STP 的交换机的端口包含三种角色，分别是根端口、指定端口、备份端口，如表 4-2 所示。

表 4-2 STP 的三种端口角色

端口角色	是否发送 BPDU	是否接收 BPDU	是否发送数据帧	是否接收数据帧
根端口	是	是	是	是
指定端口	是	是	是	是
备份端口	否	是	否	否

4.1.5 BPDU

BPDU 是 STP 能够正常工作的根本。BPDU 是 STP 的协议报文。在运行 STP 的网络中，交换机之间会交互 BPDU，这些 BPDU 携带着 BID、路由开销和端口 ID 等重要信息。STP 正是基于这些信息进行工作的。

BPDU 分为两大类：配置 BPDU（Configuration BPDU）、TCN BPDU（Topology Change Notification BPDU）。

配置 BPDU 是 STP 进行拓扑计算的关键，TCN BPDU 在网络拓扑发生变更时才会被触发。对于 STP 而言，最重要的工作就是在交换网络中计算出一个无环拓扑。在计算拓扑的过程中，会进行配置 BPDU 的比较，主要比较配置 BPDU 中的根桥 ID、路由开销、BID 及端口 ID 这四个字段。

4.1.6 华为交换机的 STP 配置

配置 STP 工作模式：

```
[Huawei] stp mode stp              /*配置 STP 工作在 STP 模式
```

配置交换机为根桥：

```
[Huawei] stp root primary          /*配置当前交换机为根桥
```

配置交换机为备份根桥：

```
[Huawei] stp root secondary          /*配置当前交换机为备份根桥
```

配置交换机的 STP 优先级：

```
[Huawei] stp priority priority       /*在默认情况下，交换机的 STP 优先级是 32768
```

配置端口路由开销：

```
/*配置端口路由开销计算方法
[Huawei] stp pathcost-standard { dot1d-1998 | dot1t | legacy }
[Huawei-GigabitEthernet0/0/1] stp cost cost     /*设置当前端口的路由开销
```

配置端口优先级：

```
/*配置端口的优先级，在默认情况下，交换机端口的优先级是 128
[Huawei-intf] stp priority priority
```

启用 STP：

```
/*启用交换机的 STP/RSTP/MSTP 功能，在默认情况下，设备的 STP 功能处于启用状态
[Huawei] stp enable
```

查看交换机的 STP 状态：

```
[Huawei]display stp
```

查看交换机的 STP 端口角色：

```
[Huawei]display stp brief
```

查看交换机某个端口的详细信息：

```
[Huawei]display stp interface GigabitEthernet 0/0/0
```

4.2 RSTP

4.2.1 STP 的演变

STP 能确保网络在存在冗余链路的情况下，数据可靠传输，同时避免了环路的产生。然而，运行 STP 的网络在拓扑发生变化时，网络恢复时间较长。为了解决 STP 网络拓扑收敛慢的问题，出现了 RSTP 和多生成树协议（Multiple Spanning Tree Protocol，MSTP）。RSTP 基于 STP 进行了相应调整，实现了网络拓扑的快速收敛。STP 的演变有以下几个重要阶段。

STP：1990 年，IEEE 提出了 IEEE 802.1d，这是一种通用的 STP。

RSTP：RSTP 是 IEEE 802.1w 中定义的一种协议，它通过缩短端口状态切换时间和优化生成树计算方法来加速网络的恢复过程，比 STP 具有更快的网络拓扑收敛速度。在 STP 中，交换机选举根桥的时间比较长，可能需要数十秒。而在 RSTP 中，交换机无须等待完整的生成树的构建，是根据 BPDU 的优先级和 MAC 地址进行快速选举的。当交换机出现故障或网

络拓扑发生变化时，RSTP 可以通过快速选举和转移端口的方式，实现更短的网络拓扑收敛时间，从而提高网络的可靠性和效率。

MSTP：STP 和 RSTP 都是单生成树，它们没有与 VLAN 进行关联，整个网络只根据拓扑生成单一的生成树，因此无法在 VLAN 间实现数据流量的负载均衡，链路被阻塞后将不承载任何流量，这有可能造成部分 VLAN 无法转发报文。MSTP 是将多个拥有同样数据流量需求的 VLAN 映射到同一个生成树实例中的协议，IEEE 于 2002 年发布的 IEEE 802.1s 定义了 MSTP，它通过同时使用多个生成树实例来提高网络的灵活性和性能。MST 域内可以生成多棵生成树，每棵生成树都称为一个生成树实例。生成树实例之间彼此独立，且每个生成树实例的计算过程与 RSTP 的计算过程基本相同。

4.2.2 RSTP 简介

RSTP 是一个用于在局域网中消除环路的协议。RSTP 由 STP 改进而来，是 IEEE 802.1w 中定义的一种协议。RSTP 完全向下兼容 STP，除有创建无环路的逻辑拓扑的功能外，还具有拓扑收敛速度快的特点。运行 RSTP 的网络从拓扑发生变化到网络拓扑完成收敛用时为几秒，而运行 STP 的网络从拓扑发生变化到网络拓扑完成收敛用时为 50s。在现在的实际组网中，RSTP 已经取代 STP。

1. RSTP 的端口角色

相比 STP，RSTP 的端口角色增加到了 4 种，分别是根端口、指定端口、Alternate 端口（也叫替代端口）和 Backup 端口（也叫备份端口），如图 4-9 所示。替代端口是因学习到其他交换机发送的 BPDU 而阻塞的端口；而备份端口是因学习到自己发送的 BPDU 而阻塞的端口。替代端口提供了从指定桥到根桥的备选通路，并作为根端口的备选。备份端口作为指定端口的备选，提供了另外一条从根桥到其他桥的通路。替代端口是根端口的备份，它的存在使得交换机在根端口失效时能够立即获得新的到达根桥的路径，而备份端口作为指定端口的备份，为其他网桥到根桥提供了一条备选路径。

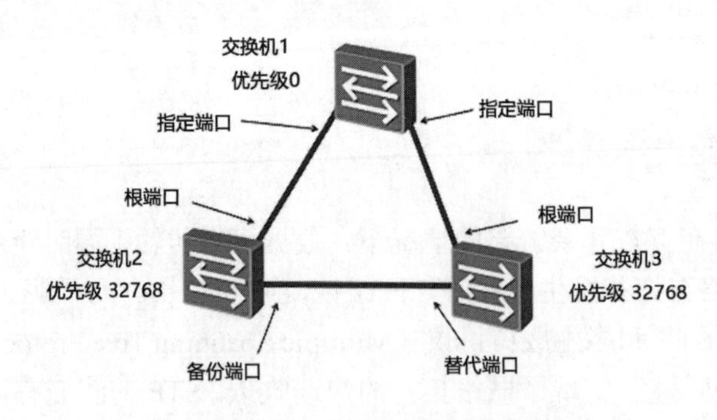

图 4-9　RSTP 新增端口角色

2. RSTP 的端口状态

相比 STP 的 5 种端口状态，RSTP 根据端口是否转发用户流量和学习 MAC 地址表把端口状态调整为 3 种。如果端口处于禁用状态，那么该端口既不转发用户流量，也不学习 MAC 地址表；如果端口处于学习状态，那么该端口不转发用户流量，但学习 MAC 地址表；如果端口处于转发状态，那么该端口既转发用户流量，又学习 MAC 地址表。表 4-3 所示为 RSTP 的端口状态与 STP 的端口状态的比较。

表 4-3　RSTP 的端口状态与 STP 的端口状态的比较

<table>
<tr><th>STP 的端口状态</th><th>RSTP 的端口状态</th><th>端口在拓扑中的角色</th></tr>
<tr><td>转发
（Forwarding）</td><td>转发
（Forwarding）</td><td>根端口、指定端口</td></tr>
<tr><td>学习
（Learning）</td><td>学习
（Learning）</td><td>根端口、指定端口</td></tr>
<tr><td>监听
（Listening）</td><td rowspan="3">禁用
（Discarding）</td><td>根端口、指定端口</td></tr>
<tr><td>阻塞
（Blocking）</td><td>替代端口、备份端口</td></tr>
<tr><td>禁用
（Disabled）</td><td>禁用端口（已关闭的端口）</td></tr>
</table>

3．RSTP 的快速收敛

相比 STP，RSTP 具有快速收敛的特点。RSTP 快速收敛包含以下三个方面。

（1）Proposal/Agreement 机制。

当一个端口被选举为指定端口后，在 STP 中，该端口还要等待至少一个转发延迟（先迁移到学习状态）时间才会迁移到转发状态；而在 RSTP 中，这样的端口会先进入禁用状态，再通过 Proposal/Agreement 机制快速进入转发状态。需要注意的是，Proposal/Agreement 机制必须在点到点链路上使用。

（2）根端口快速切换机制。

网络拓扑发生变化，原来网桥的根端口失效，那么作为根端口的最优替代端口将转换为根端口，进入转发状态。因为替代端口提供了从指定桥到根桥的另一条可用路径。

（3）引入边缘端口。

在 RSTP 里面，边缘端口指的是位于整个网络的边缘，与终端设备直连的端口，如图 4-10 所示。边缘端口不参与 RSTP 运算，可以由禁用状态直接转为转发状态，且不经历时延。但是，边缘端口只要收到配置 BPDU，就会成为非边缘端口，并重新进行生成树计算，从而引起网络震荡。

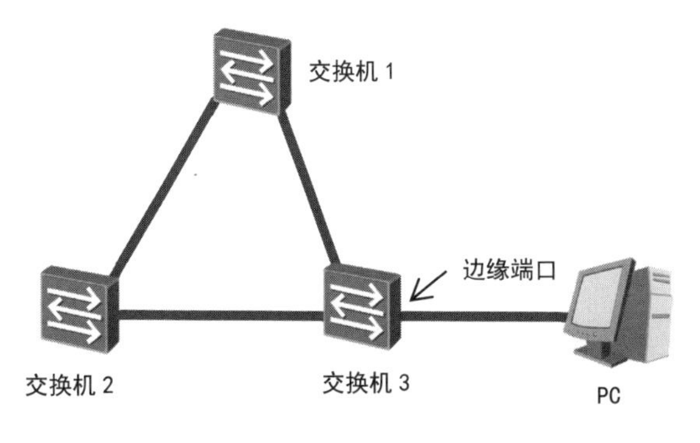

图 4-10　边缘端口

4.2.3 RSTP 提供的保护功能

1. BPDU 保护

交换机的边缘端口在接收到 RST BPDU 时，将会转换为非边缘端口，并重新进行生成树计算，从而引起网络震荡。对于这种情况，可以进入系统视图，执行 stp bpdu-protection 命令，配置交换设备边缘端口的 BPDU 保护功能。在交换设备启动了 BPDU 保护功能后，如果边缘端口收到 RST BPDU，那么它将转换为 error-down 状态，但是属性不变。

2. 根保护

由于维护人员的错误配置或网络中的恶意攻击，网络中的合法根桥有可能会收到优先级更高的 RST BPDU，因此合法根桥会失去根地位，这会引起网络拓扑结构的错误变动。这种不合法的拓扑变化会导致原来应该通过高速链路的流量被牵引到低速链路，造成网络拥塞。对于这种情况，可以进入参与生成树计算的端口视图，执行 stp root-protection 命令，配置交换设备的根保护功能。对于启用根保护功能的指定端口，其端口角色只能是指定端口。启用根保护功能的指定端口一旦收到优先级更高的 RST BPDU，就会进入禁用状态，不再转发报文。经过一段时间后，端口如果一直没有再收到优先级较高的 RST BPDU，就会自动恢复到正常的转发状态。

3. 环路保护

在运行 RSTP 的交换网络中，根端口和其他阻塞端口状态是依靠不断接收来自上游交换设备的 RST BPDU 维持的。出现链路拥塞或单向链路故障将会导致这些端口收不到来自上游交换设备的 RST BPDU，此时，交换设备会重新选举根端口。原先的根端口会转变为指定端口，原先的阻塞端口会切换到转发状态，这可能导致交换网络中出现环路。为了防止以上情况发生，可以部署环路保护功能。进入参与生成树计算的端口视图，执行 stp loop-protection 命令，配置交换设备根端口或替代端口的环路保护功能。

4. 防 TC BPDU 攻击

交换设备在接收到 TC BPDU 报文后，会执行 MAC 地址表项和 ARP 表项的删除操作。如果有人伪造 TC BPDU 报文恶意攻击交换设备，那么交换设备将在短时间内收到大量 TC BPDU 报文，从而频繁执行表项删除操作。频繁的表项删除操作会给设备带来很大负担，给网络的稳定带来很大隐患。对于这种情况，可以进入系统视图，执行 stp tc-protection 命令，配置交换设备对 TC BPDU 报文的保护功能。

4.2.4 华为交换机的 RSTP 配置

（1）配置 STP 的工作模式：

```
[Huawei] stp mode rstp   /*配置 STP 工作在 RSTP 模式
```

（2）配置根桥：

```
/*配置当前交换机为根桥。在默认情况下，交换机不作为任何生成树的根桥，配置后该设备优先级自动为 0
```

```
[Huawei] stp root primary
```

（3）配置备份根桥：

```
/*配置当前交换机为备份根桥。在默认情况下，交换机不作为任何生成树的备份根桥。配置后该设备优先级为4096
[Huawei] stp root secondary
```

（4）配置交换机的 STP 优先级：

```
[Huawei] stp priority priority /*在默认情况下，交换机的优先级为32768
```

（5）配置端口路由开销：

```
/*配置端口路由开销计算方法
[Huawei] stp pathcost-standard { dot1d-1998 | dot1t | legacy }
```

在默认情况下，路由开销的计算方法为 IEEE 802.1t（dot1t）方法。同一网络内所有交换设备的端口路由开销应使用相同的计算方法。

（6）启用 RSTP：

```
[Huawei] stp enable
```

（7）配置端口为边缘端口并使能端口的 BPDU 报文过滤功能：

```
[Huawei] interface gigabitethernet 0/0/2
[Huawei-GigabitEthernet0/0/2] stp edged-port enable
[Huawei-GigabitEthernet0/0/2] stp bpdu-filter enable
```

（8）配置交换机 BPDU 保护功能：

```
[Huawei]stp bpdu-protection
```

（9）在端口上配置根保护功能：

```
[Huawei] interface gigabitethernet 0/0/1
[Huawei-GigabitEthernet0/0/1] stp root-protection
[Huawei-GigabitEthernet0/0/1] quit
```

（10）配置环路保护功能：

```
[Huawei] interface gigabitethernet 1/0/0
[Huawei-GigabitEthernet0/0/1] stp loop-protection
```

（11）配置防 TC BPDU 攻击：

```
[Huawei]stp tc-protection
```

4.3 Eth-Trunk

4.3.1 Eth-Trunk 概述

以太网链路聚合（Eth-Trunk）简称链路聚合，指将多个物理端口聚合在一起，形成一个逻辑端口，以实现进出流量在各成员端口的负载分担。当逻辑端口中的一个端口的链路发生故障时，该端口就会停止工作，并根据负载分担策略在剩下的链路中重新计算报文的发送端口，故障端口在恢复后再次担任发送端口。Eth-Trunk 在增加链路带宽和提高链路可靠性等方面是一项很重要的技术。

如图 4-11 所示，为提高关键链路带宽及可靠性，可以在两台核心交换机之间部署多条物理链路并进行 Eth-Trunk。如图 4-12 所示，为了提高服务器的接入带宽及可靠性，可以将服务器的两个物理网卡聚合成一个网卡组，与接入交换机进行 Eth-Trunk。

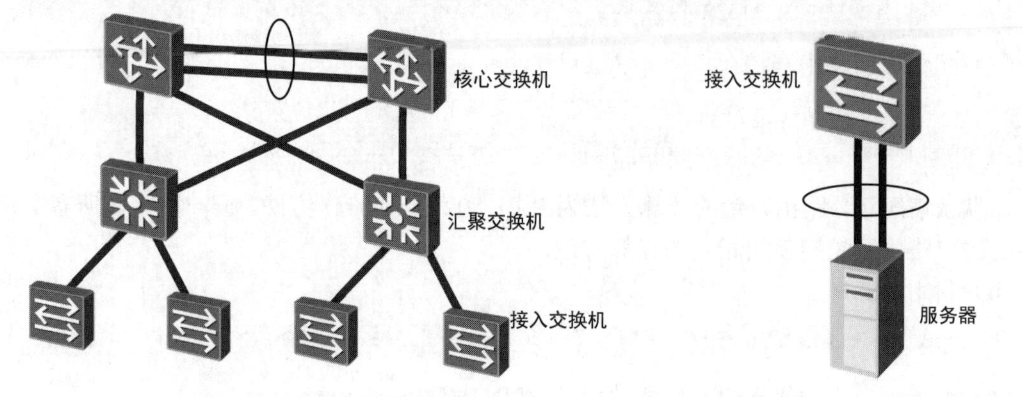

图 4-11　Eth-Trunk 应用场景（一）　　图 4-12　Eth-Trunk 应用场景（二）

4.3.2　Eth-Trunk 特点

Eth-Trunk 通过将多个物理端口捆绑成一个逻辑端口，在不进行硬件升级的条件下，达到了增加链路带宽的目的，如图 4-13 所示。Eth-Trunk 主要有以下四个优势。

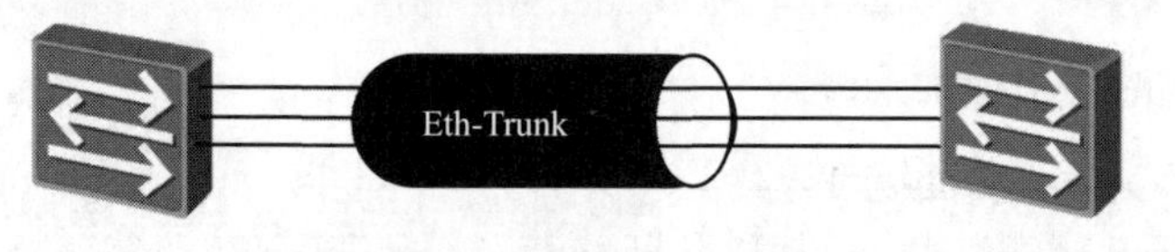

图 4-13　Eth-Trunk 示意图

1．增加带宽

Eth-Trunk 端口的最大带宽可以达到各成员端口带宽之和。例如，两台路由器通过三个 100Mbit/s 的以太网端口直连，将这三个以太网端口捆绑，可形成一个带宽为 300Mbit/s 的 Eth-Trunk 逻辑端口。

2．提高可靠性

当 Eth-Trunk 组里的一条活动链路不能使用时，该链路的流量将交给其他成员链路来传输，提高了链路的可靠性。

3．负载分担

在一个 Eth-Trunk 组内，可以实现各成员活动链路上的负载分担。数据包的属性有源 MAC 地址、目的 MAC 地址、源 IP 地址、目的 IP 地址、TCP/UDP 的源端口号、TCP/UDP 的目的端口号等。在进行 Eth-Trunk 时，可以根据这些属性对数据流量进行负载分担配置。

负载分担可以分为逐包的负载分担和逐流的负载分担。

4．可动态配置

在缺少人工配置的情况下，Eth-Trunk 组能够根据对端和本端的信息灵活调整成员端口的选中或非选中状态。

当前主流厂商的 Eth-Trunk 实现方式不尽相同，华为设备的 Eth-Trunk 分为手动模式和 LACP（Link Aggregation Control Protocol，链路聚合控制协议）模式。

4.3.3 手动模式

手动模式是一种最基本的 Eth-Trunk 实现方式。在手动模式下，通过手动来建立 Eth-Trunk、加入成员端口、确定活动端口，双方系统之间不使用 LACP 进行协商。在手动模式下，所有活动端口都参与数据的转发，分担负载流量，如果某条活动链路故障，Eth-Trunk 组将自动在剩余的活动链路中平均分担流量。当需要在两个直连设备之间建立一个较大的链路带宽而设备不支持 LACP 时，可以使用手动模式。手动模式可以实现增加带宽、提高可靠性、负载分担的目的。

如图 4-14 所示，在设备 1 与设备 2 之间建立 Eth-Trunk 组，在手动模式下，三条活动链路都参与数据转发并分担流量。当一条链路故障时，故障链路无法转发数据，Eth-Trunk 组自动在剩余的两条活动链路中分担流量。

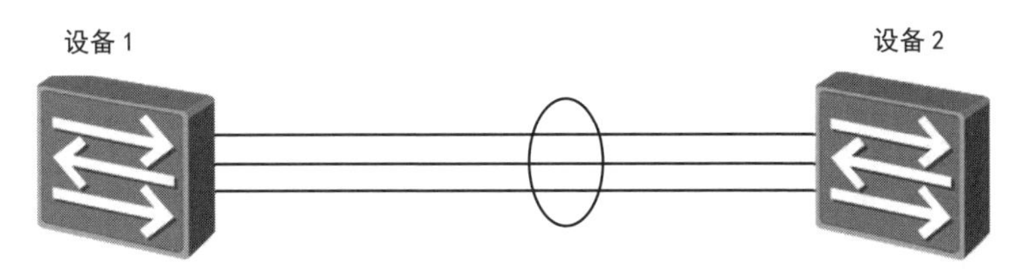

图 4-14 手动模式 Eth-Trunk

在手动模式下所有成员端口可以平均分担数据流量；也可以通过配置成员端口的分担权重，使部分端口分担更多数据流量，实现非平均的数据流量分担。如果活动链路中出现故障链路，Eth-Trunk 组将自动在剩余的活动链路中平均分担数据流量或按权重分担数据流量。

4.3.4 LACP 模式

手动模式无法检测到链路层故障、链路错误连接等故障。为了提高 Eth-Trunk 的容错性，提供备份功能，保证成员链路的高可靠性，出现了 LACP，该协议是基于 IEEE 802.3ad 的。LACP 通过链路聚合控制协议数据单元（Link Aggregation Control Protocol Data Unit，LACPDU）与对端交互信息。启用 LACP 的两台直连设备不需要创建 Eth-Trunk 端口，也不需要指定哪些端口作为 Eth-Trunk 组成员端口，两台设备会通过 LACP 自动协商实现 Eth-Trunk 组的建立。

如图 4-15 所示，在 LACP 模式下，两端设备选择的活动端口数量必须保持一致，否则无法建立 Eth-Trunk 组。解决办法是，使其中一端成为主动端，另一端（被动端）根据主动端选择活动端口。主动端是通过系统 LACP 优先级确定的，优先级值越小，优先级越高。系统 LACP 优先级默认值为 32768，通常保持默认值。当两个端口的优先级一致时，LACP 会通过比较 MAC 地址来选择主动端，MAC 地址越小，优先级越高。

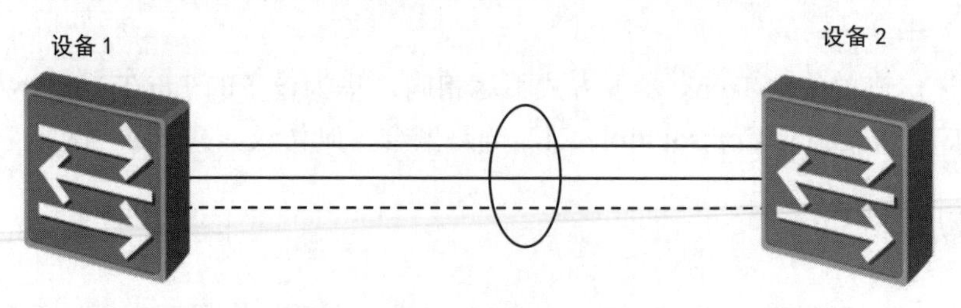

图 4-15　LACP 模式 Eth-Trunk

LACP 模式的协商过程如下。

（1）确定 LACP 主动端。

系统优先级高的交换机将成为 LACP 主动端。如果系统优先级相同，那么 MAC 地址较小的交换机将会成为 LACP 主动端。

（2）确定主用链路。

优先级最高的端口会与对端建立 Eth-Trunk 主用链路，其余端口作为备份链路。

4.3.5　Eth-Trunk 配置命令

创建 Eth-Trunk 组：

```
/*创建 Eth-Trunk 端口，并进入 Eth-Trunk 端口视图
[Huawei] interface eth-trunk trunk-id
```

配置 Eth-Trunk 实现模式：

```
[Huawei-Eth-Trunk1] mode {lacp | manual load-balance }
```

mode lacp 配置当前 Eth-Trunk 实现模式为 LACP 模式，mode manual load-balance 配置当前 Eth-Trunk 实现模式为手动模式。在配置时，需要保持两端的 Eth-Trunk 实现模式一致。

将端口加入 Eth-Trunk 组：

```
[Huawei-GigabitEthernet0/0/1] eth-trunk trunk-id
```

或者

```
[Huawei-Eth-Trunk1] trunkport interface-type { interface-number}
```

配置系统 LACP 优先级：

```
[Huawei] lacp priority priority  /*在默认情况下，系统 LACP 优先级为 32768
```

配置端口 LACP 优先级：

```
/*在默认情况下，端口的 LACP 优先级为 32768，优先级值越小，优先级越高
[Huawei-GigabitEthernet0/0/1] lacp priority priority
```

4.4 项目实验

4.4.1 项目实验六 STP 配置

1. 项目描述

（1）项目背景。

某企业公司的网络设计采用的是两层模型结构，核心层使用了两台高性能华为交换机，两台接入层交换机与两台核心层交换机互连，为了提高网络的可靠性，设计的网络拓扑如图 4-16 所示，你作为公司的网络工程师，需配置交换机的 STP 功能，解决网络环路问题，如何完成该项任务？

（2）STP 配置实验拓扑图如图 4-16 所示。

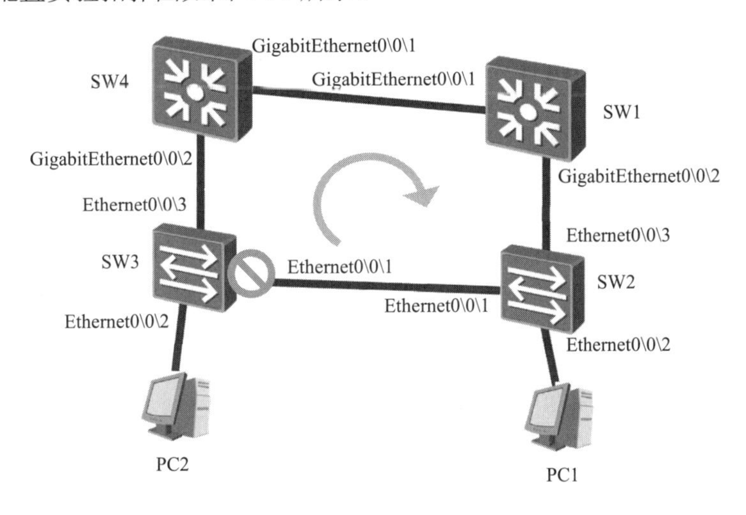

图 4-16 STP 配置实验拓扑图

（3）任务内容。

第 1 部分：配置交换机的 STP 模式。

第 2 部分：配置根桥和备份根桥。

第 3 部分：配置端口的路由开销的计算方法。

第 4 部分：配置端口的路由开销，启用 STP。

第 5 部分：验证实验结果。

（4）所需资源。

华为交换机（4 台）、网线（若干）、PC（2 台）。

2. 项目实施

1）第 1 部分：配置交换机的 STP 模式

配置 SW1 的 STP 工作模式：

```
<Huawei>system-view
[Huawei]sysname SW1
[SW1]stp mode stp
```

配置 SW2 的 STP 工作模式：

```
<Huawei>system-view
[Huawei]sysname SW2
[SW2]stp mode stp
```

配置 SW3 的 STP 工作模式：

```
<Huawei>system-view
[Huawei]sysname SW3
[SW3]stp mode stp
```

配置 SW4 的 STP 工作模式：

```
<Huawei>system-view
[Huawei]sysname SW4
[SW4]stp mode stp
```

2）第 2 部分：配置根桥和备份根桥

配置 SW1 为根桥：

```
[SW1]stp root primary
```

配置 SW2 为备份根桥：

```
[SW2]stp root secondary
```

3）第 3 部分：配置端口的路由开销的计算方法

配置 SW1 的端口路由开销计算方法：

```
[SW1]stp pathcost-standard legacy
```

配置 SW2 的端口路由开销计算方法：

```
[SW2]stp pathcost-standard legacy
```

配置 SW3 的 Ethernet0/0/1 端口的端口路由开销：

```
[SW3] stp pathcost-standard legacy
[SW3] interface Ethernet0/0/1
[SW3-Ethernet0/0/1] stp cost 20000
[SW3-Ethernet0/0/1] quit
```

配置 SW4 的端口路由开销计算方法：

```
[SW4]stp pathcost-standard legacy
```

4）第 4 部分：配置端口的路由开销，启用 STP

配置 SW2 的 Ethernet0/0/2 端口为边缘端口，并启用 BPDU 报文过滤功能：

```
[SW2-Ethernet0/0/2]stp edged-port enable
[SW2-Ethernet0/0/2]stp bpdu-filter enable
```

```
[SW2-Ethernet0/0/2]quit
```

配置 SW3 的 Ethernet0/0/2 端口为边缘端口，并启用 BPDU 报文过滤功能：

```
[SW3]interface Ethernet0/0/2
[SW3-Ethernet0/0/2]stp edged-port enable
[SW3-Ethernet0/0/2]stp bpdu-filter enable
[SW3-Ethernet0/0/2]quit
```

配置网络中的交换机都开启 STP：

```
[SW1] stp enable
[SW2] stp enable
[SW3] stp enable
[SW4] stp enable
```

5）第 5 部分：验证实验结果

步骤 1：查看 SW3 的端口状态。

在 SW3 上执行 display stp brief 命令，查看端口状态，结果如下：

```
[SW3]display stp brief
 MSTID  Port                       Role  STP State     Protection
   0    Ethernet0/0/1              ALTE  DISCARDING    NONE
   0    Ethernet0/0/3              ROOT  FORWARDING    NONE
```

步骤 2：查看 SW2 的 Ethernet0/0/1 端口的状态。

在 SW2 上执行 display stp interface Ethernet0/0/1 brief 命令，结果如下：

```
[SW2]display stp interface Ethernet 0/0/1 brief
 MSTID  Port                       Role  STP State     Protection
   0    Ethernet0/0/1              DESI  FORWARDING    NONE
```

步骤 3：查看 SW1 的端口状态和端口的保护类型。

在 SW1 上执行 display stp brief 命令，查看端口状态和端口的保护类型，结果如下：

```
[SW1]display stp brief
 MSTID  Port                       Role  STP State     Protection
   0    GigabitEthernet0/0/1       DESI  FORWARDING    NONE
   0    GigabitEthernet0/0/2       DESI  FORWARDING    NONE
```

4.4.2 项目实验七 手动模式 Eth-Trunk 配置

1. 项目描述

（1）项目背景。

某公司使用华为交换机组建了公司的局域网，研发部和生产部的终端连接在 SW1 和 SW2 上，为了提高交换机间的带宽，你作为公司的网络工程师要在两台交换机间配置 Eth-Trunk，将交换机的 GigabitEthernet0/0/1 端口和 GigabitEthernet0/0/2 端口连接的两条千兆链路用手动模式实现 Eth-Trunk，以提高公司网络传输质量和可靠性，如何完成该项任务？

（2）手动模式 Eth-Trunk 配置实验拓扑图如图 4-17 所示。

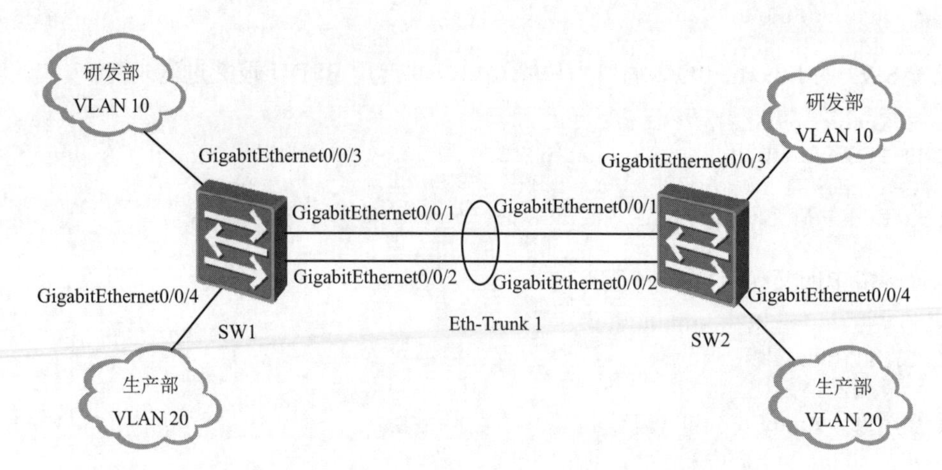

图 4-17　手动模式 Eth-Trunk 配置实验拓扑图

（3）主机地址分配表如表 4-4 所示。

表 4-4　主机地址分配表

设备	端口	端口类型	VLAN
SW1	GigabitEthernet0/0/1	Eth-Trunk 1	VLAN 10、VLAN 20
	GigabitEthernet0/0/2		
	GigabitEthernet0/0/3	Trunk	VLAN 10
	GigabitEthernet0/0/4	Trunk	VLAN 20
SW2	GigabitEthernet0/0/1	Eth-Trunk 1	VLAN 10、VLAN 20
	GigabitEthernet0/0/2		
	GigabitEthernet0/0/3	Trunk	VLAN 10
	GigabitEthernet0/0/4	Trunk	VLAN 20

（4）任务内容。

第 1 部分：在交换机上创建 Eth-Trunk1 端口并加入成员端口。

第 2 部分：在交换机上创建 VLAN 并将端口加入 VLAN。

第 3 部分：配置 Eth-Trunk1 的负载分担方式。

第 4 部分：验证实验结果。

（5）所需资源。

华为交换机（2 台）、网线（若干）。

2. 项目实施

1）第 1 部分：在交换机上创建 Eth-Trunk1 端口并加入成员端口

（1）在 SW1 上创建 Eth-Trunk1 端口并加入成员端口：

```
<Huawei>system-view
[Huawei]sysname SW1
[SW1]interface eth-trunk 1
[SW1-Eth-Trunk1]trunkport GigabitEthernet 0/0/1 to 0/0/2
[SW1-Eth-Trunk1]quit
```

（2）在 SW2 上创建 Eth-Trunk1 端口并加入成员端口：

```
<Huawei>system-view
[Huawei]sysname SW2
[SW2]interface eth-trunk 1
[SW2-Eth-Trunk1]trunkport GigabitEthernet 0/0/1 to 0/0/2
[SW2-Eth-Trunk1]quit
```

2）第 2 部分：在交换机上创建 VLAN 并将端口加入 VLAN

（1）在 SW1 上创建 VLAN 10 和 VLAN 20 并将端口加入 VLAN：

```
[SW1] vlan batch 10 20
[SW1] interface GigabitEthernet 0/0/3
[SW1-GigabitEthernet0/0/3] port link-type trunk
[SW1-GigabitEthernet0/0/3] port trunk allow-pass vlan 10
[SW1-GigabitEthernet0/0/3] quit
[SW1] interface GigabitEthernet 0/0/4
[SW1-GigabitEthernet0/0/4] port link-type trunk
[SW1-GigabitEthernet0/0/4] port trunk allow-pass vlan 20
[SW1-GigabitEthernet0/0/4] quit
```

（2）在 SW1 上配置 Eth-Trunk1 端口允许来自 VLAN 10 和 VLAN 20 的数据通过：

```
[SW1] interface eth-trunk 1
[SW1-Eth-Trunk1] port link-type trunk
[SW1-Eth-Trunk1] port trunk allow-pass vlan 10 20
[SW1-Eth-Trunk1] quit
```

（3）在 SW2 上创建 VLAN 10 和 VLAN 20 并将端口加入 VLAN：

```
[SW2] vlan batch 10 20
[SW2] interface g 0/0/3
[SW2-GigabitEthernet0/0/3] port link-type trunk
[SW2-GigabitEthernet0/0/3] port trunk allow-pass vlan 10
[SW2-GigabitEthernet0/0/3] quit
[SW2] interface GigabitEthernet 0/0/4
[SW2-GigabitEthernet0/0/4] port link-type trunk
[SW2-GigabitEthernet0/0/4] port trunk allow-pass vlan 20
[SW2-GigabitEthernet0/0/4] quit
```

（4）在 SW2 上配置 Eth-Trunk1 端口允许来自 VLAN 10 和 VLAN 20 的数据通过：

```
[SW2] interface eth-trunk 1
[SW2-Eth-Trunk1] port link-type trunk
[SW2-Eth-Trunk1] port trunk allow-pass vlan 10 20
[SW2-Eth-Trunk1] quit
```

3）第 3 部分：配置 Eth-Trunk1 的负载分担方式

（1）在 SW1 上配置 Eth-Trunk1 的负载分担方式：

```
[SW1] interface eth-trunk 1
[SW1-Eth-Trunk1] load-balance src-dst-mac
[SW1-Eth-Trunk1] quit
```

（2）在 SW2 上配置 Eth-Trunk1 的负载分担方式：

```
[SW2] interface eth-trunk 1
[SW2-Eth-Trunk1] load-balance src-dst-mac
[SW2-Eth-Trunk1] quit
```

4）第 4 部分：验证实验结果

在 SW1 上检查 Eth-Trunk 是否创建成功：

```
[SW1] display eth-trunk 1
```

4.4.3 项目实验八 LACP 模式 Eth-Trunk 配置

1．项目描述

（1）项目背景。

某公司使用华为交换机组建了公司的局域网，研发部和生产部的终端连接在 SW1 和 SW2 上，为提高交换机间的带宽，提高公司网络传输质量和可靠性，你作为公司的网络工程师要在 SW1 和 SW2 间配置 Eth-Trunk，将交换机的 GigabitEthernet0/0/1 端口、GigabitEthernet0/0/2 端口和 GigabitEthernet0/0/3 端口连接的三条千兆链路使用 LACP 模式实现 Eth-Trunk，并要求 GigabitEthernet0/0/1 端口连接的链路和 GigabitEthernet0/0/2 端口连接的链路具有负载分担能力，GigabitEthernet0/0/3 端口连接的链路进行冗余设计，如何完成该项任务？

（2）LACP 模式 Eth-Trunk 配置实验拓扑图如图 4-18 所示。

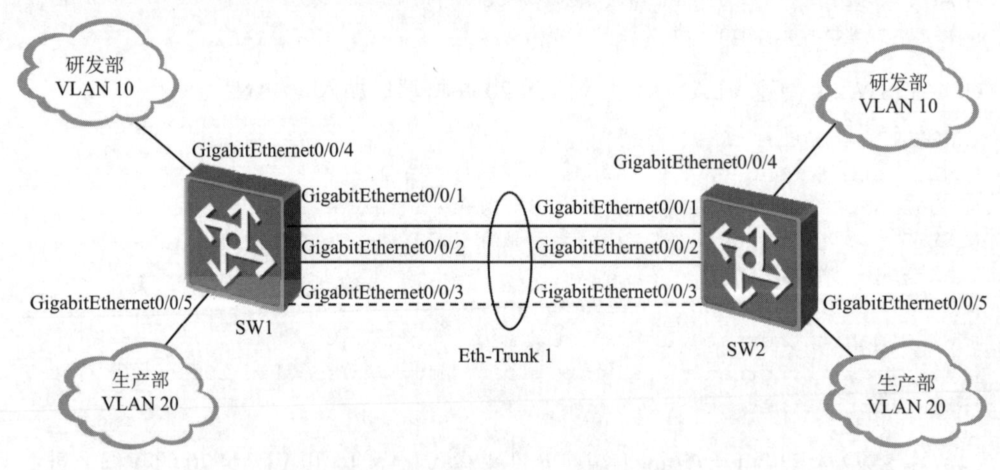

图 4-18 LACP 模式 Eth-Trunk 配置实验拓扑图

（3）主机地址分配表如表 4-5 所示。

表 4-5 主机地址分配表

设备	端口	端口类型	VLAN
SW1	GigabitEthernet0/0/1	Eth-Trunk 1	VLAN 10、VLAN 20
	GigabitEthernet0/0/2		
	GigabitEthernet0/0/3		
	GigabitEthernet0/0/4	Trunk	VLAN 10
	GigabitEthernet0/0/5	Trunk	VLAN 20

续表

设备	端口	端口类型	VLAN
SW2	GigabitEthernet0/0/1	Eth-Trunk 1	VLAN 10、VLAN 20
	GigabitEthernet0/0/2		
	GigabitEthernet0/0/3		
	GigabitEthernet0/0/4	Trunk	VLAN 10
	GigabitEthernet0/0/5	Trunk	VLAN 20

（4）任务内容。

第 1 部分：在交换机上创建 Eth-Trunk。

第 2 部分：配置系统优先级、活动端口上限阈值和端口优先级。

第 3 部分：在交换机上创建 VLAN 并将端口加入 VLAN。

第 4 部分：验证实验结果。

（5）所需资源。

华为交换机（2 台）、网线（若干）。

2. 项目实施

1）第 1 部分：在交换机上创建 Eth-Trunk

（1）在 SW1 上创建 Eth-Trunk1，配置为 LACP 模式，并加入成员端口：

```
<Huawei>system-view
[Huawei]sysname SW1
[SW1] interface eth-trunk 1
[SW1-Eth-Trunk1] mode lacp
[SW1-Eth-Trunk1] quit
[SW1] interface GigabitEthernet 0/0/1
[SW1-GigabitEthernet0/0/1] eth-trunk 1
[SW1-GigabitEthernet0/0/1] quit
[SW1] interface GigabitEthernet 0/0/2
[SW1-GigabitEthernet0/0/2] eth-trunk 1
[SW1-GigabitEthernet0/0/2] quit
[SW1] interface GigabitEthernet 0/0/3
[SW1-GigabitEthernet0/0/3] eth-trunk 1
[SW1-GigabitEthernet0/0/3] quit
```

（2）在 SW2 上创建 Eth-Trunk1，配置为 LACP 模式，并加入成员端口：

```
<Huawei>system-view
[Huawei]sysname SW2
[SW2] interface eth-trunk 1
[SW2-Eth-Trunk1] mode lacp
[SW2-Eth-Trunk1] quit
[SW2] interface GigabitEthernet 0/0/1
[SW2-GigabitEthernet0/0/1] eth-trunk 1
[SW2-GigabitEthernet0/0/1] quit
[SW2] interface GigabitEthernet 0/0/2
[SW2-GigabitEthernet0/0/2] eth-trunk 1
```

```
[SW2-GigabitEthernet0/0/2] quit
[SW2] interface GigabitEthernet 0/0/3
[SW2-GigabitEthernet0/0/3] eth-trunk 1
[SW2-GigabitEthernet0/0/3] quit
```

2）第 2 部分：配置系统优先级、活动端口上限阈值和端口优先级

（1）在 SW1 上配置系统优先级、活动端口上限阈值和端口优先级：

```
[SW1] lacp  priority 100
[SW1] interface eth-trunk 1
[SW1-Eth-Trunk1] max active-linknumber 2
[SW1-Eth-Trunk1] quit
[SW1] interface g 0/0/1
[SW1-GigabitEthernet0/0/1] lacp priority 100
[SW1-GigabitEthernet0/0/1] quit
[SW1] interface g 0/0/2
[SW1-GigabitEthernet0/0/2] lacp priority 100
[SW1-GigabitEthernet0/0/2] quit
```

（2）在 SW2 上配置系统优先级、活动端口上限阈值和端口优先级：

```
[SW2] lacp  priority 100
[SW2] interface eth-trunk 1
[SW2-Eth-Trunk1] max active-linknumber 2
[SW2-Eth-Trunk1] quit
[SW2] interface g 0/0/1
[SW2-GigabitEthernet0/0/1] lacp priority 100
[SW2-GigabitEthernet0/0/1] quit
[SW2] interface g 0/0/2
[SW2-GigabitEthernet0/0/2] lacp priority 100
[SW2-GigabitEthernet0/0/2] quit
```

3）第 3 部分：在交换机上创建 VLAN 并将端口加入 VLAN

（1）在 SW1 上创建 VLAN 10 和 VLAN 20 并将端口加入 VLAN：

```
[SW1] vlan batch 10 20
[SW1] interface g 0/0/4
[SW1-GigabitEthernet0/0/4] port link-type trunk
[SW1-GigabitEthernet0/0/4] port trunk allow-pass vlan 10
[SW1-GigabitEthernet0/0/4] quit
[SW1] interface g 0/0/5
[SW1-GigabitEthernet0/0/5] port link-type trunk
[SW1-GigabitEthernet0/0/5] port trunk allow-pass vlan 20
[SW1-GigabitEthernet0/0/5] quit
```

（2）在 SW1 上配置 Eth-Trunk1 端口允许来自 VLAN 10 和 VLAN 20 的数据通过：

```
[SW1] interface eth-trunk 1
[SW1-Eth-Trunk1] port link-type trunk
[SW1-Eth-Trunk1] port trunk allow-pass vlan 10 20
```

```
[SW1-Eth-Trunk1] quit
```

（3）在 SW2 上创建 VLAN 10 和 VLAN 20 并将端口加入 VLAN：

```
[SW2] vlan batch 10 20
[SW2] interface g 0/0/4
[SW2-GigabitEthernet0/0/4] port link-type trunk
[SW2-GigabitEthernet0/0/4] port trunk allow-pass vlan 10
[SW2-GigabitEthernet0/0/4] quit
[SW2] interface g 0/0/5
[SW2-GigabitEthernet0/0/5] port link-type trunk
[SW2-GigabitEthernet0/0/5] port trunk allow-pass vlan 20
[SW2-GigabitEthernet0/0/5] quit
```

（4）在 SW2 上配置 Eth-Trunk1 端口允许来自 VLAN 10 和 VLAN 20 的数据通过：

```
[SW2] interface eth-trunk 1
[SW2-Eth-Trunk1] port link-type trunk
[SW2-Eth-Trunk1] port trunk allow-pass vlan 10 20
[SW2-Eth-Trunk1] quit
```

4）第 4 部分：验证实验结果

在 SW1 上检查 Eth-Trunk 是否创建成功：

```
[SW1] display eth-trunk 1
```

习题 4

一、选择题

1．下面关于 STP 的说法正确的是_______。

A．一个交换网络中只能有一个指定交换机

B．根桥的所有端口都是根端口

C．优先级最大的交换机成为根桥

D．根桥的所有端口都是指定端口

2．在根桥的选举过程中，如果两个交换机的优先级相同，就比较它们的_______。

A．IP 地址　　B．MAC 地址　　C．端口带宽　　D．端口 ID

3．下列说法正确的是________。

A．STP 的网络拓扑收敛速度快　　B．STP 的网络拓扑收敛速度慢

C．RSTP 的网络拓扑收敛速度快　　D．RSTP 的网络拓扑收敛速度慢

4．RSTP 定义了________种端口状态。

A．3　　B．4　　C．5　　D．8

5．通过 display stp brief 命令得到 ALTE 字样的条目，ALTE 代表_______。

A．备份端口　　B．替代端口　　C．根端口　　D．监听端口

6．RSTP 不包含的端口状态是________。

A．监听　　B．转发　　C．禁用　　D．学习

7．RSTP 是________的缩写。

A．快速生成树协议　　B．生成树协议

C．最短路径树协议　　D．多生成树协议

8．在运行 STP 的网络中，交换机的一个端口从学习状态转到转发状态要经历________s 的时延。

A．15　　B．20　　C．30　　D．40

9．可以使用________避免网络中出现环路。

A．STP　　B．TCP　　C．HTTP　　D．ARP

10．STP 中的端口处于________状态时，可以直接转为转发状态。

A．监听　　B．学习　　C．禁用　　D．阻塞

11．STP 中，若一个端口接收并处理 BPDU，但不发送 BPDU，不学习 MAC 地址表，不转发数据，则该端口处于________状态。

A．监听　　B．学习　　C．禁用　　D．阻塞

12．以下关于 STP 中转发状态描述错误的是________。

A．处于转发状态的端口学习报文源 MAC 地址

B．处于转发状态的端口不发送 BPDU

C．处于转发状态的端口可以转发数据帧

D．处于转发状态的端口可以接收 BPDU

13．以下关于 LACP 模式的 Eth-Trunk 说法不正确的是________。

A．在 LACP 模式下，所有活动端口都参与数据帧的转发，分担负载流量

B．在 LACP 模式下，两端设备选择的活动端口数量必须保持一致

C．通过系统 LACP 优先级确定主动端，当优先级相同时，通过比较 MAC 地址确定主动端

D．LACP 是基于 IEEE 802.3ad 的一种协议

14．关于 Eth-Trunk 的说法正确的是________。

A．Eth-Trunk 可以提高网络的扩展性

B．Eth-Trunk 可以提高网络的可靠性

C．Eth-Trunk 可以实现负载分担

D．Eth-Trunk 可以提高链路带宽

二、填空题

1．在 STP 中，端口开销和端口带宽有关，端口带宽越高，端口开销越________________。

2．STP 中的 BID 包含________________和________________两部分。

3．RSTP 端口状态包括________________、________________、________________。

4．RSTP 的端口角色共有 4 种，分别是________________、________________、________________、________________。

5．RSTP 提供的保护功能有________________、________________、________________和________________。

6. BPDU 分为两种类型，分别是________________和________________。
7. 在运行 RSTP 的网络中，如果有一个根端口失效，那么网络中最优的__________端口将成为根端口。
8. 在 LACP 模式下，通过系统 LACP 优先级确定主动端，优先级值越____________，越优先。
9. 在默认情况下，系统 LACP 优先级为__________。
10. Eth-Trunk 实现模式分为两种，分别是___________和____________。

三、简答题

1. 二层环路会带来什么问题？
2. STP 的 5 种端口状态分别是什么？
3. STP 如何选举根桥、根端口和指定端口？
4. 生成树的计算过程有哪 4 个步骤？
5. 图 4-19 所示的网络运行了 STP，根桥是哪个？根端口是哪些？

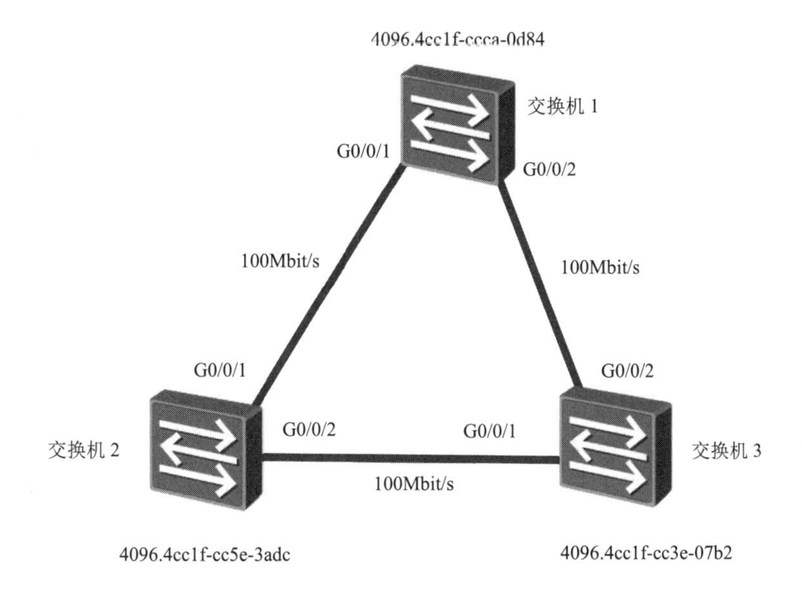

图 4-19 运行 STP 网络拓扑

6. RSTP 快速收敛包含哪三个方面的内容？
7. Eth-Trunk 的模式有哪些？
8. Eth-Trunk 有什么优势？

第5章 路由器

分布在各地的人们经常会利用网络进行视频会议、购物、聊天等，为了实现这些操作需要将分布在各地的网络相互连接起来，路由器就是连接两个或多个网络的网络硬件设备。路由器会创建一个路由表，并依据路由表进行信息数据路径选择和数据包的实时传送。路由器通过执行路由协议，为数据包寻找一条到达目的主机或网络的最佳路径，并按照选定的最佳路径，将该数据包转发到目的主机或网络。

本章主要介绍路由器的内部组成结构、路由器的组成与功能、路由器的端口及路由器的基本配置。

5.1 路由器概述

二层交换机将计算机连接起来，形成局域网，可以在小范围内传输数据。为了在更大范围内实现计算机间的相互通信和资源共享，需要将局域网连接起来。路由器可以将两个或多个网络连接起来，构成更大的网络。

路由器是一种执行路由动作的网络设备，工作在网络层，能够将数据包转发到正确的目的地，并选择最佳路径进行转发。由于路由器可以在网络间转发数据包，因此能够实现不同网络中的设备间的通信。路由器的应用场景如图 5-1 所示。

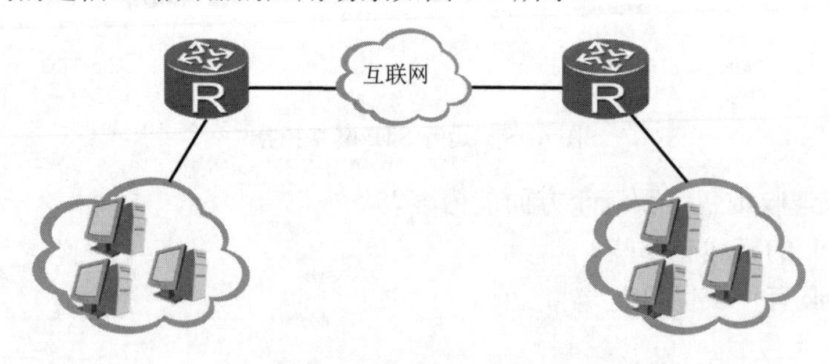

图 5-1　路由器的应用场景

二层交换机工作在 OSI 参考模型的数据链路层，用于在同一网络中的设备间转发数据帧。但是，当源 IP 地址和目的 IP 地址位于不同网络时，必须先将数据帧发送到路由器，再由路由器进行转发。路由器工作在 OSI 参考模型的网络层，如图 5-2 所示。路由器的作用就是将各个网络连接起来，在不同网络之间传送数据包，数据包的目的地可以是国外的 Web 服务器，也可以是局域网中的电子邮件服务器。当主机向不同网络中的设备发送数据包时，数据包将会被转发到默认网关，因为主机设备不能直接与本地网络之外的设备通信。默认网关是将流量从本地网络路由到远程目的地的网络设备，通常用于将本地网络连接到互联网。

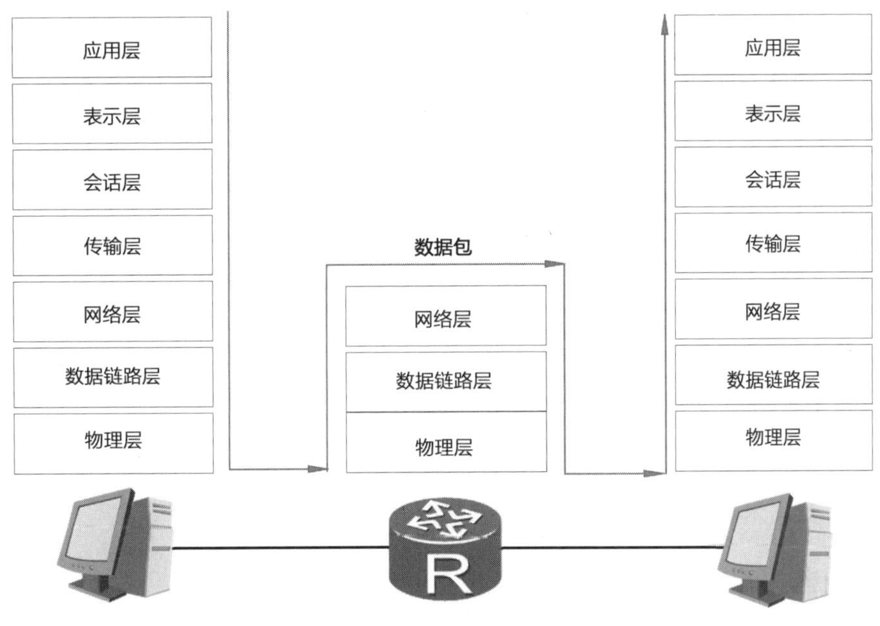

图 5-2 路由器工作层次

5.2 路由器的组成与功能

5.2.1 路由器硬件系统的组成

路由器实质上是一种特殊的计算机，由硬件系统和软件系统组成。它的硬件系统包含下面几部分。

1. CPU

作为路由器的中枢，CPU 主要负责执行路由器操作系统的指令，以及解释、执行用户输入的命令。CPU 还负责完成与计算有关的工作，如在网络拓扑发生改变时重新计算网络拓扑数据库。因此，CPU 的处理能力对路由器的性能有关键性影响。

2. ROM

ROM 主要用于实现系统初始化等功能，通常被制作在一个或多个芯片上，焊接在路由器的主板上。ROM 中存储着下面 3 种类型的程序。

（1）开机自检程序：主要用于检测路由器中各硬件部分是否完好。

（2）系统引导程序：主要用于启动路由器并载入操作系统。

（3）备份的路由器操作系统：在原有路由器操作系统被删除或破坏时，用来恢复操作系统。

3．RAM

RAM 是路由器在运行期间暂时存放操作系统和数据的存储器，它存储的数据包括路由表项目、ARP 缓冲项目、日志项目、队列中排队等待发送的分组。此外，RAM 还用来存储路由器的运行配置文件。当路由器被关闭或重新启动时，RAM 中的内容将丢失。

4．FLASH

FLASH 是可擦写、可编程的 ROM，主要负责保存操作系统的映像文件。当 FLASH 容量足够大时，可以存放多个操作系统。在默认情况下，路由器用 FLASH 中的操作系统映像文件来启动。根据路由器型号的不同，有些 FLASH 在主板的单列直插式内存模块（Single In-line Memory Module，SIMM）上，有些 FLASH 在 PCMCIA 卡上。一台路由器中可以有多块 FLASH。

5．非易失性内存（Nonvolatile RAM，NVRAM）

NVRAM 是一种特殊的内存。在路由器电源被切断时，保存在 NVRAM 中的信息不会丢失。NVRAM 是用来存储路由器启动配置文件的。

5.2.2 路由器的功能

路由器是连接互联网中各局域网、广域网的设备。路由器会读取经过它的每个数据包中的地址，为其选择最佳路径，并按最佳路径转发数据包。路由器是网络中的交通枢纽，在网络间起网关作用。无数的遍布各地的路由器构成了互联网。也可以说，路由器构成了互联网的骨架。路由器的处理速度是网络通信的主要瓶颈之一，路由器的可靠性直接影响着网络互连的质量。因此，在园区网、地区网，甚至整个互联网中，路由器始终处于核心地位。路由器的功能主要有如下 5 方面。

（1）检查数据包的目的地。

（2）确定信息源。

（3）发现可能的路由。

（4）选择最佳路径。

（5）验证和维护路由信息。

路由器是当今网络的主要组成部分，是获得网络层服务的关键，对网络发展起到了革命性的推进作用。路由器的出现很好地解决了局域网和城域网的连接问题，同时解决了不同网络间的通信问题。

5.2.3 路由器的分类

1．按功能是否模块化分类

按功能是否模块化，路由器可分为固定配置路由器和模块化路由器。固定配置路由器只能提供固定单一的端口，其网络端口类型和端口数量是固定的，一旦网络需要升级，就不得不将原有的设备抛弃，造成了很严重的重复投资。企业在建设网络时，对路由器的功能会有个性化需求，并且希望企业网络在升级或扩展时能保护原有投资。基于此，模块化路由器应运而生。模块化路由器在出厂时一般只提供最基本的路由功能，用户可以根据要连接的网络类型选择相应的模块，通过增加或替换模块来满足不同应用环境下的业务需求。例如，有网络安全业务需求的企业，可以在路由器上添加防火墙模块和虚拟专用网络（Virtual Private Network，VPN）模块。用户可以根据自身业务需求，对模块化路由器进行灵活配置，同时可以根据未来业务需求的增长和变化，通过增加相应的模块，实现原有网络的平滑扩充和升级，既减少了对原有网络架构的改动，又保护了原有设备投资。

2. 按功能分类

在各种级别的网络环境中每台路由器都担负着特定的职责，具有特定的功能。按功能可将路由器分为接入路由器、企业路由器、骨干路由器。接入路由器连接家庭网络或小型企业网络。接入路由器不仅可以实现网络连接，还支持诸如 PPTP 和 IPSec 等虚拟内部网络协议。企业路由器的连接对象为许多终端系统，其主要目标是以尽可能低的成本实现尽可能多的端点互连，并且进一步要求支持不同的 QoS。企业路由器能提供大量端口且每个端口的造价很低，具有容易配置、支持 QoS、支持安全策略、支持 VLAN 等特点。骨干路由器数据吞吐量较大且重要，是企业级网络实现互连的关键。骨干路由器具有高速度及高可靠性要求。网络常采用热备份、双电源、双数据通路等技术来确保可靠性。

3. 按所处网络位置分类

按所处网络位置，路由器可分为边界路由器和中间节点路由器。边界路由器将局域网接入广域网，在局域网和广域网之间转发数据包。接入互联网的路由器和接入 VPN 的路由器都属于边界路由器。边界路由器处于网络的边缘或末端，支持的网络协议和路由协议比较多，背板带宽通常比较高，具有较大的吞吐能力，能满足不同类型网络的互连。中间节点路由器处于局域网内部，通常用于连接不同局域网，是数据转发的桥梁。中间节点路由器更注重 MAC 地址的记忆，要求有较大缓存空间。

5.3 路由器的端口

路由器是一种用于实现网络互连的网络设备，它是通过各种端口实现网络互连的。因为路由器连接的网络多种多样，所以其端口类型比较多。路由器既可以对不同局域网进行连接，也可以对不同类型的广域网进行连接，所以路由器的端口类型一般分为局域网端口和广域网端口。由于路由器本身不带输入设备和终端显示设备，而且只有在进行必要的配置后才能正常执行，所以一般的路由器都有一个 Console 端口，用于与计算机或终端设备进行连接，进而通过特定的软件来进行配置。

5.3.1 路由器的局域网端口

局域网端口主要是用于连接路由器与局域网，因为局域网类型是多样的，所以路由器的局域网端口类型也是多样的，如 AUI 端口、RJ-45 端口、SC 端口等。

（1）AUI 端口是用来与同轴电缆连接的局域网端口，它是一种 D 型 15 针端口，是令牌环网或总线型网络中常见的端口之一。

（2）RJ-45 端口是常见的双绞线以太网端口。快速以太网主要采用双绞线作为传输介质，根据端口通信速率的不同，RJ-45 端口又可以分为 100Base-T 以太网端口和 1000Base-T 以太网端口。

（3）SC 端口也就是我们常说的光纤端口，用于与光纤进行连接。在一般情况下，这种端口不太可能通过光纤直接连接至工作站，而是通过光纤连接到快速以太网或千兆以太网等具有光纤端口的交换机。

5.3.2 路由器的广域网端口

路由器与广域网连接的端口称为广域网端口，又称 WAN 端口。路由器中常见的广域网端口有 RJ-45 端口、AUI 端口、高速同步串口（Serial）、异步串口、ISDN BRI 端口等。利用路由器广域网端口中的 RJ-45 端口可以建立广域网与局域网之间的 VLAN 连接，以及广域网与远程网络或互联网的连接。在路由器的广域网连接中，应用较多的端口是高速同步串口，这种端口主要用于数字数据网（Digital Data Network，DDN）、帧中继（Frame Relay）网、X.25 网、公共交换电话网（Public Switched Telephone Network，PSTN）等网络连接模式。异步串口主要应用于调制解调器或调制解调器池的连接，用于实现远程计算机通过 PSTN 接入网络。ISDN BRI 端口用于 ISDN 线路通过路由器实现与互联网或其他远程网络的连接。用于广域网端口连接的线缆有同轴电缆、双绞线、光缆（主要是单模光纤）等。

5.3.3 路由器的配置端口

路由器有两个配置端口，分别是 Console 端口和 AUX 端口。Console 端口提供了一个 EIA/TIA RS-232 异步串口，供用户对路由器进行配置。不同的路由器可能有不同形式的 Console 端口。有的路由器采用的是 DB25 母线连接器（DB25F），更常见的是 RJ-45 控制台连接器。在第一次配置路由器时，必须采用通过 Console 端口方式对路由器进行配置。这种配置方式是通过计算机的串口直接连接路由器的 Console 端口进行的，不占用网络带宽，因此被称为带外管理，只能在本地配置。AUX 端口又称路由器的备份配置口，通过连接 Modem 类拨号设备，以远程方式对路由器进行配置。在路由器 RJ-45 端口出现故障，不能通过网络远程配置的情况下，可用 AUX 端口来配置路由器。

5.4 路由器的视图模式及配置信息的保存

除硬件外，路由器还包括操作系统、配置文件等软件。路由器与计算机一样，需要有操作系统才能运行。路由器的操作系统的主要作用是进行资源管理（CPU、存储器、设备、文件等）。平台、功能不同的路由器运行的操作系统也不相同。华为路由器的操作系统是 VRP，Cisco 路由器的操作系统是互联网操作系统（Internetwork Operating System，IOS）。

5.4.1 路由器的常用视图模式

华为路由器的 VRP 提供的命令是按照一定格式设计的，用户可以通过命令行界面输入命令，并对命令进行解析，来实现对路由器的配置和管理。

华为路由器提供了多样的配置和查询命令，为便于用户使用这些命令，VRP 按功能将命令分别注册在不同的命令行视图下。

（1）用户视图。

用户视图是登录 VRP 后的第一个视图，在该视图下，用户可以完成查看运行状态和统计信息等操作。在用户视图下执行 system-view 命令，可以进入系统视图。

（2）系统视图。

系统视图提供了一些简单的全局配置功能。在系统视图下，用户可以进行系统参数配置。

（3）其他视图。

除用户视图、系统视图外，VRP 还有端口视图、协议视图等，在这些视图下，用户可以进行端口参数和协议参数配置。

VRP 各个视图的切换命令如下：

```
<Huawei>system-view                              /*从用户视图进入系统视图
[Huawei]interface GigabitEthernet 0/0/1          /*从系统视图进入端口视图
[Huawei-GigabitEthernet0/0/1]ip address 192.168.1.1 24 /*配置端口的 IP 地址
[Huawei-GigabitEthernet0/0/1]quit                /*退回上一个视图
[Huawei]ospf 100                                 /*从系统视图进入协议视图
[Huawei-ospf-1]area 0                            /*从协议视图进入 OSPF 区域视图
[Huawei-ospf-1-area-0.0.0.0]return               /*返回用户视图
```

VRP 对用户进行了分级管理，对应的用户级别为 0～15。

5.4.2 路由器配置信息的保存

网络管理人员可以对路由器操作系统进行配置。路由器配置文件包括运行配置文件和启动配置文件。运行配置文件保存在 RAM 中，包含路由器当前正在活动的配置命令；启动配置文件保存在 NVRAM 中，包含路由器在开机启动时执行的配置命令。路由器启动完成后，启动配置文件中的命令就存入了运行配置文件。

执行配置命令对路由器进行配置，修改的是运行配置文件。在一般情况下，在配置完路由器后，应该在用户视图中执行 save 命令，把运行配置文件保存到 NVRAM 中，也就是将运行配置文件备份为启动配置文件，以便路由器在下一次启动时调用。常用的路由器配置信息操作命令如表 5-1 所示。

表 5-1 常用的路由器配置信息操作命令

命令	功能
<Huawei>save	保存运行配置文件
<Huawei>display saved-configuration	查看保存的配置信息
<Huawei>display current-configuration	查看当前生效的配置信息
<Huawei> display startup	查看系统启动配置信息
<Huawei>reboot	重启设备

5.4.3 使用命令行的在线帮助功能

华为路由器的 VRP 提供了丰富的在线帮助功能，用户在使用命令行时，可以使用在线帮助功能来获取实时帮助，无须记忆大量的、复杂的命令。命令行的在线帮助功能可以分为完全帮助和部分帮助，可以通过输入“?”来实现。

1．完全帮助

用户在输入命令时，可以使用命令行的完全帮助功能。当用户不知道在该命令视图下有哪些可以执行的命令时，在该命令视图的系统提示符下输入“？”，便可以获得该命令视图下的所有可以执行的命令和命令的简短说明。例如：

```
<Huawei> ?
User view commands:
  arp-ping        ARP-ping
  autosave        <Group> autosave command group
  backup          Backup  information
  cd              Change current directory
  clear           Clear
  clock           Specify the system clock
...
```

2．部分帮助

用户在输入命令时，如果只记得此命令关键字的开头一个或几个字符，那么可以使用命令行的部分帮助功能获取所有以该字符串开头的关键字的提示。例如：

```
[Huawei]d?
  ddns            dhcp
  dhcpv6          diagnose
  display         dns
  domain          dot1x
  dsa
```

3．快捷键使用

如果与输入字符匹配的关键字唯一，那么按 Tab 键系统将自动补全关键字。例如：

```
[Huawei] inter                  /*按 Tab 键
[Huawei] interface
```

如果与输入字符匹配的关键字不唯一，那么反复按 Tab 键可循环显示所有以输入字符开头的关键字。例如：

```
[Huawei]i                       /*按 Tab 键
[Huawei]ipv6                    /*继续按 Tab 键换下一个词
[Huawei]ip
[Huawei]ipsec
```

按键盘的↑键和↓键可以显示历史命令。

华为路由器的 VRP 支持不完整关键字输入，即在当前视图下，当输入的字符能够匹配唯一的关键字时，可以不输入完整的关键字。例如，只输入 dis cu 就可以执行 display current-configuration 命令。

5.5 路由器配置环境的搭建和路由器的基本配置

5.5.1 路由器配置环境的搭建

路由器访问方式可以分为带内和带外两种。带内访问方式包括通过 Telnet 对路由器进行远程管理、通过 SSH 对路由器进行远程管理、通过 Web 对路由器进行远程管理。带外访问方式就是通过 Console 端口登录路由器。华为路由器允许用户通过 Console 端口、MiniUSB 口、Telnet 或 STelnet 方式登录。在登录华为路由器后，用户可以使用 VRP 提供的命令行对路由器进行管理和配置。

第一次配置路由器，一般在本地进行，可以通过 Console 端口登录路由器来进行配置。在配置前，先使用 Console 线的 DB9 串口连接器（母头）端连接计算机的 COM 端口，RJ-45 端口端连接路由器的 Console 端口，连接方式如图 5-3 所示。

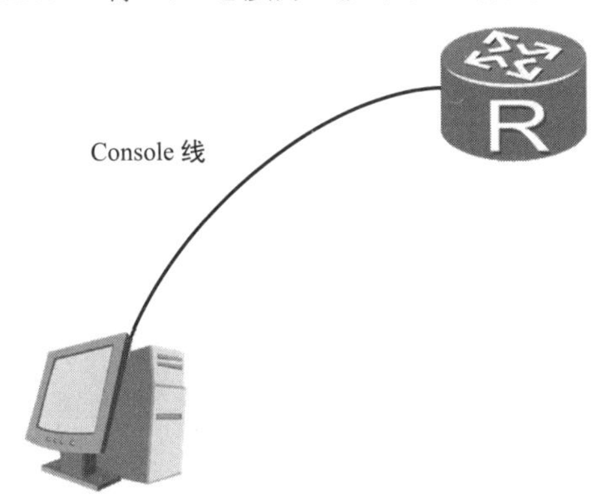

图 5-3 通过 Console 端口登录路由器连接方式

现在，大多数计算机和笔记本电脑不内置串口，但是有 USB 口，因此在第一次配置路由器时，会使用特殊的 USB 口转 COM 端口线路。

华为路由器支持使用 MiniUSB 线缆将计算机的 USB 口连接到路由器的 MiniUSB 口进行第一次登录。

连接完成后，在计算机终端运行仿真软件，对路由器进行配置，终端仿真软件可以使用 Windows 上的 Hyper Terminal 或 Linux 上的 MobaXterm，也可以使用开源的远程终端软件 PuTTY。

为保证路由器的登录安全，需要配置 Console 端口登录的认证方式。华为路由器的 Console 端口用户界面提供了 AAA[Authentication（认证）、Authorization（授权）、Accounting（计费）的简称]认证和 Password 认证两种认证方式。AAA 是一种管理框架，它提供了授权部分用户访问指定资源和记录这些用户操作行为的安全机制。在使用 AAA 认证登录时需要输入用户名和密码。设备根据配置的 AAA 用户名和密码验证用户输入的信息是否正确，如果正确，就允许登录；否则拒绝登录。在使用Password认证登录时需输入正确的认证密码。如果用户输入的密码与设备配置的认证密码相同，就允许登录；否则拒绝登录。

设置Console端口登录为Password认证的方法如下：

```
<Huawei>system-view                     /*进入系统视图
[Huawei]user-interface console 0        /*进入Console端口用户界面视图
[Huawei-ui-console0]authentication-mode password /*设置认证方式为Password认证
/*设置认证密码
[Huawei-ui-console0]set authentication password cipher Huawei123456@
[Huawei-ui-console0]quit
```

设置Console端口登录为AAA认证的方法如下：

```
<Huawei>system-view
[Huawei]user-interface console 0
[Huawei-ui-console0]authentication-mode aaa
[Huawei-ui-console0]quit
[Huawei]aaa
[Huawei-aaa]local-user Huawei password cipher Huawei123456@
[Huawei-aaa]local-user Huawei service-type terminal
[Huawei-aaa]quit
```

路由器在进行初始化配置后，配置管理地址即可远程进行配置。由于远程配置的命令均要通过网络传输，因此也称为带内方式。该方式可以实现通过远程控制对路由器进行配置。可以使用Telnet方式远程配置路由器，华为路由器的VRP对Telnet用户的验证方式有Password验证和AAA验证两种。

配置Telnet用户的验证方式为Password验证的方法如下：

```
<Huawei>system-view                              /*进入系统视图
[Huawei]user-interface vty 0 4                   /*进入VTY用户界面视图
[Huawei-ui-vty0-4]protocol inbound telnet /*配置VTY用户界面支持Telnet协议
[Huawei-ui-vty0-4]authentication-mode password /*配置验证方式为Password验证
/*配置验证密码为Huawei123456@
[Huawei-ui-vty0-4]set authentication password cipher Huawei123456@
[Huawei-ui-vty0-4]user privilege level 0    /*配置用户级别
```

配置Telnet用户的验证方式为AAA验证的方法如下：

```
<Huawei>system-view                              /*进入系统视图
[Huawei]user-interface vty 0 4                   /*进入VTY用户界面视图
[Huawei-ui-vty0-4]protocol inbound telnet /*配置VTY用户界面支持Telnet协议
[Huawei-ui-vty0-4]authentication-mode aaa   /*配置验证方式为AAA验证
[Huawei-ui-vty0-4]user privilege level 0    /*配置AAA登录默认用户级别
[Huawei-ui-vty0-4]quit
[Huawei]aaa
/*创建本地用户Huawei并配置密码为Huawei123456@
[Huawei-aaa]local-user Huawei password cipher Huawei123456@
[Huawei-aaa]local-user Huawei privilege level 0   /*配置用户级别
[Huawei-aaa]local-user Huawei service-type telnet /*配置用户业务类型
```

在生产环境中，一般使用SSH来远程访问路由器。SSH是一种安全的网络协议，它在客户端和服务器之间建立一条安全通信通道，使得客户端可以通过该通道与服务器进行加密通信。SSH拥有数据加密、数据完整性、权限认证等安全机制，能够保证数据传输的安全。

配置SSH用户的验证方式为Password验证的方法如下：

```
<Huawei>system-view
[Huawei]rsa local-key-pair create                   /*配置在服务器端生成本地密钥对
[Huawei]aaa
[Huawei-aaa] local-user admin password cipher admin/*创建SSH用户
[Huawei-aaa] local-user admin privilege level 15    /*设置用户权限为level 15
[Huawei-aaa] local-user admin service-type ssh      /*设置用户服务类型为SSH
/*名为admin的SSH用户的验证方式为Password
[Huawei-aaa] ssh user admin authentication-type password
[Huawei-aaa] ssh client first-time enable           /*开启客户端首次认证功能
[Huawei-aaa] stelnet server enable                  /*开启STelnet功能
[Huawei-aaa] SSH server port 1025   /* 配置SSH服务器端新的监听端口号为1025
[Huawei-aaa] quit
[Huawei]user-interface vty 0 4
[Huawei-ui-vty0-4] authentication-mode aaa
[Huawei-ui-vty0-4] user privilege level 15
[Huawei-ui-vty0-4] protocol inbound ssh             /*配置VTY用户界面支持SSH协议
```

现在很多企业的路由器支持Web访问方式，这些路由器内置了Web服务器，为用户提供了图形化的操作界面。在浏览器地址栏中输入“https://路由器的管理地址+端口”，即可通过Web方式登录路由器，然后在直观易懂的图形用户界面（Graphical User Interface，GUI）中对路由器进行管理。HTTPS拥有数据加密、数据完整性、身份校验安全性等安全机制，能够保证数据传输的安全。要通过Web方式访问路由器，需要先使用命令行在路由器上进行相关配置，包括Web用户的用户名、密码、级别、接入类型。在配置完成后，登录Web用户便可以进入Web网管界面。配置内容如下：

```
<Huawei>system-view
[Huawei]interface GigabitEthernet 0/0/0
[Huawei-GigabitEthernet0/0/0]ip add 192.168.1.1 24
[Huawei]aaa
[Huawei-aaa]local-user Huawei password cipher Huawei123456@
[Huawei-aaa]local-user Huawei service-type web
[Huawei]http server  enable
[Huawei]http secure-server port 8443
```

有些厂商的路由器在出厂时配置了管理IP和用户信息，用户可以使用设备出厂默认配置直接登录Web管理平台对设备进行管理和维护。路由器的系统中存在一个用户名为admin的本地用户，该用户有一个默认密码，可以直接使用该用户密码登录Web管理平台。登录后，系统会强制用户修改密码，以保证安全性。华为路由器的出厂配置IP地址为192.168.1.1，子网掩码为255.255.255.0，接入端口为Management端口，默认用户名为admin，默认密码为Admin@huawei，登录界面如图5-4所示。

图 5-4　华为路由器登录界面

5.5.2　路由器的基本配置

1. 查看 VRP 版本

查看 VRP 版本：

```
[Huawei]display version
Huawei Versatile Routing Platform Software
VRP (R) software, Version 5.130 (AR2200 V200R003C00)
Copyright (C) 2011-2012 HUAWEI TECH CO., LTD
Huawei AR2220 Router uptime is 0 week, 0 day, 0 hour, 0 minute
BKP 0 version information:
1. PCB      Version  : AR01BAK2A VER.NC
2. If Supporting PoE : No
3. Board    Type     : AR2220
4. MPU Slot Quantity : 1
5. LPU Slot Quantity : 6
MPU 0(Master) : uptime is 0 week, 0 day, 0 hour, 0 minute
MPU version information :
1. PCB      Version  : AR01SRU2A VER.A
2. MAB      Version  : 0
3. Board    Type     : AR2220
4. BootROM  Version  : 0
```

2. 设置系统时钟

设置系统时钟：

```
<Huawei>clock datetime 10:00:00 2023-09-01
```

3. 设置路由器名称

设置路由器名称：

```
<Huawei>system-view
[Huawei]sysname R1
```

一般网络中不止部署一台设备，网络管理人员需要对这些设备进行统一管理。在进行设备调试时，首要任务是设置设备名。设备名用来唯一地标识一台设备。华为路由器的默认设备名是 Huawei，在实际使用时，用户可以根据需求配置路由器名称。为了便于日后的运行与维护，所有网络设备应该遵循统一、明确的命名规范。

4. 配置路由器端口 IP 地址

配置路由器端口 IP 地址：

```
<Huawei>system-view
[Huawei]interface GigabitEthernet 0/0/0
[Huawei-GigabitEthernet0/0/0]ip address 192.168.0.1 24
```

5.6 项目实验

项目实验九 路由器的基本配置

1. 项目描述

（1）项目背景。

某企业新买了一台华为路由器，在使用前，需要进行一些基本配置，你作为该企业的网络工程师如何完成该项任务？

（2）路由器的基本配置实验拓扑图如图 5-5 所示。

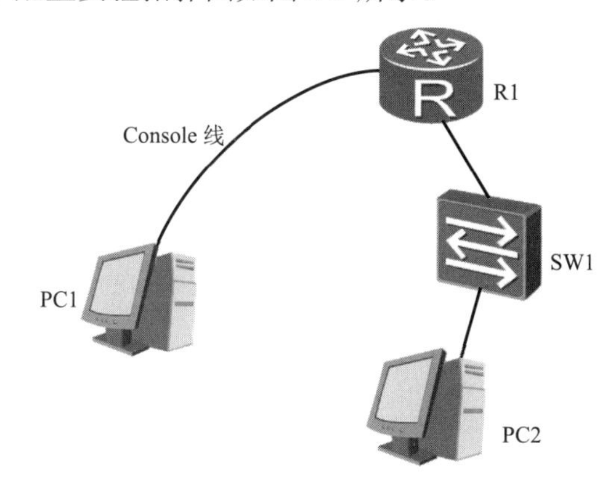

图 5-5 路由器的基本配置实验拓扑图

（3）设备地址分配表如表 5-2 所示。

表 5-2 设备地址分配表

设备	端口	IP 地址	子网掩码
R1	G0/0/0	192.168.1.1	255.255.255.0
	Console	—	—
SW1	—	—	—

续表

设备	端口	IP 地址	子网掩码
PC1	网卡	—	—
PC2	网卡	192.168.1.10	255.255.255.0

（4）任务内容。

第 1 部分：搭建配置环境。

第 2 部分：熟悉华为路由器的 VRP 和命令行界面。

第 3 部分：配置路由器端口 IP 地址和远程登录。

第 4 部分：验证实验结果。

（5）所需资源。

路由器（1 台）、Console 线（一根）、双绞线（若干）、交换机（1 台）、PC（2 台）。

2. 项目实施

1）第 1 部分：搭建配置环境

（1）按照如图 5-5 所示的拓扑图将设备连接起来。

（2）在 PC1 上运行 PuTTY 软件，如图 5-6 所示。

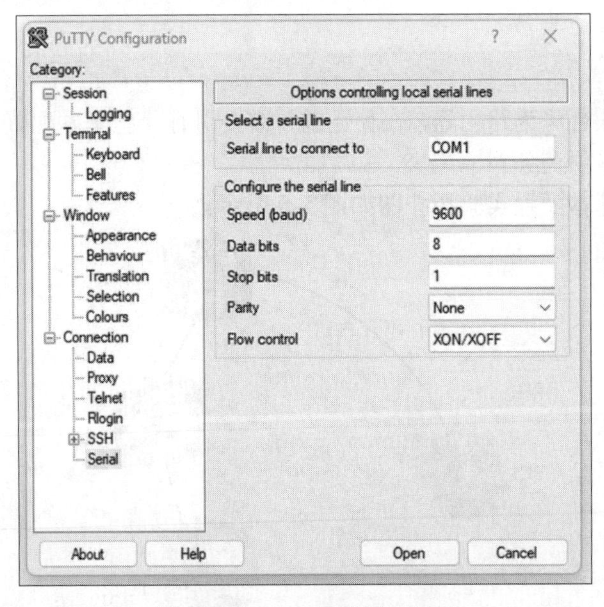

图 5-6　PuTTY 软件运行界面

2）第 2 部分：熟悉华为路由器的 VRP 和命令行界面

（1）熟悉命令行界面视图切换：

```
<Huawei>system-view      /*进入系统视图
[Huawei]sysname R1       /*配置路由器名称为 R1
[R1]display version      /*查看路由器系统版本
Huawei Versatile Routing Platform Software
VRP (R) software, Version 5.130 (AR2200 V200R003C00)
Copyright (C) 2011-2012 HUAWEI TECH CO., LTD
```

```
Huawei AR2220 Router uptime is 0 week, 0 day, 0 hour, 0 minute
BKP 0 version information:
........................
[R1]quit                 /*切换到用户视图
```

（2）使用 Tab 键：

```
<Huawei>sys              /*输入不完整的命令，按 Tab 键补全命令
<Huawei>system-view
[R1]
```

（3）使用在线帮助功能：

```
[R1]?                    /*列出系统视图下的所有命令
System view commands:
  aaa                      AAA
  aaa-authen-bypass        Set remote authentication bypass
  aaa-author-bypass        Set remote authorization bypass
  aaa-author-cmd-bypass    Set remote command authorization bypass
  access-user              User access
  acl                      Specify ACL configuration information
  alarm                    Alarm
  anti-attack              Specify anti-attack configurations
  application-apperceive   Set application-apperceive information
  apply                    Apply fib routing policy
  arp                      Address Resolution Protocol
  arp-miss                 ARP-miss message
  arp-ping                 ARP-ping
  arp-suppress             Specify arp suppress configuration information,
                           default is disabled
  .................
  [R1]interface ?          /*列出 interface 命令后面可以使用的参数
  Atm-Bundle               Atm-Bundle interface
  Atm-Trunk                Atm-Trunk interface
  Bridge-if                Bridge-if interface
  Cpos-Trunk               Cpos-Trunk interface
  Dialer                   Dialer interface
  Dsl-group                Dsl-group interface
  Eth-Trunk                Ethernet-Trunk interface
  Ethernet                 Ethernet interface
  GigabitEthernet          GigabitEthernet interface
  Global-Mp-Group          Global-Mp-group interface
  Ima-group                ATM-IMA interface
  Ip-Trunk                 Ip-Trunk interface
  Logic-Channel            Logic tunnel interface
  LoopBack                 LoopBack interface
  MFR                      MFR interface
```

3）第 3 部分：配置路由器端口 IP 地址和远程登录

（1）配置路由器端口 IP 地址：

```
[R1]interface GigabitEthernet 0/0/0
[R1-GigabitEthernet0/0/0]ip address 192.168.1.1 255.255.255.0
[R1-GigabitEthernet0/0/0]
Aug  2 2023 10:16:32-08:00 R1 %%01IFNET/4/LINK_STATE(l)[0]:The line protocol
IP on the interface GigabitEthernet0/0/0 has entered the UP state.
Aug  2 2023 10:16:42-08:00 R1 DS/4/DATASYNC_CFGCHANGE:OID 1.3.6.1.4.1.2011.
5.25.
191.3.1  configurations have been changed. The current change number is 2,
the ch
ange loop count is 0, and the maximum number of records is 4095.
```

（2）配置路由器 Telnet 用户的验证方式为 AAA 认证：

```
[R1-GigabitEthernet0/0/0]quit
[R1]user-interface  vty  0 4
[R1-ui-vty0-4]protocol  inbound  telnet
[R1-ui-vty0-4]authentication-mode aaa
[R1-ui-vty0-4]user privilege level  0
[R1-ui-vty0-4]quit
[R1]aaa
[R1-aaa]local-user  Huawei password  cipher  Huawei123456@
[R1-aaa]local-user  Huawei privilege  level 0
[R1-aaa]local-user Huawei service-type  telnet
```

（3）保存配置：

```
[R1-aaa]return
<R1>save
The current configuration will be written to the device.
Are you sure to continue?[Y/N]y
Info: Please input the file name ( *.cfg, *.zip ) [vrpcfg.zip]:
Aug   2 2023 10:20:11-08:00 R1 %%01CFM/4/SAVE(l)[1]:The user chose Y when
deciding whether to save the configuration to the device.
```

4）第 4 部分：验证实验结果

（1）在 PC1 上查看路由器当前配置：

```
<R1>display  current-configuration
sysname R1
aaa
 authentication-scheme default
 authorization-scheme default
 accounting-scheme default
 domain default
 domain default_admin
 local-user admin password cipher OOCM4m($F4ajUn1vMEIBNUw#
 local-user admin service-type http
```

```
firewall zone Local
 priority 16
.........................................
interface GigabitEthernet0/0/0
 ip address 192.168.1.1 255.255.255.0
.............................................
return
```

（2）在 PC2 上测试与路由器的连通性。

将 PC2 的 IP 地址设置为 192.168.1.10　255.255.255.0，默认网关设置为 192.168.1.1，然后在 PC2 中打开命令行界面，输入 ping 192.168.1.1 命令并执行，结果如下：

```
PC2>ping 192.168.1.1
Ping 192.168.1.1: 32 data bytes, Press Ctrl_C to break
From 192.168.1.1: bytes=32 seq=1 ttl=255 time=47 ms
From 192.168.1.1: bytes=32 seq=2 ttl=255 time=63 ms
From 192.168.1.1: bytes=32 seq=3 ttl=255 time=31 ms
From 192.168.1.1: bytes=32 seq=4 ttl=255 time=32 ms
From 192.168.1.1: bytes=32 seq=5 ttl=255 time=62 ms
--- 192.168.1.1 ping statistics ---
  5 packet(s) transmitted
  5 packet(s) received
  0.00% packet loss
  round-trip min/avg/max = 31/47/63 ms
```

（3）在 PC2 上使用 Telnet 用户信息登录路由器。

在 PC2 上运行 PuTTY 软件，并按照图 5-7 进行设置。

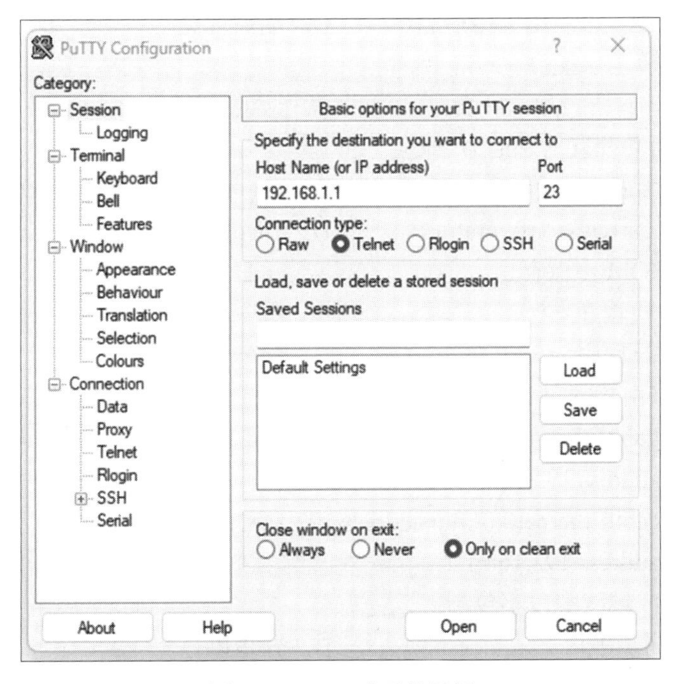

图 5-7　Telnet 登录设置图

PC2 与路由器连接后，输入前面设置的用户名 Huawei、密码 Huawei123456@，验证通过后，出现路由器的用户视图命令行提示符<R1>，表明通过 Telnet 方式远程登录路由器成功。

习题 5

一、选择题

1．路由器工作在________。

A．物理层　　B．网络层　　C．会话层　　D．应用层

2．网络管理人员对路由器的配置进行了更改，要将更改保存到 NVRAM 中，应该执行的命令是________。

A．<R1> write　　B．<R1> copy　　C．<R1>save　　D．[R1] save

3．带内访问方式分为 3 种，下列访问方式中不属于带内访问方式的是_______。

A．通过 Telnet 或 SSH 对路由器进行远程管理

B．通过 Web 对路由器进行远程管理

C．通过 SNMP 管理工作站对路由器进行访问

D．通过 Console 端口登录路由器

4．路由器的硬件系统不包括_______。

A．CPU　　B．RAM　　C．ROM　　D．显示器

5．华为路由器的 VRP 不包括_______。

A．用户视图　　B．系统视图　　C．端口视图　　D．软件视图

6．AAA 不包括_______。

A．授权　　B．计费　　C．认证　　D．加密

7．查看系统启动配置信息的命令是_______。

A．display startup　　B．display saved-configuration

C．display current-configuration　　D．Display history-command

8．路由器的 ROM 不保存_______。

A．开机自检程序　　B．备份的操作系统

C．系统引导程序　　D．运行配置

9．下面配置路由器端口 IP 地址命令中正确的是_______。

A．[R1-GigabitEthernet0/0/0]ip address 192.168.1.1 255.255.255.0

B．[R1]ip address 192.168.1.1 255.255.255.0

C．[R1-GigabitEthernet0/0/0]ip address 192.168.1.1

D．[R1]ip address 192.168.1.1

10．路由器的广域网端口不包括_______。

A．高速同步串口　　B．异步串口

C．ISDN BRI 端口　　D．Console 端口

二、填空题

1. 在各种级别的网络环境中，每台路由器都担负着特定的职责，具有特定的功能，按功能可将路由器划分为______________、______________、______________。
2. 路由器的_________内存是用来存储启动配置文件的。
3. 路由器工作在 OSI 参考模型的__________层。
4. 在第一次配置路由器时，必须采用通过__________对路由器进行配置。
5. 执行__________命令可以从用户视图进入系统视图。
6. 使用在线帮助功能可以获取实时帮助，无须记忆大量的、复杂的命令，该功能可通过执行_______命令实现。
7. 对 Telnet 用户的验证方式有 Password 验证和__________。
8. 在生产环境中，一般使用___________来远程访问路由器。

三、简答题

1. 路由器的端口有哪几种类型？
2. 什么是默认网关？
3. 简述路由器在网络中的作用。
4. 路由器有哪些存储器？
5. 模块化路由器有哪些优点？
6. 路由器硬件组成部件有哪些？
7. 在第一次配置华为路由器时，应该怎样连接路由器？
8. 在使用命令行配置华为路由器时，Tab 键有什么作用？
9. 使用 SSH 远程登录路由器有什么优势？

第6章 路由协议

路由器上运行着路由协议，路由协议能够为网络上的数据包寻找一条到达目的主机或网络的最佳路径。在一个典型的数据通信网络中，往往存在多个 IP 不同的网段。要实现数据包在不同网段之间的交互，需要借助路由协议。路由协议根据算法可分为两类——距离矢量路由协议和链路状态路由协议。

本章主要介绍路由协议的概念，路由表的概念，静态路由的配置与应用，RIP（Routing Information Protocol，路由信息协议）、OSPF（Open Shortest Path First，开放最短路径优先）和 BGP（Border Gateway Protocol，边界网关协议）等动态路由协议的配置与应用。

6.1 路由协议的概述

6.1.1 路由协议的概念

路由协议（Routing Protocol）是一种指定数据包转发方式的网络协议。路由协议主要运行在路由器上，我们可以把路由协议理解为一种路由器之间进行沟通的语言，该语言定义了路由器之间通信时使用的规则。路由协议是用来确定数据包传输路径的，起到寻找路径的作用。

6.1.2 路由协议的分类

根据是手动配置建立路由表，还是自动学习建立路由表，路由协议可以分为静态路由协议和动态路由协议。互联网的主要节点设备是路由器，路由器通过路由表来转发接收到的数据包。在规模较小的网络中，可以采用静态路由协议，但是在规模较大的网络中（如跨国企业网络），不适合采用静态路由协议，因为这将给网络管理人员带来巨大的工作量，使管理、维护路由表变得十分困难，而且容易配置错误。为了解决这个问题，动态路由协议应运而生。动态路由协议可以让路由器自动学习到其他路由器连接的网络，并且在网络拓扑发生改变后自动更新路由表。网络管理人员只需要配置动态路由协议即可，与采用静态路由协议相比，工作量大大减少。

按应用范围的不同，路由协议可以分为内部网关协议（Interior Gateway Protocol，IGP）和外部网关协议。内部网关协议是适用于单个网络业务提供商（Internet Service Provider，ISP）的具有统一路由协议的网络。一般由一个 ISP 运营的网络位于一个自治系统（Autonomous

System，AS）内，有统一的 AS Number（自治系统号）。外部网关协议多用于不同 ISP 运营的网络，以及大型企业、政府等规模较大的内部网络。

按算法的不同，路由协议可以分为 2 类，即距离矢量路由协议和链路状态路由协议。采用距离矢量路由协议的路由器需要周期性地与相邻的路由器交换更新通告，动态建立路由表，以决定最短路径。距离矢量路由协议关心的是到目的网段的距离（路由开销）和矢量（方向，从哪个端口转发数据）。每个运行距离矢量路由协议的路由器都不了解整个网络拓扑，它们只知道与自己直接相连的网络的情况，并根据从邻居路由器得到的路由信息更新自己的路由表。链路状态路由协议根据开销来确定最佳路径，开销可以根据数据包必须经过的跳数、链路带宽、链路上的当前负载计算，或者由网络管理人员手动配置。每台运行链路状态路由协议的路由器都了解整个网络的路由信息，以便计算最佳路径信息。

对于小型网络，距离矢量路由协议易于配置和管理，且应用较为广泛。但是基于距离矢量算法的路由协议在面对大型网络时，不仅其固有的环路问题变得更难解决，而且其占用的带宽也迅速增长，以至于网络无法承受。因此对于大型网络，采用链路状态算法的 OSPF 协议较为有效。OSPF 协议适用于企业内部网络和互联网。

6.1.3 路由表

路由表（Routing Table）是一个存储在路由器或接入网络的计算机中的电子表格（文件）或类数据库。路由器会创建一个路由表来帮助自己判断数据包的转发路径。路由表存储着指向特定网络地址的路径。路由表中包含网络周边的拓扑信息。路由器在收到一个数据包时，会在自己的路由表中查询数据包的目的 IP 地址。如果路由表中有匹配的路由表项，路由器就依据表项指示的出端口及下一跳地址来转发该数据包；如果路由表中没有匹配的路由表项，路由器就丢弃该数据包。

路由表存储的信息如下。

（1）直连路由：这些路由来自活动的路由器端口。当端口配置了 IP 地址并激活时，路由器会添加直连路由。

（2）远程路由：这些路由来自连接到其他路由器的远程网络。通向这些网络的路由可以使用静态路由协议进行配置，也可以使用动态路由协议进行动态配置。

具体而言，路由表是保存在 RAM 中的数据文件，存储了与直连网络及远程网络相关的信息。路由表包含网络和下一跳的关联信息，路由器基于这些信息将数据包以最佳方式转发到目的地，即将数据包发送到特定路由器。

每个路由器中都有一个路由表，路由是选择数据包的依据。路由表中保存着子网的标志信息、网络上路由器的个数和下一跳地址等内容。不同公司的路由器产品的路由表格式有所不同，但差异不大。

以华为路由器为例，在路由器系统视图下输入 display ip routing-table 命令并执行，可显示路由器的 IPv4 路由表，包括如何获取路由、路由在路由表中存在的时间、到达目的地要使用的具体端口等信息。下面显示的是 IPv4 路由表：

```
<R4>display ip routing-table
Route Flags: R - relay, D - download to fib
------------------------------------------------------------------------------
```

```
Routing Tables: Public
        Destinations : 16      Routes : 16

Destination/Mask  Proto   Pre   Cost   Flags NextHop      Interface

      1.1.1.1/32  OSPF    10    4686    D   192.168.6.1   Serial0/0/0
      2.2.2.2/32  OSPF    10    3124    D   192.168.6.1   Serial0/0/0
      3.3.3.3/32  OSPF    10    1562    D   192.168.6.1   Serial0/0/0
      4.4.4.4/32  Direct  0     0       D   127.0.0.1     LoopBack0
     127.0.0.0/8  Direct  0     0       D   127.0.0.1     InLoopBack0
    127.0.0.1/32  Direct  0     0       D   127.0.0.1     InLoopBack0
  192.168.1.0/24  OSPF    10    4687    D   192.168.6.1   Serial0/0/0
  192.168.2.0/24  OSPF    10    4686    D   192.168.6.1   Serial0/0/0
  192.168.3.0/24  OSPF    10    3125    D   192.168.6.1   Serial0/0/0
  192.168.4.0/24  OSPF    10    3124    D   192.168.6.1   Serial0/0/0
  192.168.5.0/24  OSPF    10    1563    D   192.168.6.1   Serial0/0/0
  192.168.6.0/24  Direct  0     0       D   192.168.6.2   Serial0/0/0
  192.168.6.1/32  Direct  0     0       D   192.168.6.1   Serial0/0/0
  192.168.6.2/32  Direct  0     0       D   127.0.0.1     Serial0/0/0
  192.168.7.0/24  Direct  0     0       D   192.168.7.1   GigabitEthernet0/0/0
  192.168.7.1/32  Direct  0     0       D   127.0.0.1     GigabitEthernet0/0/0
```

以上面的“192.168.3.0/24 OSPF 10 3125 D 192.168.6.1　Serial0/0/0”路由条目为例，来说明路由表条目的组成，如图 6-1 所示。

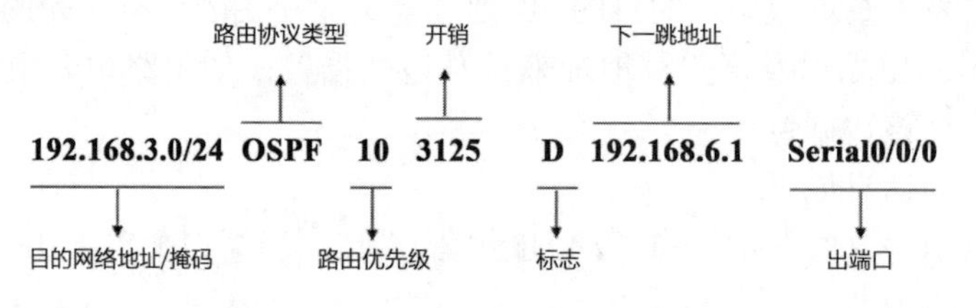

图 6-1　路由条目的组成

Destination/Mask：表示该路由条目的目的网络地址/掩码。目的网络地址和掩码一起标识目的主机或目的路由器所在网段的地址。在如图 6-1 所示的路由条目中，目的网络地址为 192.168.3.0，掩码为 255.255.255.0。

Proto（Protocol）：标识了该路由条目的协议类型，即路由器是通过什么协议获知该路由的。图 6-1 所示的路由条目的协议类型是 OSPF。若该值是 Direct，则说明是直连路由；若该值是 Static，则说明是静态路由。

Pre（Preference）：标识了该路由加入路由表的优先级。针对同一目的地，可能存在不同下一跳、出端口等多条路由。这些路由可能是由不同动态路由协议发现的，也可能是手动配置的静态路由。当到达一个目的地有多条路由时，路由器会先选择优先级高（优先级值最小）的路由。图 6-1 所示的路由条目的路由协议 OSPF 的优先级为 10。

Cost：开销。每种路由协议在产生路由表时，会为每条到达目的网络的路由产生一个开销。当到达同一目的地的多条路由具有相同的路由优先级时，开销最小的路由将成为当前的最佳路径。图 6-1 所示的路由条目的开销为 3125。

Flags：路由标记。R 表示该路由是迭代路由，D 表示该路由下发到 FIB 表。

NextHop：表示对本路由器而言，到达该路由指向的目的网络的下一跳地址。该字段指明了数据转发的下一个设备。图 6-1 所示的路由条目的下一跳地址为 192.168.6.1。

Interface：表示此路由的出端口，指明了到达目的网络应该从自己的哪个端口将数据包发出去。

以华为路由器为例，在路由器系统视图下输入 display ipv6 routing-table Protocol 命令并执行，可显示路由器 IPv6 路由表。下面显示的是 IPv6 路由表：

```
<Huawei> display ipv6 routing-table Protocol
Routing Table     : Public
Destinations      : 4        Routes : 4

 Destination      : ::1                           PrefixLength     : 128
 NextHop          : ::1                           Preference       : 0
 Cost             : 0                             Protocol         : Direct
 RelayNextHop     : ::                            TunnelID         : 0x0
 Interface        : InLoopBack0                   Flags            : D
 Destination      : FC00:0:0:112::                PrefixLength     : 64
 NextHop          : FC00:0:0:112::2               Preference       : 0
 Cost             : 0                             Protocol         : Direct
 RelayNextHop     : ::                            TunnelID         : 0x0
 Interface        : GigabitEthernet1/0/0          Flags            : D
 Destination      : FC00:0:0:112::2               PrefixLength     : 128
 NextHop          : ::1                           Preference       : 0
 Cost             : 0                             Protocol         : Direct
 RelayNextHop     : ::                            TunnelID         : 0x0
 Interface        : GigabitEthernet1/0/0          Flags            : D
 Destination      : FE80::                        PrefixLength     : 10
 NextHop          : ::                            Preference       : 0
 Cost             : 0                             Protocol         : Direct
 RelayNextHop     : ::                            TunnelID         : 0x0
 Interface        : NULL0                         Flags            : D
```

6.1.4　路由优先级

路由优先级是判断路由条目是否能被优先选择的重要指标。对于相同的目的地址，不同的路由协议可能会发现不同的路由。某一时刻到某一目的地址的路由只能使用一种路由协议，为了区分哪条路由最优，不同的路由协议具有不同的优先级（也称为管理距离）。当从不同路由协议学习到多条路由时，优先级高（数值小）的路由协议学习到的路由将优先被使用。在一般情况下，设备上的路由优先级都有默认值。不同制造商生产的设备对于同一路由协议的优先级的默认值可能不同，但大体上会保持一致。常见路由协议的优先级如表 6-1 所示。

表 6-1　常见路由协议的优先级

路由类型	默认优先级（华为）	默认优先级（Cisco）
直连路由	0	0
OSPF 路由	10	110
静态路由	60	1
RIP	100	120
IS-IS 路由	15	115
BGP	255	200

大部分路由器的直连路由的优先级是 0，数值越小表示路由优先级越高。除直连路由外，各种路由协议的优先级可以由网络管理人员手动配置。

6.1.5　路由开销

路由开销是指从源到目的地经过的所有链路的开销的总和，也是判定路由能否被使用的重要依据。当同一种路由协议发现了多条路由可以到达同一目的地时，将优选开销最小的路由，即只把开销最小的路由加入本协议的路由表。

不同路由协议定义开销的方法不同，开销大小的比较只在同一种路由协议内才有意义，不同路由协议之间的开销没有可比性，也不存在换算关系，通常包含跳数、链路带宽、链路延迟、链路负载、链路可信度、链路代价等因素。例如，RIP 使用跳数来计算路由开销，跳数指的是经过的路由器数量。RIP 的最大路由开销为 15 跳。OSPF 协议使用 Cost 来计算路由开销，Cost 指的是到达某个路由所指的目的地的开销，可手动或自动设置。OSPF 协议的开销计算公式为带宽参考值/带宽，带宽越高，开销越低，在默认情况下带宽参考值为 100Mbit/s。如果修改了链路带宽，OSPF 协议中的开销也将发生变化。对于每个端口，只能指定一种开销，并在路由器链路通告中以链路开销的方式进行通告。对于每条路由，OSPF 协议通过累加各个端口（目的网络路由的出端口）开销之和，来计算到达目的地的开销。

如图 6-2 所示，PCA 访问 PCB 有两条路径，在使用 RIP 时，路径 1 的路由开销为 4 跳；路径 2 的路由开销为 3 跳，所以使用路径 2。

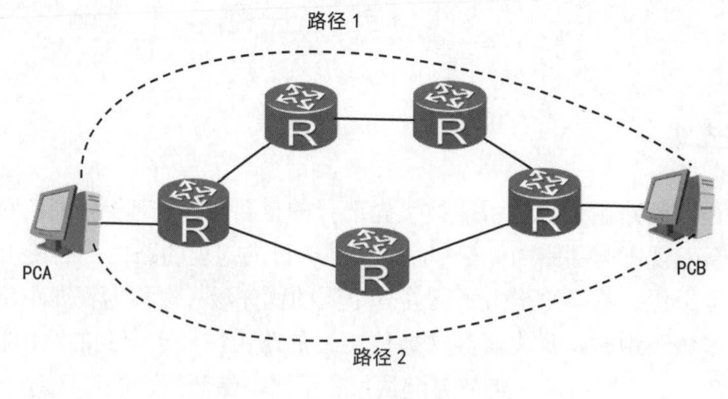

图 6-2　路由路径选择图

6.2 路由的来源

6.2.1 直连路由

直连路由（Direct Route）是与路由器直连的网段的路由条目。直连路由是通往路由器的端口地址所在网段的路径，路径信息不需要网络管理人员维护，也不需要路由器通过某种算法计算获得，只要该端口已配置并处于活动状态，路由器就会把通向该网段的路由信息填写到路由表中去。

新部署的路由器不含任何配置端口，使用的路由表是空的。在路由表中生成直连路由，端口必须满足下面的条件。

（1）分配有效的 IPv4 地址或 IPv6 地址。

（2）接收来自另一设备（路由器、交换机、主机等）的信号。

网络设备在启动之后，当端口已启用时，路由器能够自动发现去往与自己端口直接相连的网络的路由，该端口所在网络会作为直连网络加入路由表。

按图 6-3 为路由器端口配置 IP 地址后，查看 RA 路由器的路由表，显示如下：

```
[RA]display ip routing-table
Route Flags: R - relay, D - download to fib
------------------------------------------------------------------------------
Routing Tables: Public
        Destinations : 6        Routes : 6

Destination/Mask    Proto  Pre  Cost    Flags NextHop        Interface
     127.0.0.0/8    Direct  0    0        D   127.0.0.1      InLoopBack0
     127.0.0.1/32   Direct  0    0        D   127.0.0.1      InLoopBack0
    172.16.1.0/24   Direct  0    0        D   172.16.1.1     GigabitEthernet 0/0/2
    172.16.1.1/32   Direct  0    0        D   127.0.0.1      GigabitEthernet 0/0/2
    192.168.1.0/24  Direct  0    0        D   192.168.1.1    GigabitEthernet 0/0/1
    192.168.1.1/32  Direct  0    0        D   127.0.0.1      GigabitEthernet 0/0/1
```

在这个路由表中，每一行是一条路由信息（一个路由条目）。在一般情况下，一个路由条目由 7 个字段组成：目标网络/掩码（Destination/Mask）、出端口（Interface）、下一跳地址（NextHop）、产生这个路由条目的协议（路由表中的 Proto 列）、该路由条目的路由优先级（路由表中的 Pre 列）、该条路由的开销（路由表中的 Cost 列）、该条路由的标记（路由表中的 Flags 列）。第三条路由条目中第一列的 172.16.1.0 是一个网络地址，/24 是掩码。这一项说明路由器 RA 可以到达一个网络地址为 172.16.1.0 的网络；第六列的 172.16.1.1 说明如果路由器 RA 需要将一个 IP 报文送往目标网络 172.16.1.0/24，报文的下一站是路由器 RB 的 G0/0/2 端口。

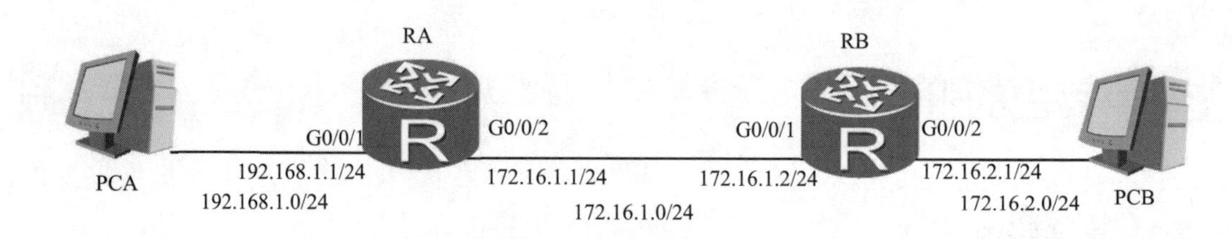

图 6-3　路由器连接图

6.2.2　静态路由

静态路由（Static Route）是由网络管理人员根据网络拓扑，使用命令在路由器上配置的路由信息，用于指导报文发送。由于静态路由方式不需要路由器进行计算，也不会产生更新流量，因此静态路由不额外占用路由器的 CPU、内存和网络带宽，也更安全。但是，当网络的拓扑结构或链路状态发生改变时，网络管理人员需要手动修改静态路由信息。

静态路由比较适用于规模较小、结构简单的网络。由于静态路由完全依赖于网络规划设计者，因此当规模较大或网络拓扑经常发生改变时，若采用静态路由，网络管理人员需要做的工作将会非常复杂，故障排除将很难。

可以将静态路由配置为到达某个特定远程网络。配置关联下一跳方式的 IPv4 静态路由可以使用[Huawei] ip route-static ip-address { mask | mask-length } nexthop-address 命令，配置关联出端口方式的 IPv4 静态路由可以使用[Huawei] ip route-static ip-address { mask | mask-length } interface-type interface-number 命令，配置同时指定出端口和下一跳方式的 IPv4 静态路由可以使用[Huawei] ip route-static ip-address { mask | mask-length } interface-type interface-number 命令。需要注意的是，在配置静态路由时，对于点到点端口（如串口）必须指定出端口，对于广播端口必须指定下一跳。IPv6 静态路由与 IPv4 静态路由在配置方式上非常接近。在外部网络中配置 IPv6 静态路由的命令为[Huawei] ipv6 route-static dest-ipv6-address prefix-length { interface-type interface-number [nexthop-ipv6-address] | nexthop-ipv6-address | vpn-instance vpn-destination-name nexthop-ipv6-address } [preference preference] [permanent | inherit-cost] [description text]。

配置静态路由分为如下两步。

第一步：为网络中的每个端口配置 IP 地址。

第二步：为每个路由器的非直连链路配置静态路由。

在配置完静态路由后，可以用 display ip routing-table 命令查看 IPv4 静态路由条目；用 display ipv6 routing-table Protocol 命令查看 IPv6 静态路由条目。

6.2.3　默认路由

默认路由指的是路由表中未直接列出目的网络的路由选择项，用于在目的网络不明确的情况下，指示数据包的下一跳。默认路由是一种特殊的静态路由。默认路由一般用于企业网络出口设备。配置一条默认路由可以让网络出口设备能够转发前往互联网中任意地址的数据包。路由器收到一个待转发的数据包，当路由表中不包含其通往目的网络的路径时，将由默认静态路由指定使用哪个出口设备。如果网络设备的路由表中不存在默认路由，那么当一个待发送或待转发的数据包不能匹配路由表中的任何路由时，该数据包就会被直接丢弃。

当路由器只有一个通往另一个路由器的出口设备时（如当路由器连接中心路由器或服务提供商时），默认路由非常有用。默认路由可以简化路由器配置，减轻网络管理人员的工作负担。

配置 IPv4 默认静态路由，使用的是[Huawei] ip route-static 0.0.0.0 nexthop-address 命令。命令中的 0.0.0.0 可以匹配任何网络地址。静态路由在路由表中的 Proto 值为 Static。

大多数企业路由器的路由表中都有默认路由，其目的是减少路由表中的路由条目数量。默认路由通常应用于末节网络的边缘路由器上，如图 6-4 所示，在末节网络内的主机需要访问互联网时，需要在边缘路由器上配置一条前往网络运营商路由器的默认路由，边缘路由器会把所有 IP 地址不能精确匹配路由表中目的网络地址的数据包都转发给网络运营商路由器。

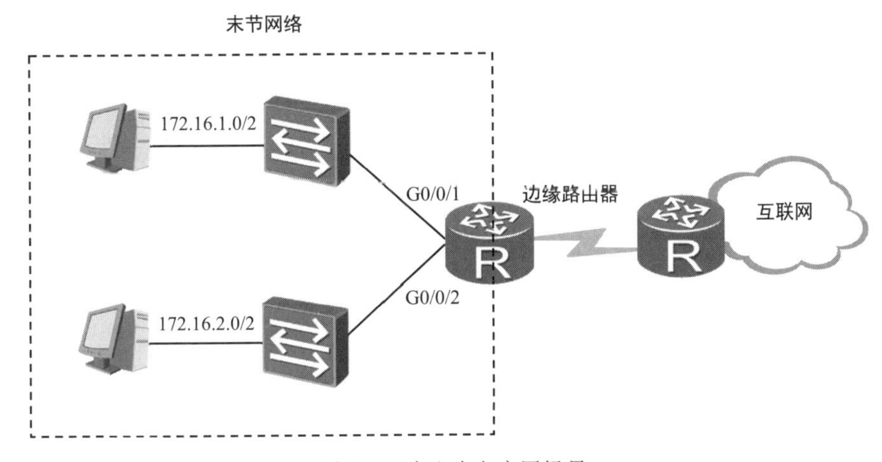

图 6-4 默认路由应用场景

6.2.4 动态路由

动态路由是指路由器能够自动建立自己的路由表，并且能够根据实际情况适时调整路由表。当网络规模非常大，网络拓扑十分复杂时，手动配置静态路由的工作量很大且容易出错，这时就要使用动态路由协议，让路由器自动发现和修改路由。当在路由器上运行动态路由协议时，无须人工维护，路由器就可以自动根据网络拓扑结构的变化调整路由条目，动态路由协议具有扩展性强、灵活性高的优点。但是动态路由协议也有缺点，因为路由器之间会定期交换路由信息，所以它在安全性方面比静态路由要低，同时路由算法会占用额外的 CPU、内存和链路带宽资源。

路由器可以同时运行多个动态路由协议，每个动态路由协议学到的路由表项都会被加载到路由表中。如果多个动态路由协议都学到了到某个网段的路由，那么优先级最高的路由将被使用。常见的动态路由协议有 RIP、OSPF 协议、IS-IS 协议、BGP 等。

动态路由机制的运作依赖路由器的两个基本功能——路由器之间适时地交换路由信息和维护路由表。

1. 路由器之间适时地交换路由信息

动态路由之所以能根据网络情况自动计算路由、选择转发路径，是由于当网络拓扑发生变化时，路由器之间彼此交换的路由信息会告知对方网络这种变化，通过信息扩散使所有路由器都得知网络拓扑变化。

2. 维护路由表

路由器根据某种路由算法把收集到的路由信息加工成路由表，以供路由器转发数据包时查阅。在网络拓扑发生变化时，收集到最新的路由信息后，路由算法重新计算，从而得到最新的路由表。

6.3 距离矢量路由协议

6.3.1 距离矢量路由协议概述

距离矢量路由协议是一种动态路由协议，它采用距离矢量算法来决定数据包交换的路径，路由信息是以距离和矢量的方式被通告出去的。这里的距离指的是路由器自身和目的网络之间的距离；矢量指的是使用哪个端口转发数据包。每个路由器都向邻居路由器通告它知道的信息；邻居路由器在收到信息后，更新自己的路由表，并依据自身到其他路由器之间的距离计算出一条最优的传输路径。距离矢量路由协议要求每个路由器维护一张向量表，向量表中包含到其他路由器的最佳距离，以及使用的路径。

网络中所有运行距离矢量路由协议的路由器并不清楚网络的拓扑，只知道要去往的目的地在哪里，以及距离目的地有多远。相比链路状态路由算法，距离矢量路由算法计算更简单，但是更新比较缓慢，容易出现环路。

6.3.2 RIP

RIP 是一个典型的距离矢量路由协议，基于距离矢量算法，使用跳数来决定最佳路径。RIPv1 的最大跳数是 15，RIPv2 的最大跳数是 128。当跳数大于最大跳数时，认为目的地不可到达。RIP 适用于小型网络。RIP 有 RIPv1、RIPv2、RIPng 三个版本，RIPv1 和 RIPv2 用于 IPv4 网络， RIPng 用于 IPv6 网络。

1. RIP 工作原理

（1）路由的建立：路由器启用 RIP 后，向周围路由器发送请求报文。周围 RIP 路由器在收到请求报文后，响应该请求，回送包含本地路由表信息的响应报文。在网络稳定后，路由器会周期性地发送路由更新信息。

（2）距离矢量的计算：RIP 使用跳数来计算路由开销，单位是 1，也就是规定每一条链路的成本为 1，不考虑链路的实际带宽、时延等因素。RIP 用跳数来表示它和所有已知目的地间的距离。当一个 RIP 更新信息到达时，信息接收方路由器和自己的 RIP 路由表中的每一项进行比较，并按照距离矢量路由算法对自己的 RIP 路由表进行修正。

（3）计时器：RIP 使用计时器来调节它的性能，包含的计时器如下（基于 RIPv1）。

① 更新计时器：路由器每隔 30s 就会从每个启用 RIP 的端口发送路由更新信息。

② 无效计时器：如果一条路由在 180s 内没有收到更新信息，那么这条路由的跳数就会被记为 16。

③ 刷新计时器：如果这条路由在被记为 16 跳后，60s 内还没有收到更新请求，就将这条路由从路由表中删除。

④ 延迟定时器：为避免更新引起的广播风暴而设置的一个随机的延迟定时器，延迟时间为 1～5s。

（4）环路：当网络发生故障时，RIP 网络有可能产生环路。通过水平分割、毒性反转、触发更新、抑制时间等技术，可以避免环路的产生。

2. RIP 的配置

配置 RIP 的网络如图 6-5 所示。

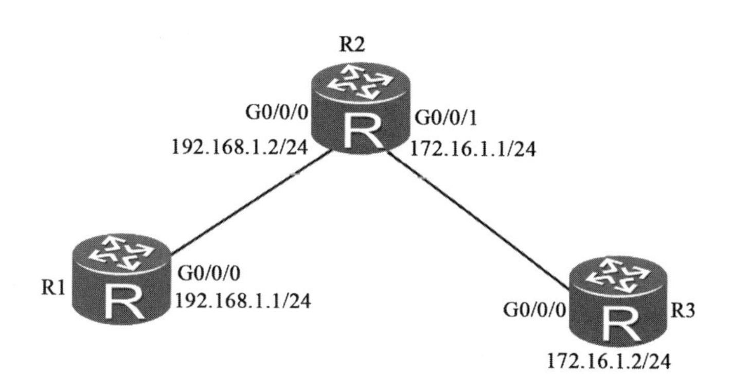

图 6-5　配置 RIP 的网络

配置 RIP 的步骤如下。

（1）路由器 R1 的配置：

```
[R1] rip
[R1-rip-1] version 2
[R1-rip-1] network 192.168.1.0
```

rip 命令用于启用 RIP 进程；version 2 命令用于设定 RIP 版本为 RIPv2；network 命令用于宣告路由器的直连网络。

（2）路由器 R2 的配置：

```
[R2] rip
[R2-rip-1] version 2
[R2-rip-1] network 192.168.1.0
[R2-rip-1] network 172.16.0.0
```

（3）路由器 R3 的配置：

```
[R3] rip
[R3-rip-1] version 2
[R3-rip-1] network 172.16.0.0
```

配置完成后，在路由器 R1 上使用 display ip routing-table 命令查看路由表，结果如下：

```
[R1]dis ip routing-table
Route Flags: R - relay, D - download to fib
------------------------------------------------------------------------------
Routing Tables: Public
Destinations : 5       Routes : 5

Destination/Mask  Proto   Pre  Cost  Flags NextHop        Interface

127.0.0.0/8       Direct  0    0     D     127.0.0.1      InLoopBack0
127.0.0.1/32      Direct  0    0     D     127.0.0.1      InLoopBack0
172.16.1.0/24     RIP     100  1     D     192.168.1.2    GigabitEthernet0/0/0
192.168.1.0/24    Direct  0    0     D     192.168.1.1    GigabitEthernet0/0/0
192.168.1.1/32    Direct  0    0     D     127.0.0.1      GigabitEthernet0/0/0
```

使用 display rip 命令查看 RIP 的更多详细信息，结果如下：

```
[R1]display rip
Public VPN-instance
    RIP process : 1
    RIP version   : 2
    Preference    : 100
    Checkzero     : Enabled
    Default-cost  : 0
    Summary       : Enabled
    Host-route    : Enabled
    Maximum number of balanced paths : 32
    Update time   : 30 sec            Age time : 180 sec
    Garbage-collect time : 120 sec
    Graceful restart  : Disabled
    BFD               : Disabled
    Silent-interfaces : None
    Default-route : Disabled
    Verify-source : Enabled
    Networks :
    192.168.1.0
    Configured peers              : None
    Number of routes in database : 3
    Number of interfaces enabled : 1
    Triggered updates sent        : 0
    Number of route changes       : 1
    Number of replies to queries : 1
  ---- More ----
```

3. RIP 禁止自动汇总

在默认情况下，华为路由器的 RIPv1 和 RIPv2 是开启路由自动汇总的。上面使用 display rip 命令查看 RIP 的详细信息，从输出结果中可以看到 Summary：Enabled。RIPv1 和 RIPv2 的一个区别是，RIPv1 不支持 VLSM。如果需要 RIPv2 支持 VLSM，那么需要关闭路由器的自动汇总功能（可用 undo summary 命令关闭路由器的自动汇总功能）。

在大型网络中，如果路由器把所有网段都添加到路由表中，那么路由表将变得非常庞大。路由器每转发一个数据包，都要检查路由表，从而选择转发该数据包的出口，庞大的路由表势必会增大处理时延。如果为物理位置连续的网络分配地址连续的网段，就可以在路由边界将远程的网段合并成一条路由，这就是路由汇总。路由汇总可以使路由器路由表中的条目大大减少。

6.4 链路状态路由协议

6.4.1 链路状态路由协议概述

链路状态路由协议是一种内部网关协议，用于在网络中创建路由表和确定数据包转发的最佳路径，它通过收集所有网络设备的链路状态信息来构建一个完整的网络拓扑结构。一个设备在启动时会向网络中的所有其他设备发送链路状态信息。每个设备都会保存一个包含所有链路状态信息的数据库，并根据该数据库来确定数据包的最佳转发路径。

在链路状态路由协议中，每个路由器都需要知道整个网络的拓扑结构。路由器通过收集所有邻居路由器的链路状态信息，并将信息发送给其他路由器来实现这一点。每个路由器都会根据这些信息构建一个完整的拓扑，并使用最短路径算法来确定到达每个目的地的最短路径。

由于运行链路状态路由协议的每个路由器都了解整个网络的拓扑结构，因此它可以快速地适应网络拓扑变化。此外，链路状态路由协议还可以通过区域划分来控制路由信息的传播范围，这有助于缩小路由表的规模并提高使用效率。因为需要存储整个网络的链路状态信息，相比运行距离矢量路由协议的路由器，运行链路状态路由协议的路由器需要更大的内存和更长的 CPU 处理时间。

链路状态路由协议与距离矢量路由协议的主要区别在于如何获取网络路由信息。距离矢量路由协议通过相邻路由器学习路由信息，而链路状态路由协议通过收集所有路由器的链路状态来创建网络的拓扑结构。因此，链路状态路由协议可以更好地表示网络的拓扑结构，而距离矢量路由协议更加简单和易于实现。此外，链路状态路由协议的收敛速度比距离矢量路由协议的收敛速度快。

6.4.2 OSPF 协议

OSPF 协议是一种典型的链路状态路由协议。运行 OSPF 协议的路由器（OSPF 路由器）之间交互的是链路状态信息，而不是路由信息。RFC 2328 定义了适用于 IPv4 网络的 OSPFv2，RFC 5340 定义了适用于 IPv6 网络的 OSPFv3。

运行 OSPF 协议的路由器将网络中的链路状态信息收集起来，存储在链路状态数据库（Link State Data Base，LSDB）中。路由器通过 LSDB 知道整个区域的拓扑结构。网络中的路由器有相同的 LSDB，也就是网络中的路由器有相同的网络拓扑结构。

每台 OSPF 路由器都采用最短路径优先（Shortest Path First，SPF）算法计算到达各个网段的最短路径，并将这些最短路径形成的路由加载到路由表中。

1. OSPF 协议的优点

OSPF 协议是应用非常广泛的路由协议，它的优点如下。

（1）OSPF 协议支持 VLSM 和手动路由汇总。

（2）OSPF 协议能够避免路由环路。每个路由器基于 LSDB 使用 SPF 算法，因此不会产生环路。

（3）OSPF 协议收敛速度快，能够在最短时间内将路由变化传递到整个 AS。

（4）OSPF 协议适合应用于大范围的网络。OSPF 协议对于路由的跳数没有限制，同时 OSPF 提出了区域划分概念，多区域的设计使得 OSPF 协议能够支持规模更大的网络。

（5）OSPF 协议在设计时就考虑到了链路带宽对路由开销的影响。链路开销和链路带宽成反比关系，链路带宽越高，链路开销越小。OSPF 协议主要基于带宽进行选路。

2. OSPF 协议工作过程

OSPF 协议工作过程如下。

（1）邻居发现阶段：通过 Hello 报文发现和维护邻居关系，从而建立邻居表。

（2）路由通告阶段：邻居路由器之间通过链路状态更新（Link State Update，LSU）报文泛洪链路状态通告（Link State Advertisement，LSA）报文，通告拓扑信息，最终使同一个区域内的所有路由器的 LSDB 完全相同（同步）；数据库描述（Data Base Description，DBD）报文、链路状态请求（Link State Request，LSR）报文、链路状态确认（Link State Acknowledgement，LSACK）报文辅助 LSA 报文的同步，从而形成 LSDB。

（3）路由选择阶段：LSDB 同步后，每台路由器独立进行 SPF 运算，把最佳路径信息放入路由表，形成各自路由表。

邻居表、LSDB 和路由表是 OSPF 协议能够正常工作的核心数据表。

3. OSPF 协议报文类型

在 OSPF 协议工作过程中，共有 5 种报文类型。

（1）Hello 报文：周期性地发送，用来发现和维护邻居关系。在一个路由器能够给其他路由器分发它的邻居信息前，必须先问候它的邻居们。

（2）DBD 报文：描述本地 LSDB 的摘要信息，用于两台设备进行数据库同步。它包含发送报文的路由器的 LSDB 的简略列表，用于让接收报文的路由器检查本地 LSDB。

（3）LSR 报文：用于向对方请求需要的 LSA 报文。设备只有在邻居路由器双方成功交换 DBD 报文后才会向对方发出 LSR 报文。当一个路由器与邻居路由器交换了 DBD 报文后，如果发现它的 LSDB 缺少某些条目或某些条目已过期，就使用 LSR 报文来取得邻居路由器的 LSDB 中较新的部分。

（4）LSU 报文：用于向对方发送它需要的 LSA 报文。路由器使用此报文将其链路状态通知给邻居路由器。在网络运行过程中，只要一个路由器的链路状态发生了变化，该路由器就要用泛洪的方式发送 LSU 报文，以向全网通告链路状态。

（5）LSACK 报文：用来对收到的 LSU 报文进行确认。当路由器收到 LSU 报文后，会发送 LSACK 报文来确认接收到了 LSU 报文。

4．区域

在一个大型网络中，路由器的数量非常庞大，当每个路由器都运行 OSPF 协议时，要存储的 LSDB 非常多，这会占用大量存储空间，加重执行 SFP 算法的 CPU 负担。此外，在大型网络中，网络拓扑发生变化的概率也较大，这导致整个网络中充斥着大量的 OSPF 协议报文，网络的带宽利用率被降低。

为了使 OSPF 协议能够用于规模很大的网络，OSPF 协议将一个 AS 划分为若干个更小的范围，即区域（Area），每个区域用区域号（Area ID）来标识，如图 6-6 所示。当网络中包含多个区域时，OSPF 协议有特殊的规定，即其中必须有一个 Area 0，通常称之为骨干区域（Backbone Area）。

OSPF 路由器根据位置或功能不同，有 4 种类型，分别是区域内路由器（Internal Router）、区域边界路由器（Area Border Router，ABR）、骨干路由器（Backbone Router）和自治系统边界路由器（Autonomous System Border Router，ASBR）。当设计 OSPF 网络时，一个很好的方法就是先从骨干区域开始，再扩展到其他区域。

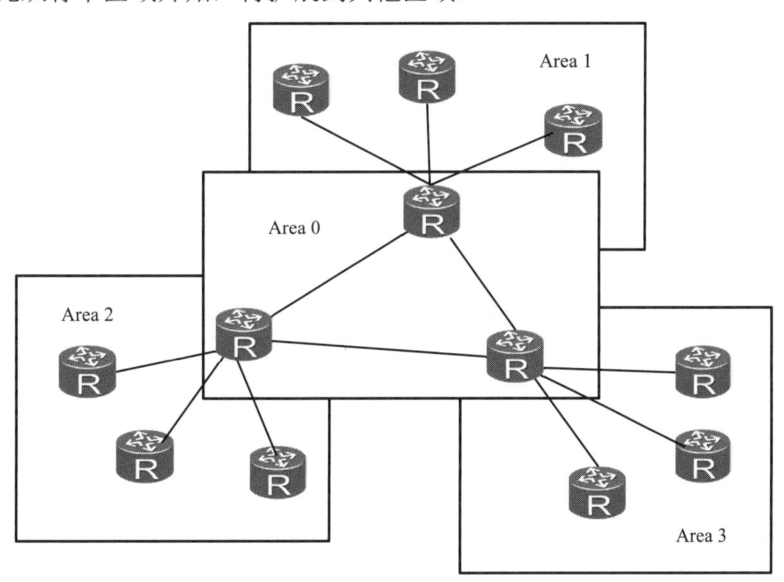

图 6-6　区域示意图

规定骨干区域的标识符为 0.0.0.0。骨干区域的作用是连通其他区域。从其他区域发来的信息都由区域边界路由器进行路由汇总。每个区域至少应当有一个区域边界路由器。骨干区域内的路由器叫作骨干路由器。骨干区域内还要有一个路由器专门和本 AS 外的 AS 交换路由信息，这样的路由器叫作自治系统边界路由器。

划分区域的好处是，可以把大型网络中 LSA 报文的泛洪范围控制在一个区域内而不是整个 AS 内，这就减少了整个网络上的通信量，减小了 LSDB 的大小，提高了网络的扩展性，提高了网络的收敛速度。

一个区域内部的路由器只需要知道本区域的完整网络拓扑，不需要知道其他区域的网络拓扑。为了使一个区域能够和本区域以外的区域进行通信，OSPF 协议使用的是层次结构的区域划分方法。

5. SPF 算法

SPF 算法也被称为 Dijkstra 算法，是 OSPF 协议的基础。SPF 算法将每一个路由器作为根来计算其到每一个目的路由器的距离。每一个路由器根据 LSDB 计算路由域的拓扑结构，该结构类似于一棵树，在 SPF 算法中被称为最短路径树。为了从 LSDB 中生成路由表，设备运行 SPF 算法构建最短路径树，以自己作为路由树的根计算出到网络上每一个节点的开销最小的路径，并将这些路径存入自己的路由表。

OSPF 协议中的开销被分配到路由器的每个端口。在默认情况下，一个端口的开销以 100 Mbit/s 为基准自动计算得到。到某个特定目的地的路由开销是这台路由器到目的地之间的所有链路出端口的开销之和。在 OSPF 协议中，最短路径树的树干长度就是 OSPF 路由器至每一个目的路由器的距离，称为 OSPF 的 Cost，其算法为 $Cost = 100 \times 10^6 \div$ 链路带宽。

6. OSPF 协议定义的网络类型

网络类型是一个非常重要的端口变量，这个变量将影响 OSPF 协议在端口上的操作。例如，采用什么方式发送 OSPF 协议报文，以及是否需要选举指定路由器（Designated Router，DR）、备份指定路由器（Backup Designated Router，BDR）等。端口默认的 OSPF 网络类型取决于端口使用的数据链路层封装。链路两端的 OSPF 端口网络类型必须一致，否则双方无法建立邻居关系。

OSPF 协议定义了四种网络类型，进入路由器的端口视图，输入 ospf network-type ?命令并执行，即可看到该端口支持的 OSPF 网络类型。例如：

```
[Huawei-GigabitEthernet0/0/0]ospf network-type ?
 broadcast  Specify OSPF broadcast network
 nbma       Specify OSPF NBMA network
 p2mp       Specify OSPF point-to-multipoint network
 p2p        Specify OSPF point-to-point network
```

（1）点到点（Point to Point，P2P）网络：指的是在一段链路上只能连接两台网络设备的环境，如串口（封装 PPP 或 HDLC 协议）网络。

（2）广播型（Broadcast Multi-Access，BMA）网络：指的是允许多台设备接入的、支持广播的环境，如以太网。

（3）非广播多路访问（Non-Broadcast Multiple Access，NBMA）网络：指的是允许多台网络设备接入且不支持广播的环境，如 ATM 网络和帧中继网络。

（4）点到多点（Point to Multiple Point，P2MP）网络：可以认为是将多条点到点链路的一端进行捆绑得到的网络。

7. DR 和 BDR

在多路访问网络中，如果每台 OSPF 路由器都与其他所有路由器建立邻接关系，便会导致网络中存在过多的邻接关系，不仅增加了设备负担，还增加了网络中泛洪的 OSPF 协议报文数量。为了优化多路访问网络中的邻接关系，OSPF 协议指定了三种 OSPF 路由器身份，分别如下。

（1）DR。

（2）BDR。

（3）DRother。

DR是多路访问网络的核心路由器，是网络中选举出的一个可使所有其他路由器与该路由器形成唯一邻接关系的路由器，目的是减少网络中的LSA报文数量。DR控制LSA报文的泛洪和LSDB的同步；BDR是DR的备份，一旦DR宕机，BDR将立即接替DR工作，平时BDR只负责监听。

OSPF协议只允许DR、BDR与DRother建立邻接关系。DRother之间不会建立邻接关系，双方停滞在two-way状态。BDR会监控DR的状态，并在当前DR发生故障时接替其角色。只有在广播或非广播多路访问网络中才会选举DR，在点到点网络或点到多点网络中不需要选举DR。这种设计的目的是让DR或BDR成为信息交换中心，DRother先与DR、BDR交换更新信息，然后DR将这些更新信息转发给该网段上的其他DRother。

DR的选举是通过OSPF协议的Hello报文来完成的。OSPF协议在初始化过程中，会通过Hello报文在一个多路访问的网段上选出一个ID最大的路由器作为DR，并且选出ID第二大的路由器作为BDR。BDR在DR失效后能自动提升为DR。

OSPF协议用DR保存一个局域网内的所有路由，减少了一个局域网内的路由更新，节省了局域网带宽。连接到同一个局域网的OSPF路由器，只有在自身的路由表没有目标路由条目时，才向DRother请示一个路由。为了使网络有效和有冗余，运行OSPF协议还会启用BDR。BDR会监控DR的状态，并在当前DR发生故障时接替其角色。

当一个网段上选举产生DR和BDR后，该网段上的其余所有路由器都只与DR及BDR建立邻接关系。

OSPF DR的选举规则如下。

（1）DR的选举是基于端口的。

（2）OSPF路由器端口优先级最高的为DR，次高的为BDR。

（3）当端口优先级相同时，比较Router ID，Router ID越大越优先。

（4）默认的OSPF路由器端口优先级为1；端口优先级为0的不参与选举。

（5）若DR选举等待时间结束还没有进行DR选举，那么OSPF路由器会选举自己为DR（OSPF路由器端口优先级为0的除外）。

DR失效的处理规则如下。

（1）当DR失效时，BDR成为DR，在该链路上重新选举BDR。

（2）当BDR失效时，在该链路上选举新的BDR。

（3）为保持稳定，完成DR、BDR选举后，在该链路上新增OSPF路由器时，不会进行DR、BDR选举，即使新增的OSPF路由器的端口优先级更高。

（4）DR、BDR是OSPF协议在链路上的概念，只在本链路上有效。

8. OSPFv2基本配置命令

（1）创建OSPF进程：

```
[Huawei] ospf [ process-id | router-id router-id ]
```

其中，process-id表示OSPF进程号，取值范围为1～65535，默认进程号为1，在同一台设备上可以运行多个不同的OSPF进程；router-id用于手动指定设备的ID。

（2）创建OSPF区域。

area命令用来创建OSPF区域，并进入OSPF区域视图：

```
[Huawei] area area-id
```

其中，area-id表示区域号，取值范围为0～4294967295。当area-id为0时，为骨干区域。

（3）通告网络。

network 命令决定了哪些端口参与 OSPF 区域的路由过程。路由器上任何匹配 network 命令中的网络地址的端口都将被启用，可发送和接收OSPF数据包：

```
[Huawei-ospf-1-area-0.0.0.0] network network-address wildcard-mask
```

其中，network-address为通告的网络；wildcard-mask为反掩码。

（4）配置OSPF端口开销。

ospf cost命令用来配置端口上运行OSPF协议需要的开销：

```
[Huawei-GigabitEthernet0/0/0] ospf cost cost
```

其中，cost的取值范围为1～65535。

（5）设置端口在选举DR时的优先级。

ospf dr-priority命令用来设置端口在选举DR时的优先级：

```
[Huawei-GigabitEthernet0/0/0] ospf dr-priority priority
```

其中，priority值越大，优先级越高，取值范围为0～255。

（6）查看OSPF邻居信息：

```
display ospf peer brief
```

（7）查看路由器的LSDB：

```
display ospf lsdb
```

9．OSPFv3

随着IPv6网络的大规模建设，需要动态路由协议为IPv6报文的转发提供准确有效的路由信息。OSPFv3主要用于在IPv6网络中提供路由功能，是IPv6网络中非常重要的路由协议。

IETF针对IPv6网络在保留了OSPFv2优点的基础上形成了OSPFv3。OSPFv3与OSPFv2相比，基本运行机制没有改变，使用了SPF算法、泛洪、DR选举、区域等机制，不同的地方是，OSPFv3是基于链路运行及拓扑计算的，不再是网段。OSPFv3支持一条链路上有多个实例。OSPFv3的报文和LSA报文格式发生了改变。

OSPFv3通过Router ID来标识网络设备。Router ID是一个OSPFv3设备在AS中的唯一标识。如果用户没有指定Router ID，那么OSPFv3进程将无法运行。在设置Router ID时，必须保证AS中任意两台设备的Router ID都不相同。

OSPFv3不再直接提供验证功能，而是依赖IPv6提供的验证头部（Authentication Header，AH）协议和封装安全载荷（Encapsulating Security Payload，ESP）协议进行验证，以确保路由信息的可信性、完整性、机密性。

华为路由器的 OSPFv3 基本配置命令如下。

（1）创建并运行 OSPFv3 进程：

```
[Huawei] ospfv3 [ process-id ] [ vpn-instance vpn-instance-name ]
```

（2）配置路由器的 ID。

配置设备在该 OSPFv3 进程中使用的 Router ID：

```
[Huawei-ospfv3-1] router-id router-id
```

在 OSPFv3 网络中，用户必须给路由器指定 Router ID。

（3）激活端口，通告端口属于哪个区域：

```
[Huawei-GigabitEthernet0/0/1]ospfv3 process-id area area-id [ instance
instance-id ]
```

（4）进入 OSPFv3 区域视图：

```
[Huawei-ospfv3-1] area area-id
```

（5）查看 OSPFv3 的端口信息：

```
[Huawei] display ospfv3 [ process-id ] interface [ area area-id ]
[ interface-type interface-number ]
```

（6）查看 OSPFv3 的路由表信息：

```
[Huawei] display ospfv3 [ process-id ] routing [ ipv6-address prefix-
length | abr-routes | asbr-routes | intra-routes | inter-routes | ase-routes |
nssa-routes | [ statistics ] ]
```

（7）查看 OSPFv3 的邻居信息：

```
[Huawei] display ospfv3 [ process-id ] [ area area-id ] peer [ interface-
type interface-number | neighbor-id ] [ verbose ]
```

6.5 BGP

6.5.1 BGP 的工作原理

BGP 是一种实现 AS 之间路由可达，并选择最佳路径的外部网关协议。早期发布的三个版本分别是 BGP-1（RFC 1105）、BGP-2（RFC 1163）和 BGP-3（RFC 1267）；1994 年开始使用 BGP-4（RFC 1771）；2006 年之后单播 IPv4 网络使用的是 BGP-4（RFC 4271），其他网络（如 IPv6 网络等）使用的是 MP-BGP（RFC 4760）。AS 指的是拥有同一路由策略，在同一技术管理部门下运行的一组路由器。BGP 属于外部网关协议。BGP 的主要目标是为处于不同 AS 中的路由器间进行路由信息通信提供保障。BGP 既不是纯粹的距离矢量路由协议，也不是纯粹的链路状态路由协议，它是基于策略的路径向量路由协议。BGP 在发布一个目的网络的可达性的同时，发布了 IP 分组到达目的网络的过程中必须经过的 AS 的列表。

当两个 AS 需要交换路由信息时，每个 AS 都必须指定一个运行 BGP 的节点，用来代表 AS 与其他 AS 交换路由信息。BGP 是沟通互联网的主用路由协议。由于一个 AS 可能与不同的 AS 相连，因此在一个 AS 内部可能存在多个运行 BGP 的边界路由器。同一个 AS 中的两个或多个对等体间运行的 BGP 被称为 IBGP（Internal/Interior BGP）。不同 AS 的对等体间运行的 BGP 称为 EBGP（External/Exterior BGP）。IBGP 和 EBGD 的应用如图 6-7 所示。

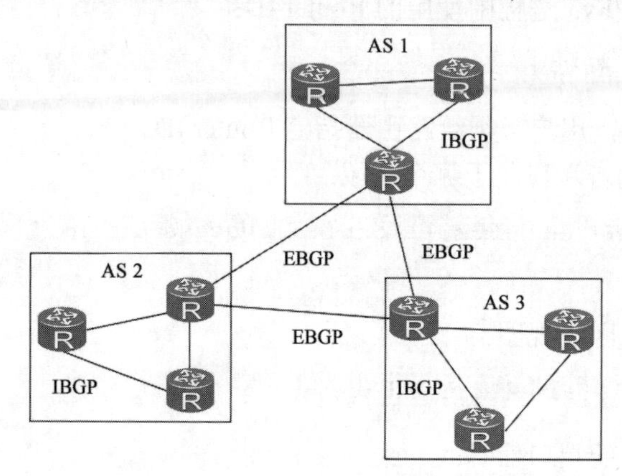

图 6-7　IBGP 和 EBGP 的应用

为了保证 BGP 免受攻击，BGP 支持 MD5 验证和 Keychain 验证。对 BGP 邻居关系进行验证是提高安全性的有效手段。MD5 验证只能为 TCP 连接设置验证密码，而 Keychain 验证除了可以为 TCP 连接设置验证密码，还可以对 BGP 报文进行验证。BGP 利用路由聚合和路由衰减来防止路由表振荡，有效提高了网络的稳定性。同时，BGP 易于扩展，能够适应网络技术的发展。

1. BGP 工作过程

BGP 在运行时需要先建立对等体（类似于 OSPF 协议中的邻居关系）。BGP 存在两种对等体，分别为 IBGP 和 EBGP。BGP 的工作过程如下。

（1）网络管理人员定义邻居的 IP 地址的前提是对邻居可达。

（2）启动 BGP 后，先使用 TCP（端口号为 179）的三次握手来建立 TCP 会话。

（3）会话建立后，收发 OPEN 报文来建立邻居关系，生成邻居表。

（4）邻居关系建立后，邻居间使用 UPDATE 报文共享路由条目，在收发路由信息后，本地生成 BGP 表（BGP 表中装载本地发出的及接收的所有路由条目）；之后路由器将 BGP 表中的最优路径（不一定是最佳选路，仅为 BGP 参数最佳）加载到路由表中，完成收敛；若出现结构变化，发送 UPDATE 报文触发更新即可。

2. BGP 报文类型

1）OPEN 报文

OPEN 报文负责和对等体建立邻居关系。两个 BGP 对等路由器之间在建立了 TCP 连接后，分别发送一个 OPEN 报文，声明各自的 AS 号，并确定其他操作参数。

路由器接收到来自对等路由器的 OPEN 报文时，BGP 将发送一个 KEEPALIVE 报文。

路由器之间在交换选路信息之前，通信双方都必须发送一个 OPEN 报文，并接收一个 KEEPALIVE 报文。

2）UPDATE 报文

对等体之间周期性地发送 UPDATE 报文，用以维护连接。当对等路由器之间创建了 TCP 连接，并成功接收到确认 OPEN 报文的 KEEPALIVE 报文时，对等路由器之间就可以使用 UPDATE 报文来通告网络的可达性了（可以通告新的可达的目的网络，也可以通告撤销原来的某些可达的目的网络）。

3）KEEPALIVE 报文

KEEPALIVE 报文用来在对等体之间传递路由信息。BGP 会周期性（默认为 60s）地向对等体发出 KEEPALIVE 报文，用来保持连接的有效性。KEEPALIVE 报文用于在两个对等路由器之间定期测试网络连接性，并证实对等路由器的正常工作。由于 TCP 本身没有提供自动的连接状态通知机制，因此对等路由器之间定期交换 KEEPALIVE 报文可以使 BGP 实体检测 TCP 连接是否工作正常。KEEPALIVE 报文仅包含标准的 BGP 报文头（类型字段值为 4），报文长度为 19B。

4）NOTIFICATION 报文

BGP 在发现错误时（或需要进行控制时），可以利用 NOTIFICATION 报文来通知对等路由器。路由器一旦检查到了错误，BGP 就会向对等路由器发送一个 NOTIFICATION 报文，随后会关闭 TCP 连接，中止通信。

5）ROUTER-REFRESH 报文

ROUTER-REFRESH 报文用来要求对等体重新发送指定地址簇的路由信息。在所有 BGP 路由器启用 ROUTER-REFRESH 功能的情况下，如果 BGP 入口路由策略发生了变化，那么本地 BGP 路由器会向对等体发布 ROUTER-REFRESH 报文，收到此报文的对等体会将其路由信息重新发给本地 BGP 路由器。这样，可以在不中断 BGP 连接的情况下，对 BGP 路由表进行动态刷新，并应用新的路由策略。

6.5.2 BGP 配置

（1）启动 BGP 进程，指定本地 AS 号，并进入 BGP 视图：

```
[Huawei]bgp { as-number-plain | as-number-dot }
```

（2）确定对等路由器：

```
[Huawei-bgp]peer ipv4-address  as-number { as-number-plain | as-number-dot }
```

（3）配置 BGP 的 Router ID：

```
[Huawei-bgp]router-id ipv4-address
```

（4）进入 IPv4 地址簇视图：

```
[Huawei-bgp]ipv4-family { unicast | multicast }
```

（5）进入 IPv6 地址簇视图：

```
[Huawei-bgp]ipv6-family [ unicast ]
```

（6）配置 BGP 引入其他协议的路由：

```
[Huawei-bgp-af-ipv4]import-route protocol [ process-id ] [med med | route-policy route-policy-name ]
```

（7）配置 BGP 逐条引入 IPv4 网络或 IPv6 网络路由表的路由：

```
[Huawei-bgp-af-ipv4]network ipv4-address [ mask | mask-length ] [ route-policy route-policy-name ]
```

或

```
network ipv6-address prefix-length  [ route-policy route-policy-name ]
```

（8）查看所有 BGP 对等体的信息：

```
[Huawei]display bgp peer [ verbose ]
```

（9）查看 BGP 路由信息：

```
[Huawei]display bgp routing-table [ipv4-address[{mask | mask-length } [ longer-prefixes ] ] ]
```

6.6 项目实验

6.6.1 项目实验十　静态路由配置

1. 项目描述

（1）项目背景。

某学院有东校区、西校区、北校区三个独立校区。学院西校区的校园网使用路由器作为网络出口设备，使用专线技术接入互联网。北校区、东校区的校园网通过互联网和学院西校区网络中心的出口路由器连接，现需要针对东校区、西校区、北校区的路由器进行静态路由配置，实现学院三个校区的校园网中所有主机间的相互通信。你作为该学院的网络工程师如何完成该项任务？

（2）静态路由配置实验拓扑图如图 6-8 所示。

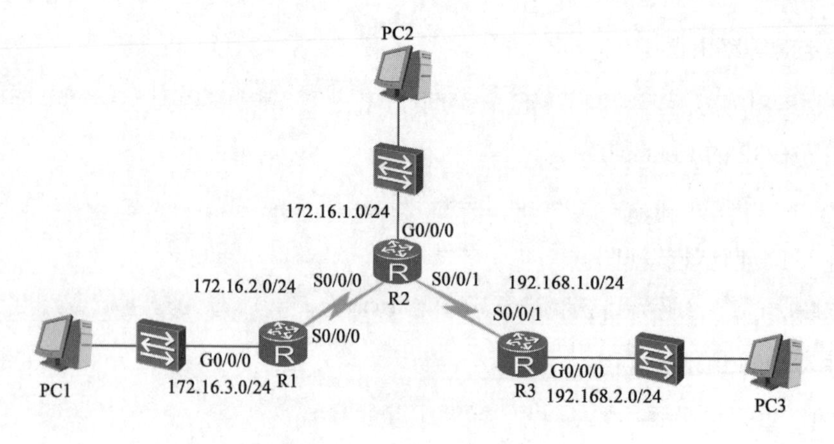

图 6-8　静态路由配置实验拓扑图

（3）设备地址分配表如表6-2所示。

表6-2 设备地址分配表

设备	端口	IPv4 地址	子网掩码
R1	G0/0/0	172.16.3.1	255.255.255.0
	S0/0/0	172.16.2.1	255.255.255.0
R2	G0/0/0	172.16.1.1	255.255.255.0
	S0/0/0	172.16.2.2	255.255.255.0
	S0/0/1	192.168.1.2	255.255.255.0
R3	G0/0/0	192.168.2.1	255.255.255.0
	S0/0/1	192.168.1.1	255.255.255.0
PC1	网卡	172.16.3.10	255.255.255.0
PC2	网卡	172.16.1.10	255.255.255.0
PC3	网卡	192.168.2.10	255.255.255.0

（4）任务内容。

第1部分：配置路由器端口IP地址。

第2部分：配置静态路由。

第3部分：验证实验结果。

（5）所需资源。

路由器（3台）、交换机（3台）、V35 DCE（2根）、V35 DTE（2根）、网线（若干）、PC（3台）。

2. 项目实施

1）第1部分：配置路由器端口IP地址

（1）配置西校区路由器端口IP地址：

```
<Huawei> system-view
[Huawei]sysname R1
[R1]interface g0/0/0
[R1-GigabitEthernet0/0/0]ip address 172.16.3.1 255.255.255.0
[R1-GigabitEthernet0/0/0]quit
[R1]interface s0/0/0
[R1-Serial0/0/0]ip address 172.16.2.1 255.255.255.0
[R1-Serial0/0/0]quit
```

（2）配置北校区路由器端口IP地址：

```
<Huawei> system-view
[Huawei]sysname R2
[R2]int g0/0/0
[R2-GigabitEthernet0/0/0]ip address 172.16.1.1 255.255.255.0
[R2-GigabitEthernet0/0/0]quit
[R2]interface s0/0/0
```

```
[R2-Serial0/0/0]ip address 172.16.2.2 255.255.255.0
[R2-Serial0/0/0]quit
[R2]interface s0/0/1
[R2-Serial0/0/1]ip address 192.168.1.2 255.255.255.0
[R2-Serial0/0/1]quit
```

（3）配置东校区路由器端口 IP 地址：

```
<Huawei> system-view
[Huawei]sysname R3
[R3]interface g0/0/0
[R3-GigabitEthernet0/0/0]ip address 192.168.2.1 255.255.255.0
[R3-GigabitEthernet0/0/0]quit
[R3]interface s0/0/1
[R3-Serial0/0/1]ip address 192.168.1.1 255.255.255.0
[R3-Serial0/0/1]quit
```

2）第 2 部分：配置静态路由

（1）配置西校区路由器静态路由：

```
[R1]ip route-static  172.16.1.0  255.255.255.0  172.16.2.2
[R1]ip route-static  192.168.1.0  255.255.255.0  172.16.2.2
[R1]ip route-static  192.168.2.0  255.255.255.0  172.16.2.2
[R1]quit
<R1>save
```

（2）配置北校区路由器静态路由：

```
[R2]ip route-static 192.168.2.0  255.255.255.0  192.168.1.1
[R2]ip route-static 172.16.3.0  255.255.255.0  172.16.2.1
[R2]quit
<R2>save
```

（3）配置东校区路由器静态路由：

```
[R3]ip route-static 172.16.3.0  255.255.255.0  192.168.1.2
[R3]ip route-static 172.16.2.0  255.255.255.0  192.168.1.2
[R3]ip route-static 172.16.1.0  255.255.255.0  192.168.1.2
[R3]quit
<R3>save
```

3）第 3 部分：验证实验结果

（1）在系统视图下输入 display ip routing-table 命令并执行，查看三个校区路由器上的路由表。先检查西校区路由器上的路由表：

```
[R1]display ip routing-table
Route Flags: R - relay, D - download to fib
------------------------------------------------------------------------------
Routing Tables: Public
```

```
Destinations : 10        Routes : 10
Destination/Mask   Proto  Pre  Cost   Flags NextHop     Interface
127.0.0.0/8        Direct 0    0      D     127.0.0.1   InLoopBack0
127.0.0.1/32       Direct 0    0      D     127.0.0.1   InLoopBack0
172.16.1.0/24      Static 60   0      RD    172.16.2.2  Serial0/0/0
172.16.2.0/24      Direct 0    0      D     172.16.2.1  Serial0/0/0
172.16.2.1/32      Direct 0    0      D     127.0.0.1   Serial0/0/0
172.16.2.2/32      Direct 0    0      D     172.16.2.2  Serial0/0/0
172.16.3.0/24      Direct 0    0      D     172.16.3.1  GigabitEthernet0/0/0
172.16.3.1/32      Direct 0    0      D     127.0.0.1   GigabitEthernet0/0/0
192.168.1.0/24     Static 60   0      RD    172.16.2.2  Serial0/0/0
192.168.2.0/24     Static 60   0      RD    172.16.2.2  Serial0/0/0
```

由上述显示结果可以看出，有3条静态路由条目。

用同样的方法查看北校区、东校区路由器的路由表。

（2）测试三个校区的主机能否相互连通。

给西校区校园网中的主机PC1配置IP地址为172.16.3.10/24，默认网关配置为172.16.3.1。给东校区校园网中的主机PC3配置IP地址为192.168.2.10/24，默认网关配置为192.168.2.1。

在PC1中打开命令行界面，ping主机PC3，结果显示如下：

```
PC>ping 192.168.2.10
Ping 192.168.2.10: 32 data bytes, Press Ctrl_C to break
From 192.168.2.10: bytes=32 seq=1 ttl=125 time=172 ms
From 192.168.2.10: bytes=32 seq=2 ttl=125 time=156 ms
From 192.168.2.10: bytes=32 seq=3 ttl=125 time=125 ms
From 192.168.2.10: bytes=32 seq=4 ttl=125 time=156 ms
From 192.168.2.10: bytes=32 seq=5 ttl=125 time=141 ms
--- 192.168.2.10 ping statistics ---
  5 packet(s) transmitted
  5 packet(s) received
  0.00% packet loss
  round-trip min/avg/max = 125/150/172 ms
```

上述结果表明，两个校区的网络已经连通，静态路由协议配置成功。用同样的方法测试西校区和北校区网络的连通性，以及北校区和东校区网络的连通性。

6.6.2 项目实验十一　动态路由配置

1. 项目描述

（1）项目背景。

某学院分为东校区、西校区、南校区、北校区四个独立的校区。学院西校区的校园网使用路由器作为网络出口设备，西校区的校园网借助该路由器设备使用专线技术接入互联网。北校区、西校区、南校区的校园网通过互联网和东校区网络中心的出口路由器连接。现需要针对东校区、西校区、南校区、北校区的路由器进行 OSPF 动态路由配置，实现学院校园网所有主机之间的相互通信。你作为该学院的网络工程师如何完成该项任务？

（2）动态路由配置实验拓扑图如图 6-9 所示。

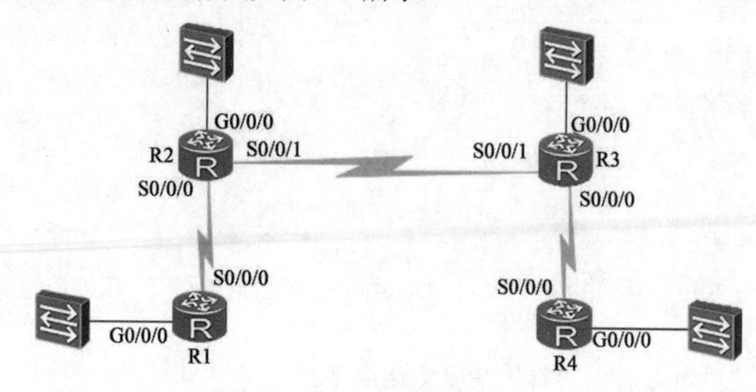

图 6-9 动态路由配置实验拓扑图

（3）设备地址分配表如表 6-3 所示。

表 6-3 设备地址分配表

设备	端口	IPv4 地址	子网掩码
R1	G0/0/0	192.168.1.1	255.255.255.0
	S0/0/0	192.168.2.1	255.255.255.0
	LoopBack0	1.1.1.1	255.255.255.0
R2	G0/0/0	192.168.3.1	255.255.255.0
	S0/0/0	192.168.2.2	255.255.255.0
	S0/0/1	192.168.4.2	255.255.255.0
	LoopBack0	2.2.2.2	255.255.255.0
R3	G0/0/0	192.168.5.1	255.255.255.0
	S0/0/0	192.168.6.1	255.255.255.0
	S0/0/1	192.168.4.1	255.255.255.0
	LoopBack0	3.3.3.3	255.255.255.0
R4	G0/0/0	192.168.7.1	255.255.255.0
	S0/0/0	192.168.6.2	255.255.255.0
	LoopBack0	4.4.4.4	255.255.255.0

（4）任务内容。

第 1 部分：配置路由器端口 IP 地址。

第 2 部分：配置 OSPF 动态路由。

第 3 部分：验证实验结果。

（5）所需资源。

路由器（4 台）、交换机（4 台）、V35 DCE（3 根）、V35DTE（3 根）、网线（若干）。

2．项目实施

1）第 1 部分：配置路由器端口 IP 地址

（1）配置西校区路由器端口 IP 地址：

```
<Huawei>system-view
[Huawei]sysname R1
[R1]interface g0/0/0
[R1-GigabitEthernet0/0/0]ip address 192.168.1.1 255.255.255.0
[R1-GigabitEthernet0/0/0]quit
[R1]interface s0/0/0
[R1-Serial0/0/0]ip address 192.168.2.1 255.255.255.0
[R1-Serial0/0/0]quit
[R1] interface LoopBack 0
[R1-LoopBack0] ip address 1.1.1.1 255.255.255.255
[R1-LoopBack0]quit
```

（2）配置北校区路由器端口 IP 地址：

```
<Huawei>system-view
[Huawei]sysname R2
[R2]interface g0/0/0
[R2-GigabitEthernet0/0/0]ip address 192.168.3.1 255.255.255.0
[R2-GigabitEthernet0/0/0]quit
[R2]interface s0/0/0
[R2-Serial0/0/0] ip address 192.168.2.2 255.255.255.0
[R2-Serial0/0/0]quit
[R2]interface s0/0/1
[R2-Serial0/0/1] ip address 192.168.4.2 255.255.255.0
[R2-Serial0/0/1]quit
[R2] interface LoopBack 0
[R2-LoopBack0] ip address 2.2.2.2 255.255.255.255
```

（3）配置东校区路由器端口 IP 地址：

```
<Huawei>system-view
[Huawei]sysname R3
[R3]interface g0/0/0
[R3-GigabitEthernet0/0/0]ip address 192.168.5.1 255.255.255.0
[R3-GigabitEthernet0/0/0]quit
[R3]interface s0/0/0
[R3-Serial0/0/0] ip address 192.168.6.1 255.255.255.0
[R3-Serial0/0/0]quit
[R3]interface s0/0/1
[R3-Serial0/0/1] ip address 192.168.4.1 255.255.255.0
[R3-Serial0/0/1]quit
[R3] interface LoopBack 0
[R3-LoopBack0] ip address 3.3.3.3 255.255.255.255
[R3-LoopBack0]quit
```

（4）配置南校区路由器端口 IP 地址：

```
<Huawei>system-view
[Huawei]sysname R4
[R4]interface g0/0/0
```

```
[R4-GigabitEthernet0/0/0]ip address 192.168.7.1 255.255.255.0
[R4-GigabitEthernet0/0/0]quit
[R4]interface s0/0/0
[R4-Serial0/0/0] ip address 192.168.6.2 255.255.255.0
[R4-Serial0/0/0]quit
[R4] interface LoopBack 0
[R4-LoopBack0] ip address 4.4.4.4 255.255.255.255
[R4-LoopBack0]quit
```

2）第 2 部分：配置 OSPF 动态路由

（1）配置西校区路由器 OSPF 动态路由：

```
[R1]ospf 100 router-id 1.1.1.1
[R1-ospf-100]area 0
[R1-ospf-100-area-0.0.0.0]network 192.168.1.0 0.0.0.255
[R1-ospf-100-area-0.0.0.0]network 192.168.2.0 0.0.0.255
[R1-ospf-100-area-0.0.0.0]network 1.1.1.1 0.0.0.0
[R1-ospf-100-area-0.0.0.0]return
<R1>save
```

其中，ospf 100 命令为启动 OSPF，进程号为 100（取值范围为 1～65535）；area 0 指区域号为 0，也就是骨干区域 192.168.1.0 为通告的网络；0.0.0.255 为通配符。

（2）配置北校区路由器 OSPF 动态路由：

```
[R2]ospf 100 router-id 2.2.2.2
[R2-ospf-100]area 0
[R2-ospf-100-area-0.0.0.0]network 192.168.2.0 0.0.0.255
[R2-ospf-100-area-0.0.0.0]network 192.168.3.0 0.0.0.255
[R2-ospf-100-area-0.0.0.0]network 192.168.4.0 0.0.0.255
[R2-ospf-100-area-0.0.0.0]network 2.2.2.2 0.0.0.0
[R2-ospf-100-area-0.0.0.0]return
<R2>save
```

（3）配置东校区路由器 OSPF 动态路由：

```
[R3]ospf 100 router-id 3.3.3.3
[R3-ospf-100]area 0
[R3-ospf-100-area-0.0.0.0]network 192.168.4.0 0.0.0.255
[R3-ospf-100-area-0.0.0.0]network 192.168.5.0 0.0.0.255
[R3-ospf-100-area-0.0.0.0]network 192.168.6.0 0.0.0.255
[R3-ospf-100-area-0.0.0.0]network 3.3.3.3 0.0.0.0
[R3-ospf-100-area-0.0.0.0]return
<R3>save
```

（4）配置南校区路由器 OSPF 动态路由：

```
[R4]ospf 100 router-id 4.4.4.4
[R4-ospf-100]area 0
[R4-ospf-100-area-0.0.0.0]network 192.168.6.0 0.0.0.255
[R4-ospf-100-area-0.0.0.0]network 192.168.7.0 0.0.0.255
```

```
[R4-ospf-100-area-0.0.0.0]network 4.4.4.4 0.0.0.0
[R4-ospf-100-area-0.0.0.0]return
<R4>save
```

3）第 3 部分：验证实验结果

（1）在系统视图下输入 display ip routing-table 命令并执行，查看 4 个校区路由器上的路由表。先检查西校区路由器上的路由表：

```
[R1]display ip routing-table
Route Flags: R - relay, D - download to fib
------------------------------------------------------------------------------
Routing Tables: Public
Destinations : 16       Routes : 16

Destination/Mask    Proto   Pre  Cost   Flags  NextHop         Interface
1.1.1.1/32          Direct  0    0      D      127.0.0.1       LoopBack0
2.2.2.2/32          OSPF    10   1562   D      192.168.2.2     Serial0/0/0
3.3.3.3/32          OSPF    10   3124   D      192.168.2.2     Serial0/0/0
4.4.4.4/32          OSPF    10   4686   D      192.168.2.2     Serial0/0/0
127.0.0.0/8         Direct  0    0      D      127.0.0.1       InLoopBack0
127.0.0.1/32        Direct  0    0      D      127.0.0.1       InLoopBack0
192.168.1.0/24      Direct  0    0      D      192.168.1.1     GigabitEthernet0/0/0
192.168.1.1/32      Direct  0    0      D      127.0.0.1       GigabitEthernet0/0/0
192.168.2.0/24      Direct  0    0      D      192.168.2.1     Serial0/0/0
192.168.2.1/32      Direct  0    0      D      127.0.0.1       Serial0/0/0
192.168.2.2/32      Direct  0    0      D      192.168.2.2     Serial0/0/0
192.168.3.0/24      OSPF    10   1563   D      192.168.2.2     Serial0/0/0
192.168.4.0/24      OSPF    10   3124   D      192.168.2.2     Serial0/0/0
192.168.5.0/24      OSPF    10   3125   D      192.168.2.2     Serial0/0/0
192.168.6.0/24      OSPF    10   4686   D      192.168.2.2     Serial0/0/0
192.168.7.0/24      OSPF    10   4687   D      192.168.2.2     Serial0/0/0
```

由上述显示结果可以看出，有 8 条去往其他 8 个网络的 OSPF 动态路由条目。用同样的方法查看北校区、东校区和南校区的路由器的路由表。

（2）用 display ospf peer brief 命令查看北校区路由器上的 OSPF 邻居表：

```
<R2>display ospf peer brief
 OSPF Process 100 with Router ID 2.2.2.2
      Peer Statistic Information
 ----------------------------------------------------------------------------
 Area Id          Interface                      Neighbor id      State
 0.0.0.0          Serial0/0/0                    1.1.1.1          Full
 0.0.0.0          Serial0/0/1                    3.3.3.3          Full
 ----------------------------------------------------------------------------
```

由上述显示结果可以看出，R2 有 2 个邻居路由器，这 2 个邻居路由器的 Router ID 分别是 1.1.1.1 和 3.3.3.3。

（3）在路由器 R1 上用 ping 命令测试与路由器 R4 的连通性。

```
<R1>ping 4.4.4.4
```

```
PING 4.4.4.4: 56  data bytes, press CTRL_C to break
  Reply from 4.4.4.4: bytes=56 Sequence=1 ttl=253 time=70 ms
  Reply from 4.4.4.4: bytes=56 Sequence=2 ttl=253 time=70 ms
  Reply from 4.4.4.4: bytes=56 Sequence=3 ttl=253 time=70 ms
  Reply from 4.4.4.4: bytes=56 Sequence=4 ttl=253 time=100 ms
  Reply from 4.4.4.4: bytes=56 Sequence=5 ttl=253 time=80 ms

--- 4.4.4.4 ping statistics ---
  5 packet(s) transmitted
  5 packet(s) received
  0.00% packet loss
  round-trip min/avg/max = 70/78/100 ms
```

用同样的方法测试其他路由器的相互连通性。

（4）在路由器 R1 上显示 LSDB 信息：

```
<R1>display ospf lsdb

 OSPF Process 100 with Router ID 1.1.1.1
     Link State Database

          Area: 0.0.0.0
 Type      LinkState ID    AdvRouter    Age    Len    Sequence    Metric
 Router    4.4.4.4         4.4.4.4      323    72     80000015    1
 Router    2.2.2.2         2.2.2.2      1333   96     8000000B    1
 Router    1.1.1.1         1.1.1.1      1703   72     8000000D    1
 Router    3.3.3.3         3.3.3.3      322    96     80000017    1
```

习题 6

一、选择题

1．下列属于路由表产生方式的是________。

A．通过手动配置添加路由

B．通过运行动态路由协议自动学习

C．路由器的直连网段自动生成

D．以上都是

2．如果某路由器到达目的网络的方式有 3 种，即通过 RIP、通过静态路由、通过默认路由，那么该路由器会根据________进行数据包转发。

A．通过 RIP　　B．通过静态路由

C．通过默认路由　　D．都可以

3．默认路由是________。

A．一种静态路由　　B．所有非路由数据包在此进行转发

C．最后求助的网关　　D．以上都是

4．当要配置路由器的端口地址时应采用_______命令。

A．ip address 192.168.1.1 netmask 255.0.0.0

B．ip address 192.168.1.1/24

C．set ip address 192.168.1.1 subnetmask 24

D．ip address 192.168.1.1 255.255.255.248

5．RIP 依据________判断最优路径。

A．带宽　　B．跳数　　C．路由开销　　D．延迟时间

6．下面_______命令用于查看路由器的路由表信息。

A．[Huawei]display ip routing-table　　B．[Huawei]display ip route-table

C．[Huawei]display ip table　　D．[Huawei]display ip

7．_______类型的 OSPF 报文用来建立和维持邻居路由器的邻居关系。

A．链路状态请求　　B．链路状态确认

C．Hello 分组　　D．数据库描述

8．OSPF 在选举 DR 时，不使用_______规则。

A．OSPF 路由器端口优先级最高的为 DR，次高的为 BDR

B．OSPF 路由器端口优先级最高的为 BDR，次高的为 DR

C．在优先级相同时比较 Router ID，Router ID 越大，越优先

D．默认的 OSPF 端口优先级为 1；优先级为 0 的不参与选举

9．下列配置默认路由命令中正确的是________。

A．ip route-static 255.255.255.255 0.0.0.0 192.168.1.254

B．ip route-static 255.255.255.255. 192.168.1.254

C．ip route-static 255.255.255.255 255.255.255.255 192.168.1.254

D．ip route-static 0.0.0.0 0.0.0.0 192.168.1.254

10．在 BGP 中，每一 AS 都有一个 AS 号，由 IANA 统一负责分配，那么它默认的取值范围是_____。

A．0～254　　B．0～1023　　C．1～10000　　D．0～65535

11．路由的来源有________。

A．直连路由　　B．静态路由　　C．动态路由　　D．以上都对

12．在默认情况下，BGP 的保持时间是________s。

A．30　　B．30　　C．90　　D．180

13．OSPF 协议报文类型有_______种。

A．3　　B．4　　C．5　　D．6

14．display ospf peer brief 命令的用途是_______。

A．查看 OSPF 邻居表　　B．查看 OSPF 的 LSDB

C．查看 OSPF 路由表　　D．以上都不对

15．BGP 报文类型不包括_______。

A．OPEN 报文　　B．UPDATE 报文

C．KEEPALIVE 报文　　D．HELLO 报文

16．目前的 IP 的两个版本号分别为________。

A．3 和 4　　B．4 和 5　　C．4 和 6　　D．6 和 7

17．OSPF 指定的三种 OSPF 路由器身份不包括________。

A．DR　　B．BDR　　C．AR 路由器　　D．DRother

18．以下不属于动态路由协议的是________。

A．RIP　　B．ICMP　　C．OSPF 协议　　D．IS-IS 协议

19．OSPF 协议将一个 AS 划分为若干个更小的范围，叫作区域。每个区域用区域号来标识，其中______为骨干区域。

A．Area 0　　B．Area 1　　C．Area 100　　D．Area 99

20．当检查 IP 路由表时，静态路由将显示为________。

A．OSPF　　B．Static　　C．RIP　　D．Direct

21．路由选择协议用________确定哪条路径是最佳路径。

A．路由优先级　　B．路由开销　　C．链路类型　　D．带宽大小

22．________存在环路问题。

A．RIP　　B．OSPF 协议　　C．BGP　　D．IS-IS 协议

二、填空题

1．路由协议有一个优先级，此值越______，优先级越高。

2．在各种级别的网络环境中每台路由器都担负着特定的职责功能，按功能，可将路由器划分为______________、______________、______________。

3．查看 IPv6 路由表的命令是____________________。

4．RIPv1 允许的最大跳数是__________。

5．按路由算法，路由协议可以分为__________________、____________________。

6．两台路由器用串行电缆连接，要配置______端的时钟频率。

7．在路由器的用户模式下，可以使用________命令查看路由表。

8．____________路由协议用于在不同的 AS 之间交换路由信息。

9．在华为路由器中，OSPF 协议的路由优先级是______。

10．在华为路由器中，使用______命令可以配置静态路由。

11．输入下面的命令配置路由器 OSPF 动态路由，该命令中的 area 0 表明 OSPF 区域为__________区域。

```
[R3-ospf-100]area 0
[R3-ospf-100-area-0.0.0.0]network 192.168.4.0 0.0.0.255
```

12．BGP 默认每隔________s 向对等体发出一个 KEEPALIVE 报文。

三、简答题

1．静态路由一般应用于什么规模的网络？

2．静态路由和动态路由相比有什么优点？

3．当数据包到达一个路由器端口时，路由器会对数据包进行解封装并在路由表中搜索到目的网络的路由条目。如果在路由器的路由表中找不到数据包要去往的目的网络

的路由条目，路由器会如何处理该数据包？

4. OSPF 协议有哪些优点？
5. OSPF 协议定义了哪四种网络类型？
6. OSPF 协议的工作过程分为哪三个阶段？
7. OSPF 协议是如何选举 DR 的？
8. OSPF 区域是如何划分的？
9. 在 OSPF 协议中，划分区域的好处是什么？
10. BGP 有哪几种报文类型？
11. 用 display ip routing-table Protocol 命令查看某路由器上的路由表，得到其中一条路由条目为 172.16.1.0/24 Static 60 0 RD 172.16.2.2 Serial0/0/0，该路由条目是通过什么路由协议获得的？该路由协议的路由优先级是多少？
12. 如图 6-10 所示，要在路由器 RA 配置一条到路由器 RB 连接的网络 172.16.1.0/24 的静态路由，请写出配置的命令。

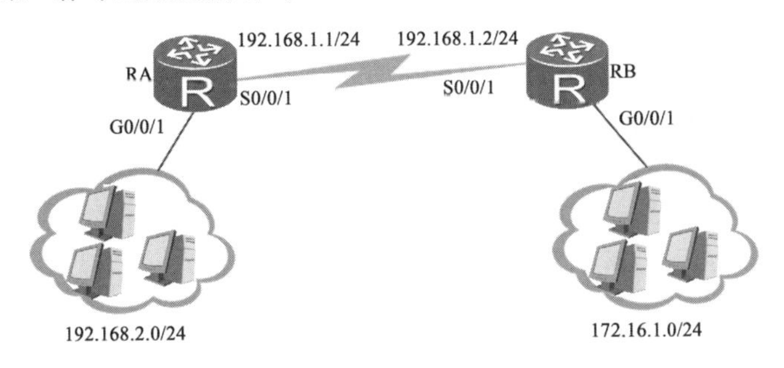

图 6-10 设备连接拓扑图

第7章 动态主机配置协议

为了保证通信能够正常进行，每一台联网的设备都需要一个唯一的 IP 地址。网络管理人员可以根据实际情况给这些设备分配相应的 IP 地址。根据 IP 地址的分配方式和稳定性，可将 IP 地址分为两大类，即静态 IP 地址和动态 IP 地址。简单来说，静态 IP 地址是固定的，动态 IP 地址会随着网络连接的变化而变化，因此使用静态 IP 地址的网络设备（如路由器、服务器、打印机等）的物理位置和逻辑位置往往是不可更改的。当需要更改使用静态 IP 地址的设备的物理位置和逻辑位置时，需要网络管理人员重新为其手动分配新的 IP 地址，因此静态 IP 地址拥有管理麻烦、浪费地址资源的缺点。

为了解决诸如此类的问题，可采用网络上更广泛使用的一种应用层技术——动态主机配置协议（Dynamic Host Configuration Protocol，DHCP），它可以自动为主机配置网络参数，比网络管理人员手动配置更便捷高效。

路由器既可以为直连网段中的计算机分配 IP 地址，也可以为远程网段（没有直连网段）中的计算机分配 IP 地址，打算为多少个网段分配地址，就要创建多少个 IP 地址池。

如果路由器为直连网段中的计算机分配地址，可以不单独创建 IP 地址池，使用端口地址池为网段分配地址。

7.1 DHCPv4

7.1.1 DHCPv4 简介

1. DHCPv4 概述

DHCP 的前身是引导程序协议（Bootstrap Protocol，BOOTP），它是一种基于 IP/UDP 的引导协议，又称自举协议。DHCP 在 BOOTP 的基础上添加了自动分配和其他附加配置选项。DHCPv4 用来动态分配 IPv4 地址和其他网络配置，DHCPv6 用来动态分配 IPv6 地址和其他网络配置。实际上并没有 DHCPv4，只是为了与 DHCPv6 做区分，才把 DHCP 叫作 DHCPv4。

DHCP 采用的是客户端/服务器通信模式，客户端向服务器提出配置申请，服务器返回为客户端分配的 IP 地址等信息，以实现 IP 地址等信息的动态配置。如图 7-1 所示，DHCP 客户端向 DHCP 服务器请求 IP 配置，DHCP 服务器回复并和 DHCP 客户端协商 IP 配置。

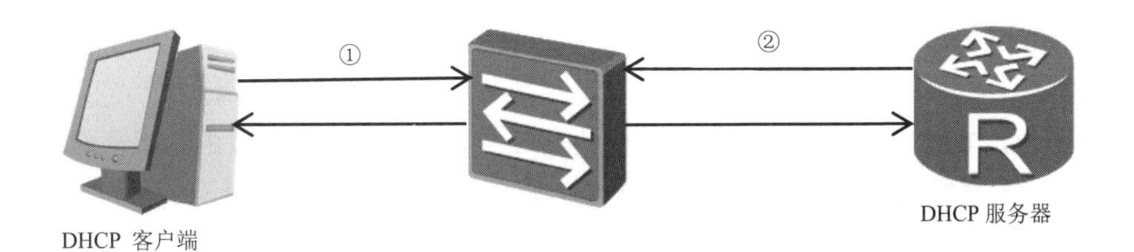

图 7-1　DHCP 通信模式

由图 7-1 的描述可以看出，DHCP 的通信模式涉及两个过程：① DHCP 客户端申请地址；② DHCP 服务器提供地址。

2. DHCP 的系统组成

DHCP 的系统组成如图 7-2 所示，DHCP 是由 DHCP 客户端、DHCP 中继和 DHCP 服务器组成的。其中，DHCP 客户端是通过发送 DHCP 请求报文，获取 IPv4 地址等其他网络参数，以完成自身网络配置的网络设备。DHCP 服务器是指负责处理来自 DHCP 客户端或 DHCP 中继的地址分配、地址续租、地址释放等请求，为 DHCP 客户端分配 IPv4 地址和其他网络配置参数的网络设备。DHCP 中继是负责转发 DHCP 服务器和 DHCP 客户端之间的 DHCP 报文，协助 DHCP 服务器向 DHCP 客户端动态分配网络参数的网络设备。

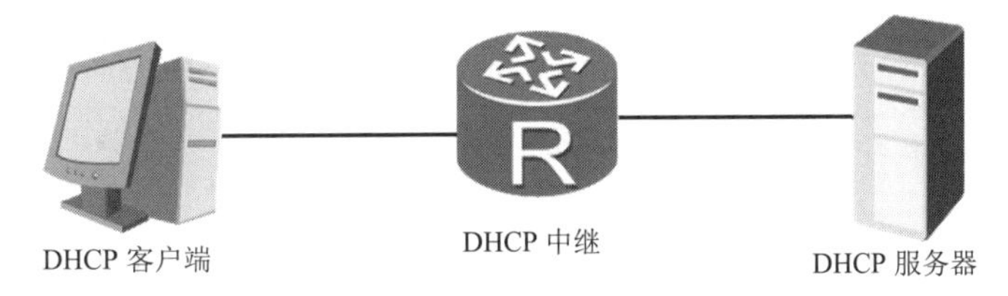

图 7-2　DHCP 的系统组成

DHCP 客户端、DHCP 中继和 DHCP 服务器之间的通信传输的报文类型主要有 DHCP Discover、DHCP Offer、DHCP Request、DHCP ACK 等。表 7-1 罗列了几种常见的 DHCP 报文类型。

表 7-1　常见的 DHCP 报文类型

报文类型	含义
DHCP Discover	DHCP 客户端用来寻找 DHCP 服务器
DHCP Offer	DHCP 服务器响应 DHCP Discover 报文，此报文携带了各种配置信息
DHCP Request	DHCP 客户端请求配置确认，或者续借租期
DHCP ACK	DHCP 服务器对 Request 报文的确认响应
DHCP NAK	DHCP 服务器对 Request 报文的拒绝响应
DHCP Release	DHCP 客户端要释放地址时向 DHCP 服务器发出的通知

7.1.2　DHCP 工作原理

DHCP 在客户端/服务器模式下工作。其基本工作过程分为 DHCP Discover（DHCP 发现）、DHCP Offer（DHCP 提供）、DHCP Request（DHCP 选择）、DHCP ACK（DHCP 确认）四个阶段。DHCP 通过这四个阶段将 IPv4 地址信息以租约的方式分配给自动获取 IPv4 地址的 DHCP 客户端，分配出去的信息是有租约的，具体的租用期限由网络管理人员确定。DHCP 客户端使用租用的 IPv4 地址连接网络，直到租期届满。租期届满后，DHCP 服务器会将地址返回地址池，如有必要，可再次对其进行分配。

根据 DHCP 客户端的申请类型不同，DHCP 服务可分为两种，一种是租赁发起，另一种是租赁续约。图 7-3 描述了 DHCP 租约操作过程，其中客户端的 IPv4 地址已经设置为自动获取。下面按照租赁发起、租赁续约两种不同的 DHCP 客户端申请类型，来详细分析 DHCP 的工作过程及原理。

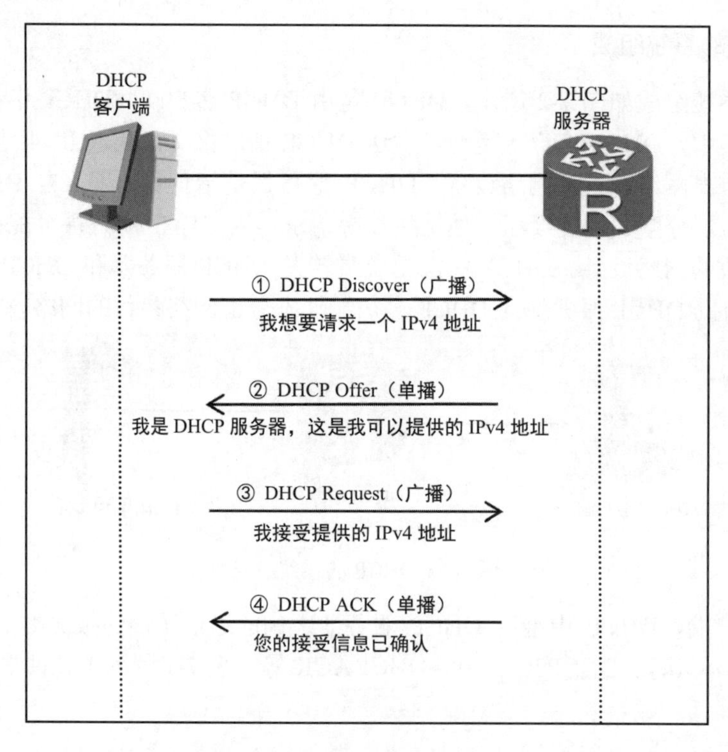

图 7-3　DHCP 租约操作过程

1）租赁发起

（1）DHCP Discover。

由于不知道网络中谁是 DHCP 服务器，因此 DHCP 客户端发送源 IP 地址为 0.0.0.0，目标 IP 地址为 255.255.255.255 的广播包来请求地址。该网络中的所有 DHCP 服务器和 DHCP 中继都会收到这个请求。

（2）DHCP Offer。

当 DHCP 服务端收到该 DHCP Discover 报文后，对它进行解析，决定主机配置信息，保留一个可用 IPv4 地址以租赁给 DHCP 客户端，并将单播发送其 DHCP Offer 报文。

如果 DHCP 客户端先后收到多个 DHCP Offer 报文，那么它会选择优先级高的 DHCP 服务器，往往是最先收到的 DHCP Offer 报文的发送者。

（3）DHCP Request。

当 DHCP 客户端收到 DHCP 服务器发送的 DHCP Offer 报文时，以广播的方式向网络中的所有 DHCP 服务器发送 DHCP Request 报文，此报文用于发起租用和租约更新。若 DHCP Request 报文是用于发起租用的，此报文就用作向已提供参数且选定的 DHCP 服务器表示接受其绑定，并向任何其他 DHCP 服务器表示拒绝。

（4）DHCP ACK。

被选择的 DHCP 服务器在收到 DHCP Request 报文后，进行配置信息的确认，验证该 IPv4 地址的租用信息，并确保该 IPv4 地址尚未使用，并单播发送 DHCP ACK 报文进行回复。

至此，完成四个基本过程。

实际上，DHCP 客户端收到 DHCP ACK 报文之后并没有结束，它会检查 DHCP 服务器配置给它的地址是否存在冲突。如果没有冲突就结束，并开始计算租约；如果有冲突，DHCP 客户端就会再发送一个 Decline 报文告知 DHCP 服务器，并重新发送 DHCP Discover 报文，重新进行以上四个基本过程。

如果在此过程中，由于各种原因，如网络拓扑发生变化，导致刚才的 DHCP Offer 报文中分配给 DHCP 客户端的 IPv4 地址不能用了，那么 DHCP 服务器收到 DHCP 客户端的 DHCP Request 报文后会回复它一个 DHCP NAK 报文，告诉它刚才的 IPv4 地址不能用了。随后，DHCP 客户端会重新在网络中发送 DHCP Discover 报文，重新进行以上四个基本过程。

2）租赁续约

在租期届满前，DHCP 客户端必须定期联系 DHCP 服务器，保留它们不再需要的地址。租期届满后，DHCP 客户端会将 IPv4 地址返回 DHCP 服务器，以续展租期。这种租用机制确保了移动或关闭的客户端使用的 IPv4 地址不在地址池中。若有必要，可将其再次分配。图 7-4 描述了 DHCP 租赁续约过程。

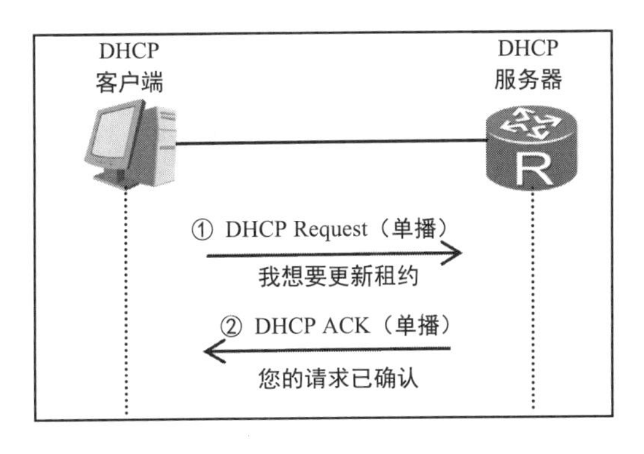

图 7-4　DHCP 租赁续约过程

（1）DHCP Request（DHCP 请求）。

在租期届满前，DHCP 客户端将 DHCP Request 报文直接发送到最初提供 IPv4 地址的 DHCP 服务器，如果在指定的时间内没有收到 DHCP ACK 报文，DHCP 客户端会广播另外一个 DHCP Request 报文，这样，另外一个 DHCP 服务器便可续展租期。

（2）DHCP ACK（DHCP 确认）。

收到 DHCP Request 报文后，DHCP 服务器通过返回一个 DHCP ACK 报文来验证租用信息。

7.2 DHCP 配置

7.2.1 DHCP 服务器配置

由上文可知，DHCP 服务器的主要功能是管理和分配 IPv4 地址。以下面的实验为例，将运行 eNSP 的华为路由器配置为 DHCP 服务器。DHCP 服务器分配路由器内指定地址池中的 IPv4 地址给 DHCP 客户端，并管理这些 IPv4 地址。在本次实验任务中，将 R1 配置为 DHCP 服务器，通过 G0/0/1 端口为 PC1 和 PC2 分配 IPv4 地址。假设 DHCP 客户端要求分配的 IPv4 地址范围为 192.168.10.1~192.168.10.10，网关地址为 192.168.10.254，租期设置为 1 天，DNS 服务器地址为 8.8.8.8。DHCP 配置实验拓扑如图 7-5 所示，基于全局地址池的 DHCP 服务器配置具体步骤如下。

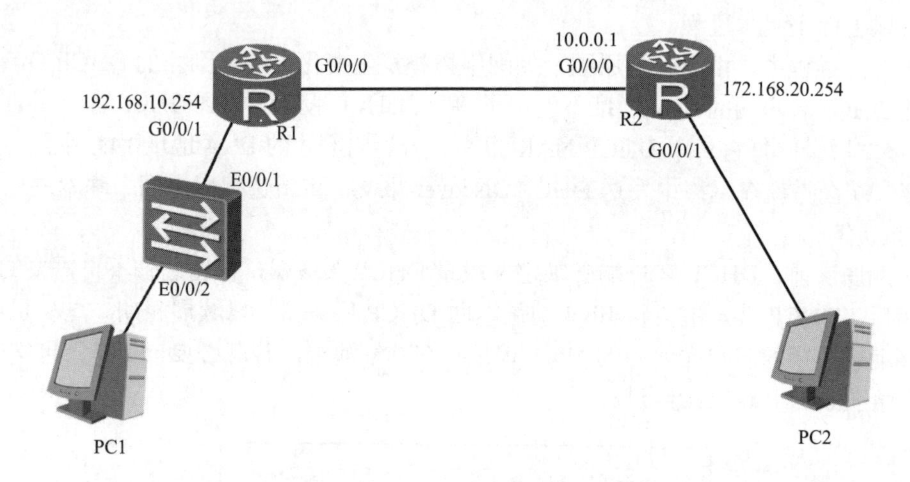

图 7-5　DHCP 配置实验拓扑

（1）完成 R1 上的基本配置。

```
<Huawei>system-view
[Huawei]sysname R1
[R1] GigabitEthernet0/0/1
[R1-GigabitEthernet0/0/1]ip address 192.168.10.254 24
```

由前文可知，DHCP 是基于客户端/服务器工作的，因此若想使用 DHCP 功能，需要有 DHCP 服务器，本例将 R1 配置为 DHCP 服务器。DHCP 服务分为基于全局的和基于端口的。本例在 R1 的 G0/0/1 端口上配置基于全局的 DHCP 服务，在 G0/0/0 端口上配置基于端口的 DHCP 服务。

（2）配置 DHCP 功能。

用 dhcp enable 命令开启 DHCP 功能，在 R1 的 G0/0/1 端口上配置基于全局的 DHCP 功能，使用 dhcp select global 命令关联端口和全局地址池：

```
[R1]dhcp enable
[R1]intterface g0/0/1
[R1-GigabitEthernet0/0/1]dhcp select global
```

在 R1 的 G0/0/0 端口上配置基于端口的 DHCP 服务：

```
[R1]int g0/0/0
[R1-GigabitEthernet0/0/0]dhcp select interface
```

（3）配置 DHCP 地址池。

使用 ip pool poolname 命令创建地址池并命名，使用 network ip address (mask|(mask-length)) 命令配置全局地址池可分配的 IP 地址范围：

```
[R1-GigabitEthernet0/0/1]ip pool pool1      /*创建名为 pool1 的地址池
Info: It's successful to create an IP address pool
[R1-ip-pool-pool1]network 192.168.10.0
```

同理，配置 R1 的 G0/0/0 端口：

```
[R1-GigabitEthernet0/0/0]dhcp server excluded-ip-address 10.0.0.3 10.0.0.254
```

（4）配置 R1 中的默认网关和 DNS 服务器地址。

使用 gateway-list ip address 命令配置 DHCP 客户端的网关地址，使用 dns-list ip address 命令配置 DHCP 客户端使用的 DNS 服务器的 IPv4 地址：

```
[R1-ip-pool-pool1]gateway-list 192.168.10.254
[R1-ip-pool-pool1]dns-list 8.8.8.8
```

（5）配置 DHCP 可分配的地址范围。

使用 excluded-ip-address 命令配置全局地址池下的排除的 IP 地址范围：

```
[R1-ip-pool-pool1] excluded-ip-address 192.168.10.11 192.168.10.253
```

一个网段只能创建一个地址池，如果该网段中的一些地址已经被占用，为避免 DHCP 分配的地址和其他计算机地址冲突，则该网段将在该地址池中排除。

（6）设置租期。

使用 lease {day day [hour hour [minute minute]]|unlimited } 命令配置 IP 地址租期：

```
[R1-ip-pool-pool1]lease day 1
```

DHCP 分配给 DHCP 客户端的 IPv4 地址等配置信息是有时间限制的（租约时间），若网络中的计算机频繁变换，则租约时间设置得短一些；若网络中的计算机相对稳定，则租约时间设置得长一点。

同理，使用 dhcp server lease {day day [hour hour [minute minute]]|unlimited }命令在 R1 的 G0/0/0 端口上设置租期：

```
[R1-GigabitEthernet0/0/0]dhcp server lease day 1
```

（7）查看 DHCP 服务器的完整配置信息：

```
[R1-ip-pool-pool1]display this
[V200R003C00]
```

```
#
ip pool pool1
 gateway-list 192.168.10.254
 network 192.168.10.0 mask 255.255.255.0
 excluded-ip-address 192.168.10.11 192.168.10.253
 dns-list 8.8.8.8
#
Return
```

为了方便，表 7-2 列举了 DHCP 服务器的一些配置命令。

表 7-2　DHCP 服务器的一些配置命令

命令	描述
dhcp enable	开启 DHCP 功能
dhcp select interface	关联端口和端口地址池
dns-list ip address	配置 DNS 客户端使用的 DNS 服务器的地址
dhcp server lease 数字	配置端口地址池的租期，默认值为 1 天
dhcp select global	关联端口和全局地址池
ip pool poolname	创建全局地址池并命名
network ip address(mask|(mask-length))	配置全局地址池可分配的 IP 地址范围
gateway-list 地址	配置 DHCP 客户端的网关地址
lease 数字	配置 IP 地址的租期，默认值为 1 天
excluded-ip-address	配置全局地址池下的排除地址范围
display ip pool [interface 端口名 all]	查看地址池的属性

7.2.2　DHCP 客户端配置

1. 将 PC1 设置为 DHCP 客户端

如图 7-6 所示，在“PC1”窗口的“基础配置”选项卡中，选择“IPv4 配置”选区中的“DHCP”单选按钮，单击“应用”按钮。设置 PC1 为 DHCP 客户端，动态自动获取 IPv4 地址。

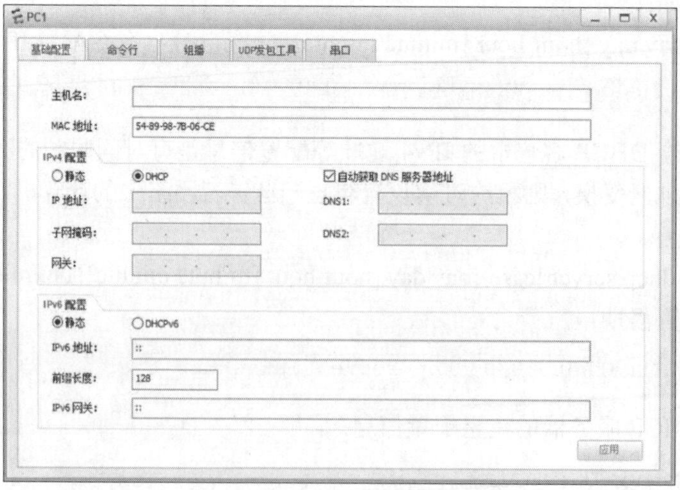

图 7-6　设置 PC1 为 DHCP 客户端

2．将路由器设置为 DHCP 客户端

在本例中，以 R1 为 DHCP 服务器，使用基于端口的方式向 R2 分配 IPv4 地址。具体来说，我们需要将 R2 的 G0/0/0 端口作为 DHCP 客户端，使它通过 DHCP 功能自动获取 IP 地址，配置要求为向 R2 的 G0/0/0 端口分配 IPv4 地址 10.0.0.2，租期为 1 天。

若想要设置 R2 为 DHCP 客户端，则使用以下命令：

```
[R2]interface GigabitEthernet0/0/0
[R2-GigabitEthernet0/0/0]ip address dhcp-alloc
```

至此，DHCP 服务的基本配置已经完成。

7.2.3　抓包

1．数据抓包

右击 R1 路由器，在弹出的快捷菜单中依次选择“数据抓包”→“GigabitEthernet0/0/1”选项。抓包工具 Wireshark 捕获了 DHCP 服务器为 PC1 分配地址之后的数据包，如图 7-7 所示，反映了前面讲解的 DHCP 的四个基本工作过程。

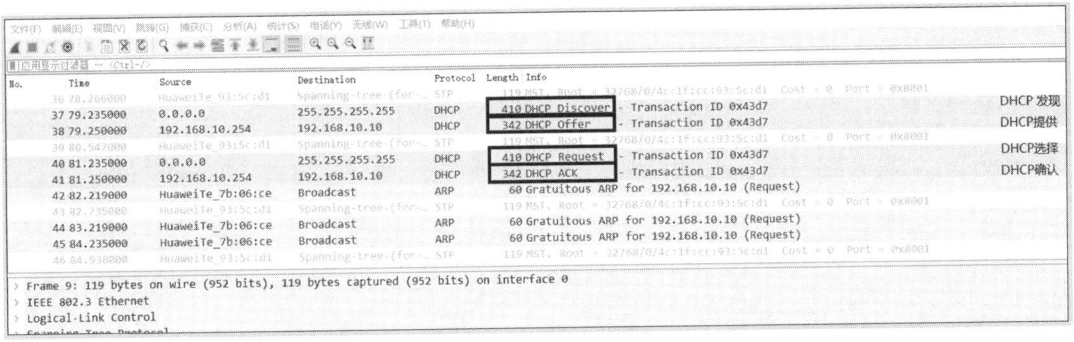

图 7-7　抓包分析 DHCP 分配地址过程

2．查看配置信息

在 PC1 的命令行界面中输入 ipconfig 命令并执行，可以看到从 DHCP 服务器获得的 IPv4 地址等配置，如图 7-8 所示。

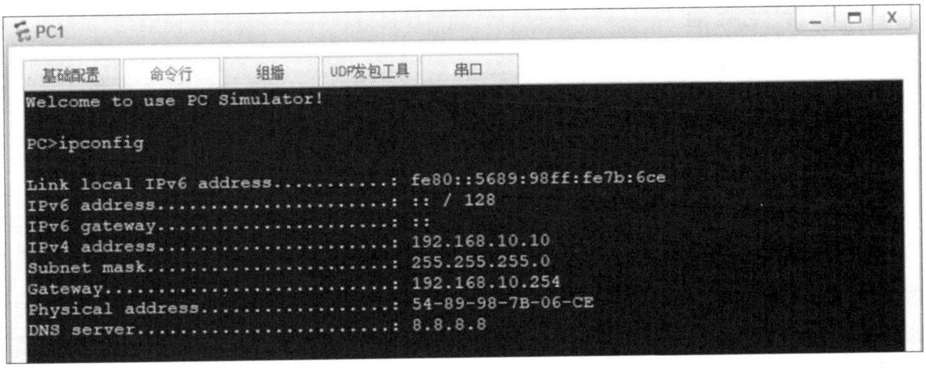

图 7-8　PC1 获得的 IPv4 地址等配置

3. 查验配置

查看 G0/0/0 端口获得的 IP 地址：

```
[R1]display ip interface brief
*down: administratively down
^down: standby
(l): loopback
(s): spoofing
The number of interface that is UP in Physical is 3
The number of interface that is DOWN in Physical is 1
The number of interface that is UP in Protocol is 2
The number of interface that is DOWN in Protocol is 2
Interface                  IP Address/Mask      Physical      Protocol
GigabitEthernet0/0/0       10.0.0.2/24          up            up
GigabitEthernet0/0/1       unassigned           up            down
GigabitEthernet0/0/2       unassigned           down          down
NULL0                      unassigned           up            up(s)
```

查看地址池 pool1 的状态信息：

```
[R1]display ip  pool name pool1
 Pool-name        : pool1
 Pool-No          : 0
 Lease            : 1 Days 0 Hours 0 Minutes
 Domain-name      : -
 DNS-server0      : 8.8.8.8
 NBNS-server0     : -
 Netbios-type     : -
 Position         : Local          Status          : Unlocked
 Gateway-0        : 192.168.10.254
 Mask             : 255.255.255.0
 VPN instance     : --
 -------------------------------------------------------------------
 Start    End             Total  Used  Idle(Expired)  Conflict  Disable
---------------------------------------------------------------------
192.168.10.1 192.168.10.254   253    1       9(0)         0        243
```

7.2.4 DHCP 中继配置

在前面的设置中，DHCP 客户端都是直连 DHCP 服务器本地端口的。当路由器需要作为 DHCP 服务器向非直连的 DHCP 客户端分配 IPv4 地址时，就需要使用 DHCP 中继功能。基于如图 7-5 所示的拓扑，现将 R1 配置为 DHCP 服务器，通过 DHCP 中继路由器 R2，向 PC2 分配 IPv4 地址。

（1）恢复 R1 端口配置。

由于上一节给 R1 的 G0/0/0 端口配置了基于端口的 DHCP 服务，现在需要使用 undo dhcp select interface 命令将其恢复，以便将 R2 设置为 DHCP 中继。若重新建立拓扑图，则无须进行此操作：

```
[R1]int g0/0/0
[R1-GigabitEthernet0/0/0]undo dhcp select interface
```

（2）配置 R2 的 G0/0/0 端口和 G0/0/1 端口的基本配置：

```
[R2]int g0/0/0
[R2-GigabitEthernet0/0/0]ip add 10.0.0.2 24
[R2]int g0/0/1
[R2-GigabitEthernet0/0/1]ip add 192.168.20.254 24
```

（3）为 R1 配置路由协议，本例选择静态路由：

```
[R1]ip route-static 192.168.20.0 24 10.0.0.2
```

（4）创建全局地址池：

```
[R1]ip pool pc2-pool
Info: It's successful to create an IP address pool.
[R1-ip-pool-pc2-pool]network 192.168.20.0 mask 24
[R1-ip-pool-pc2-pool]excluded-ip-address192.168.20.11 192.168.20.253
[R1-ip-pool-pc2-pool]gateway-list 192.168.20.254
[R1-ip-pool-pc2-pool]lease day 1
[R1-ip-pool-pc2-pool]dns-list 8.8.8.8
```

（5）将 R1 设置为 DHCP 服务器并开启 DHCP 功能：

```
[R1]dhcp enable
[R1]int g0/0/0
[R1-GigabitEthernet0/0/0]dhcp select global
```

（6）将 R2 设置为 DHCP 中继。

使用 dhcp select relay 命令配置 DHCP 中继；使用 dhcp relay server-ip DHCP 服务器地址命令配置 DHCP 中继的地址：

```
[Huawei]dhcp enable
[Huawei]int g0/0/1
[Huawei-GigabitEthernet0/0/1]dhcp select relay
[Huawei-GigabitEthernet0/0/1]dhcp relay server-ip 10.0.0.1
```

（7）将 PC2 设置为 DHCP 客户端，步骤同 7.2.2 节中的 PC1 设置步骤。

验证：查看 PC2 获得的 IPv4 地址等配置信息，如图 7-9 所示。

图 7-9　PC2 获得的 IPv4 地址等配置信息

7.3 DHCPv6

7.3.1 DHCPv6 简介

使用 IPv6 通信的计算机，可以人工指定静态地址，也可以自动获取 IPv6 地址。若设置成自动获取 IPv6 地址，则有三种自动配置方式，即有状态自动配置、无状态自动配置、DHCPv6 PD（Prefix Delegation，前缀代理）自动配置。

DHCPv6 系统组成与 DHCPv4 系统组成一样，即 DHCPv6 客户端、DHCPv6 中继和 DHCPv6 服务器，如图 7-10 所示。

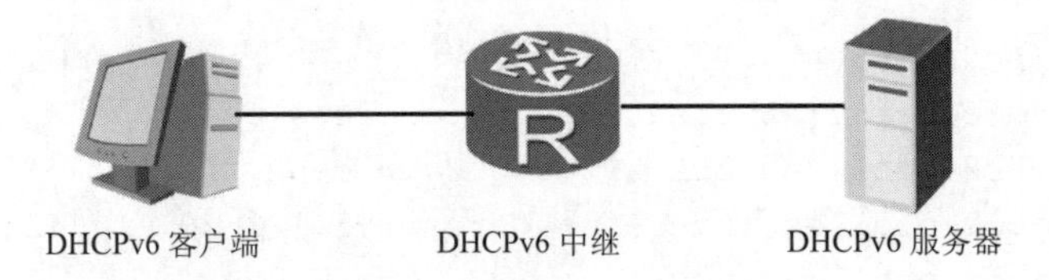

图 7-10　DHCPv6 系统组成

与 DHCPv4 客户端类似，DHCPv6 客户端主要是指通过发送 DHCPv6 请求报文，获取 IPv6 地址或前缀和其他网络配置参数以完成自身网络配置的网络设备。DHCPv6 服务器是指负责处理来自 DHCPv6 客户端或 DHCPv6 中继的地址分配、地址续租、地址释放等请求，为 DHCPv6 客户端分配 IPv6 地址或前缀和其他网络配置参数的网络设备。DHCPv6 中继是负责转发 DHCPv6 服务器或 DHCPv6 客户端的 DHCPv6 报文，协助 DHCPv6 服务器向 DHCPv6 客户端动态分配网络参数的网络设备。

与 DHCPv4 设备不同的是 DHCPv6 设备需要用唯一标识符（DHCPv6 Unique Identifier，DUID）来标识。每个 DHCPv6 服务器、DHCPv6 客户端、DHCPv6 中继有且只有一个 DUID。

DUID 通过以下两种方式生成。

基于链路层地址（LL）：采用链路层地址方式生成 DUID。

基于链路层地址与时间组合（LLT）：采用链路层地址和时间组合方式生成 DUID。

IA（Identity Association，身份联盟）用于管理一组分配给客户端的地址，每个 IA 有一个 IAID 与之相对应。一个客户端可以有多个 IA（如客户端的每个端口各有一个 IA）来选择，属于一个客户端的每个 IAID 必须是唯一的。

DHCPv6 报文类型与 DHCPv4 报文类型不同。表 7-3 罗列了几种常见的 DHCPv6 报文类型。

表 7-3　几种常见的 DHCPv6 报文类型

报文类型	含义
Solicit	DHCPv6 客户端发送该报文，请求 DHCPv6 服务器为其分配 IPv6 地址或前缀和其他网络配置参数
Advertise	DHCPv6 服务器发送 Advertise 报文，通知 DHCPv6 客户端为其分配的地址或前缀和其他网络配置参数
Request	如果 DHCPv6 客户端接收到多个 DHCPv6 服务器回复的 Advertise 报文，则根据报文接收的先后顺序、服务器优先级等，选择其中一台 DHCPv6 服务器，并向该 DHCPv6 服务器发送 Request 报文，请求 DHCPv6 服务器确认为其分配的地址或前缀和其他网络配置参数

续表

报文类型	含义
Reply	DHCPv6 服务器发送 Reply 报文，确认将地址或前缀和其他网络配置参数分配给 DHCPv6 客户端使用
Information-Request	DHCPv6 客户端向 DHCPv6 服务器发送 Information-Request 报文，该报文中携带 Option Request 选项，用于指定 DHCPv6 客户端需要从 DHCPv6 服务器获取的配置参数
Renew	地址或前缀租借到达一定时间时，DHCPv6 客户端会向为它分配地址或前缀的 DHCPv6 服务器单播发送 Renew 报文，以进行地址或前缀租约的更新
Rebind	如果在 T1 时发送 Renew 报文，请求更新租约，但是没有收到 DHCPv6 服务器发送的 Request 报文，DHCPv6 客户端就会在一段时间后向所有 DHCPv6 服务器组播发送 Rebind 报文，以请求更新租约
Confirm	当有断电、掉线、漫游等情况发生时，DHCPv6 客户端会发送此报文确认自己的 IPv6 地址是否可用

7.3.2 DHCPv6 有状态自动配置

DHCPv6 客户端在向 DHCPv6 服务器发送 Solicit 报文之前，会发送路由请求（Router Solictation，RS）报文，在同一链路范围内的路由器收到此报文后会回复路由通告（Router Advertise，RA）报文。RA 报文中包含管理地址配置标记（M）和有状态配置标记（O）。

当 M 取值为 1 时，启用 DHCPv6 有状态地址配置，即 DHCPv6 客户端需要从 DHCPv6 服务器获取 IPv6 地址。当 M 取值为 0 时，启用 DHCPv6 无状态自动配置。当 O 取值为 1 时，DHCPv6 客户端需要通过有状态的 DHCPv6 来获取其他网络配置参数，如 DNS 服务器地址、NIS（Network Information Service，网络信息服务）服务器地址、SNTP（Simple Network Time Protocol，简单网络时间协议）服务器地址等。当 O 取值为 0 时，启用 DHCPv6 无状态自动配置。

其中，DHCPv6 有状态自动配置由 DHCPv6 服务器来完成获取自动配置 IPv6 地址或前缀和其他网络配置参数，有四步交互和两步交互两种不同方式。

1. DHCPv6 有状态自动配置四步交互过程

DHCPv6 有状态自动配置四步交互过程与 DHCPv4 的四个基本过程类似，如图 7-11 所示。

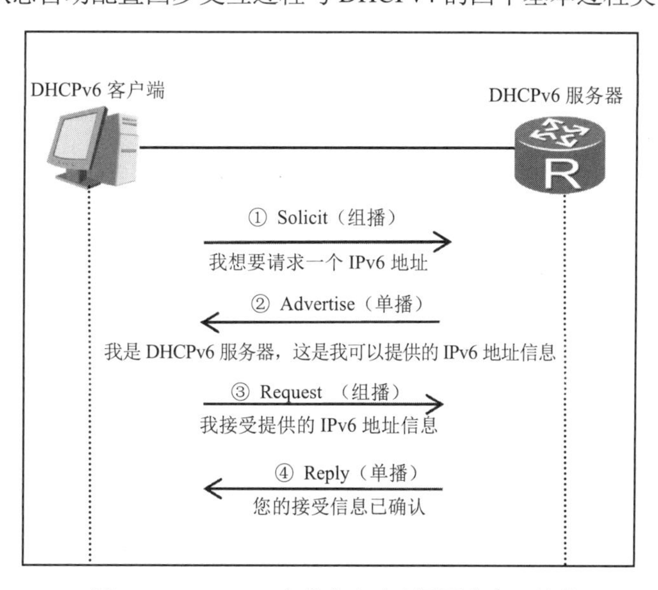

图 7-11　DHCPv6 有状态自动配置四步交互过程

（1）DHCPv6 客户端发送 Solicit 报文。

DHCPv6 客户端发送 Solicit 报文，请求 DHCPv6 服务器为其分配 IPv6 地址或前缀和其他网络配置参数。

（2）DHCPv6 服务器回复 Advertise 报文。

DHCPv6 服务器回复 Advertise 报文，通过此报文通知 DHCPv6 客户端可以为其分配的 IPv6 地址或前缀和其他网络配置参数。

（3）DHCPv6 客户端发送 Request 报文。

DHCPv6 客户端如果收到了多个 DHCPv6 服务器回复的 Advertise 报文，就会根据 Advertise 报文中的服务器优先级来选择优先级最高的 DHCPv6 服务器，并向所有的 DHCPv6 服务器组播发送 Request 报文。

（4）DHCPv6 服务器回复 Reply 报文。

被选定的 DHCPv6 服务器回复 Reply 报文，确认将 IPv6 地址或前缀和其他网络配置参数分配给 DHCPv6 客户端。

2．DHCPv6 有状态自动配置两步交互过程

若 DHCPv6 客户端希望 DHCPv6 服务器快速为其分配地址或前缀和其他网络配置参数，且当前网络中只有一台 DHCPv6 服务器，则 DHCPv6 客户端可以在发送的 Solicit 报文中携带 Rapid Commit 选项，标识 DHCPv6 客户端希望 DHCPv6 服务器快速为其分配 IPv6 地址的相关信息，该过程为两步交互过程。DHCPv6 有状态自动配置两步交互过程如图 7-12 所示。

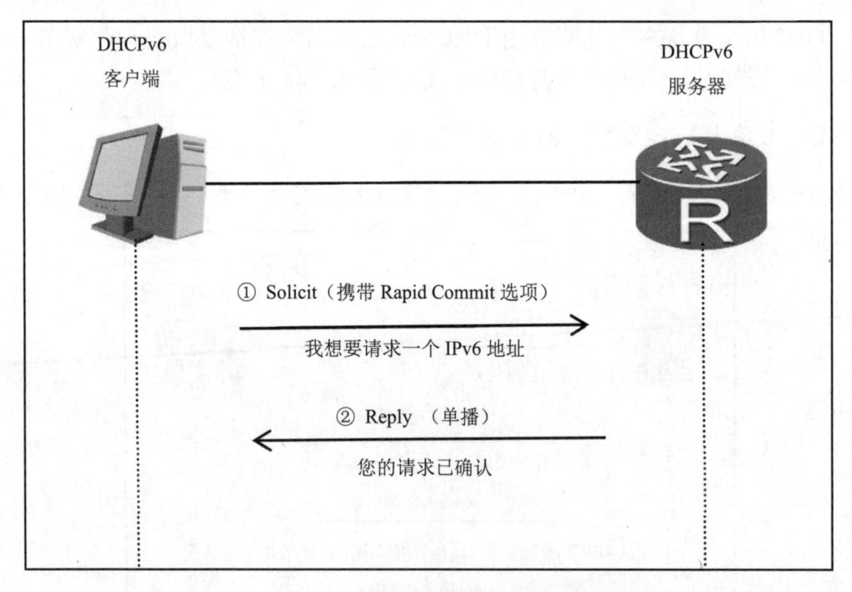

图 7-12　DHCPv6 有状态自动分配两步交互过程

（1）DHCPv6 客户端发送 Solicit 报文，携带 Rapid Commit 选项。

（2）DHCPv6 服务器接受 Solicit 报文，并判断自身是否支持快速分配。如果 DHCPv6 服务器支持快速分配，则直接返回 Reply 报文，为客户端分配 IPv6 地址或前缀和其他网络配置参数。若 DHCPv6 服务器不支持快速分配，则将进行 DHCPv6 有状态自动分配四步交互

过程。

DHCPv6 服务器分配的 IPv6 地址或前缀具有有效时间。IPv6 地址或前缀的租借时间超过有效时间后，DHCPv6 客户端将不能再使用该地址或前缀。因此，在超过有效时间之前，如果 DHCPv6 客户端希望继续使用该 IPv6 地址或前缀，就需要更新地址或前缀的租约。DHCPv6 租约更新过程分为以下两个步骤，如图 7-13 所示。

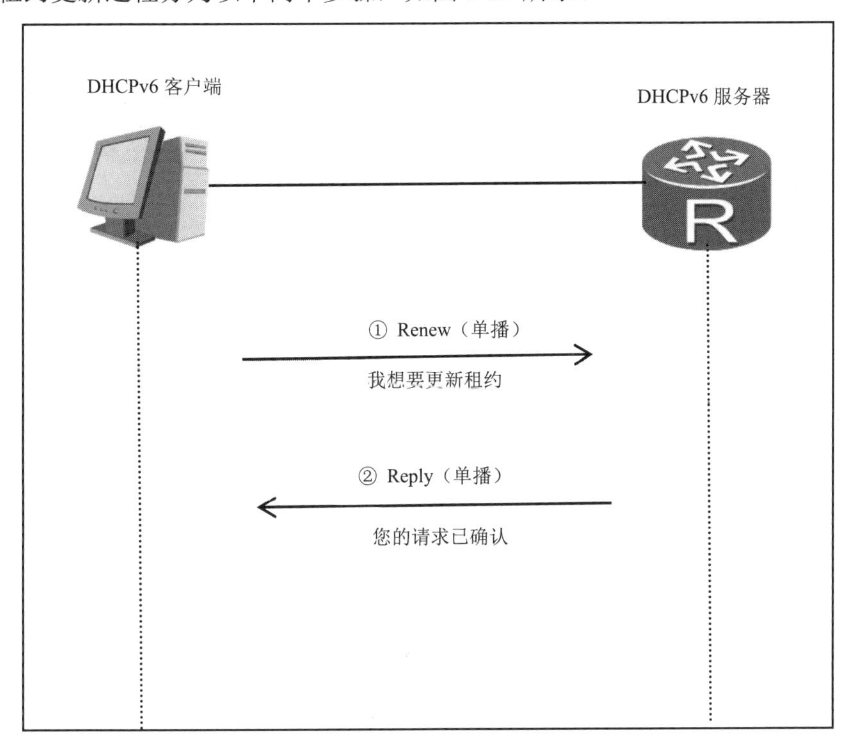

图 7-13　DHCPv6 租约更新过程

（1）DHCPv6 客户端发送 Renew 报文。

同 DHCPv4 一样，DHCPv6 客户端在租期届满前会向最初提供 IPv6 地址的服务器单播发送 Renew 报文进行地址或前缀租约的更新请求。如果在指定的时间内未能收到 DHCPv6 服务器的 Reply 报文，那么 DHCPv6 客户端会在租期届满前的另一时刻向所有 DHCPv6 服务器以组播方式发送 Rebind 报文请求更新租约。

（2）DHCPv6 服务器回复 Reply 报文。

如果 DHCPv6 客户端可以继续使用该 IPv6 地址或前缀，那么 DHCPv6 服务器就回应续约成功的 Reply 报文，通知 DHCPv6 客户端已经成功更新地址或前缀租约。否则，DHCPv6 服务器回应续约失败的 Reply 报文，通知 DHCPv6 客户端不能获得新的租约。

7.3.3 DHCPv6 无状态自动配置

DHCPv6 无状态自动配置是指 DHCPv6 客户端在获取 IPv6 地址时，不需要 DHCPv6 服务器获取 IPv6 地址，仅通过路由通告方式（发送 RA 报文），便可以通过路由器自动生成自己唯一的 IPv6 地址，但其他网络配置参数仍需要 DHCPv6 服务器提供，如 DNS 服务器地址等参数。简单来说，DHCPv6 服务器为已经具有 IPv6 地址或前缀的 DHCPv6 客户端分配除地址或前缀以外的其他网络配置参数的过程为 DHCPv6 无状态自动配置。如图 7-14 所示，DHCPv6 无状态自动配置工作分为两个过程。

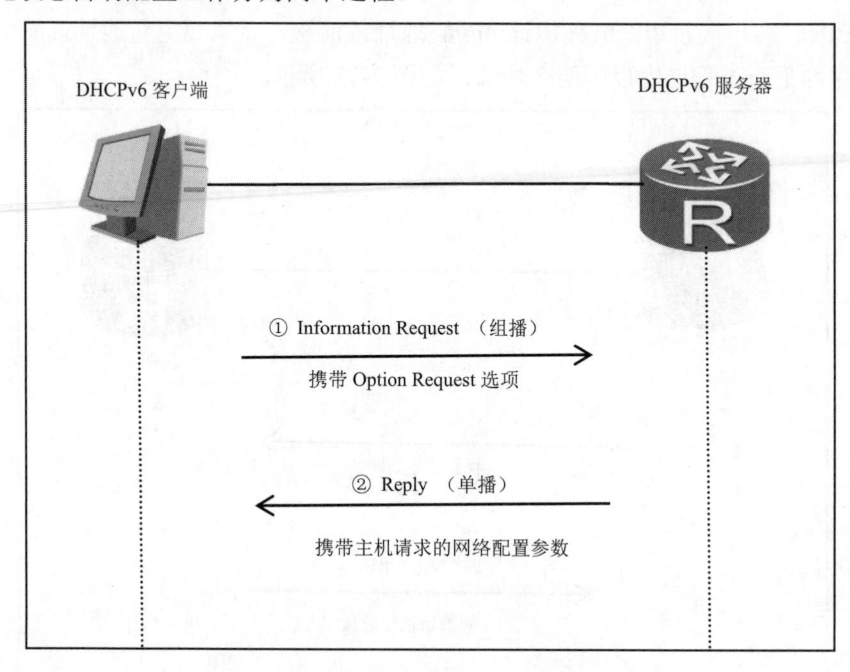

图 7-14 DHCPv6 无状态自动配置过程

（1）DHCPv6 客户端以组播方式向 DHCPv6 服务器发送 Information Request 报文，该报文中携带 Option Request 选项，用来指定 DHCPv6 客户端需要从 DHCPv6 服务器获取的网络配置参数。

（2）DHCPv6 服务器在收到 Information Request 报文后，为 DHCPv6 客户端分配网络配置参数，并以单播方式发送 Reply 报文，将网络配置参数返回 DHCPv6 客户端。DHCPv6 客户端在收到 Reply 报文后检查报文中的信息，若与 Information Request 报文中的网络配置参数相符，就根据收到的 Reply 报文中提供的参数完成 DHCPv6 客户端的配置；否则，忽略该参数。

7.4 DHCPv6 配置

7.4.1 DHCPv6 服务器配置

可以将运行 eNSP 的华为路由器配置为 DHCPv6 服务器。以如图 7-15 所示的拓扑图来说明此功能。

在这个实验任务中，将 R1 配置为 DHCPv6 服务器，通过 G0/0/1 端口为 PC1 和 PC3 分配 IPv6 地址，具体步骤如下。

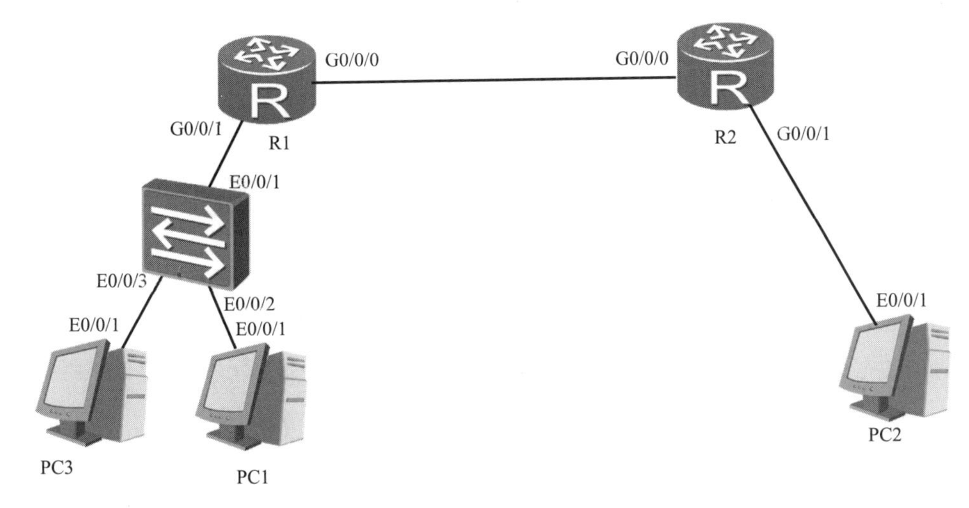

图 7-15　DHCPv6 配置实验拓扑图

（1）在 R1 上完成基本配置：

```
[R1-GigabitEthernet0/0/1]ip address 192.168.10.254 24
[R1]ipv6
[R1]int g0/0/1
[R1-GigabitEthernet0/0/1]ipv6 enable
[R1-GigabitEthernet0/0/1]ipv6 address 3000::1/64
```

（2）配置 DHCPv6 服务功能。

使用 dhcp enable 命令开启 DHCP 功能：

```
[R1]dhcp enable
```

（3）配置 DHCPv6 DUID。

使用 dhcpv6 duid {ll|llt} 指定 DUID 格式为 DUID-LL 或 DUID-LLT：

```
[R1]dhcpv6 duid ll
Warning: The DHCP unique identifier should be globally-unique and stable. 
Are you sure to change it? [Y/N]y
```

（4）查看 DHCPv6 DUID。

使用 display dhcpv6 duid 命令查看当前使用的 DUID 格式及 DUID：

```
[R1]display dhcpv6 duid
The device's DHCPv6 unique identifier: 0003000100E0FC665788
```

（5）配置 DHCPv6 地址池。

使用 dhcpv6 pool pool-name 命令创建 IPv6 地址池或进入 IPv6 地址池视图：

```
[R1]dhcpv6 pool dhcpv6pool
```

使用 address prefix ipv6-prefix/ipv6-prefix-length 命令在 IPv6 地址池视图下绑定 IPv6 地址前缀：

```
[R1-dhcpv6-pool-dhcpv6pool]address prefix 3000::/64
```

（6）排除 IPv6 地址。

使用 excluded-address start-ipv6-address [to end-ipv6-address]命令配置 IPv6 地址池中不参与自动分配的 IPv6 地址范围：

```
[R1-dhcpv6-pool-dhcpv6pool]excluded-address 3000::1
```

（7）配置 DHCPv6 服务器地址、域名。

使用 dns-server ipv6-address 命令配置 DNS 服务器的 IPv6 地址；使用 dns-domain-name dns-domain-name 命令为 DHCPv6 客户端分配域名后缀：

```
[R1-dhcpv6-pool-dhcpv6pool]dns-server 3000::1
[R1-dhcpv6-pool-dhcpv6pool]dns-domain-name dhcpv6.com
```

（8）开启 DHCPv6 服务功能。

使用 dhcpv6 server pool-name 命令为端口配置 DHCPv6 服务功能，pool-name 是指定的基于端口配置的 DHCPv6 地址池名称：

```
[R1-GigabitEthernet0/0/1]dhcpv6 server dhcpv6pool
```

（9）使用 display this 命令查看 DHCPv6 服务器的完整配置信息：

```
[R1-dhcpv6-pool-dhcpv6pool]display this
[V200R003C00]
#
dhcpv6 pool dhcpv6pool
 address prefix 3000::/64
 excluded-address 3000::1
 dns-server 3000::1
 dns-domain-name dhcpv6.com
#
return
```

7.4.2 DHCPv6 客户端配置

1. 将 PC1 和 PC3 设置为 DHCPv6 客户端

如图 7-16 所示，在 PC1 窗口的“基础配置”选项卡中，选择“DHCPv6”单选按钮，单击“应用”按钮，设置 PC1 为 DHCPv6 客户端。设置 PC3 为 DHCPv6 客户端的方法与此相同。

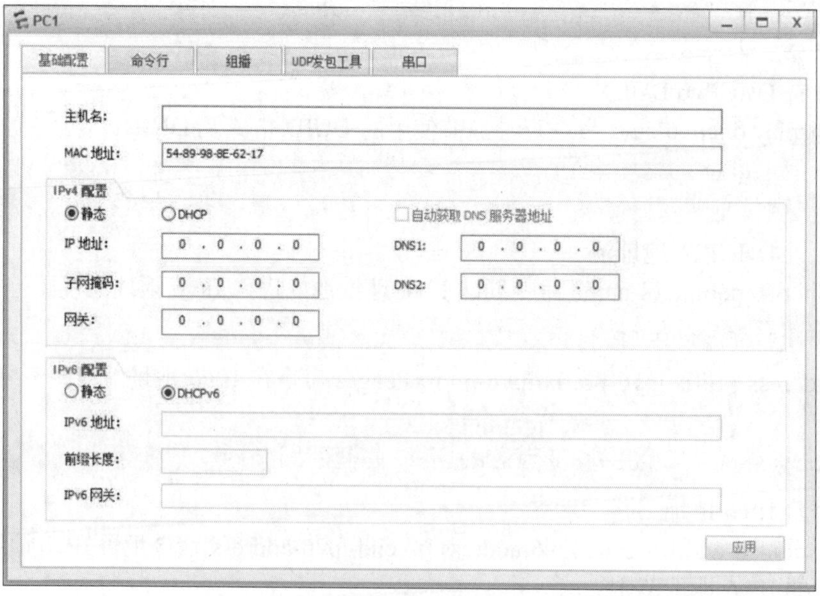

图 7-16　设置 PC1 为 DHCPv6 客户端

2. 将路由器设置为 DHCPv6 客户端

在本例中，将 R1 设置 为 DHCPv6 服务器，使用基于端口的方式向 R2 分配 IPv6 地址。具体来说，我们需要将 R2 的 G0/0/0 端口配置为 DHCPv6 客户端，使它通过 DHCPv6 功能自动获取 IPv6 地址。

若想设置路由器为 DHCPv6 客户端，则需要执行如下步骤。

（1）在全局模式下开启 IPv6 功能：

```
[R2]ipv6
[R2]int g0/0/0
[R2-GigabitEthernet0/0/0]ipv6 en
[R2-GigabitEthernet0/0/0]ipv6 enable
```

（2）开启 DHCP 功能：

```
[R2]dhcp enable
```

（3）配置 DHCPv6 客户端为自动获取 IPv6 地址：

```
[R2-GigabitEthernet0/0/0]ipv6 address auto link-local
[R2-GigabitEthernet0/0/0]ipv6 address auto dhcp
```

至此，DHCP 服务的基本配置已经完成。

3. 抓包分析 DHCPv6 分配地址的过程

在 PC1 的命令行界面中输入 ipconfig 命令并执行，如图 7-17 所示，可以看到 PC1 获得的 IP 地址等配置。

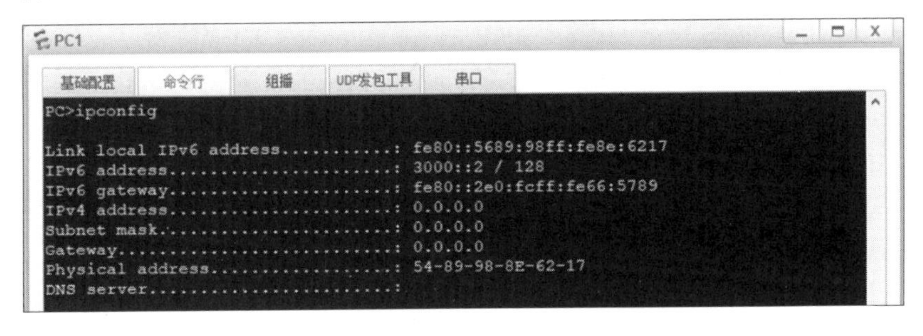

图 7-17　PC1 获得的 IPv6 地址等配置

如图 7-18 所示，抓包工具 Wireshark 捕获了 DHCPv6 服务器为 PC1 分配 IPv6 地址后的数据包，反映了前面讲解的 DHCPv6 的四个基本工作过程。

正在捕获 -

文件(F) 编辑(E) 视图(V) 跳转(G) 捕获(C) 分析(A) 统计(S) 电话(Y) 无线(W) 工具(T) 帮助(H)

No.	Time	Source	Destination	Protocol	Length	Info
1	0.000000	fe80::5689:98ff:fe8…	ff02::1:2	DHCPv6	112	Solicit XID: 0x84638d CID: 000300015489988e6217
2	0.016000	fe80::2e0:fcff:fe66…	fe80::5689:98ff:fe8…	DHCPv6	174	Advertise XID: 0x84638d CID: 000300015489988e6217 IAA: 3000::2
3	0.031000	fe80::5689:98ff:fe8…	ff02::1:2	DHCPv6	154	Request XID: 0x84638d CID: 000300015489988e6217 IAA: 3000::2
4	0.047000	fe80::2e0:fcff:fe66…	fe80::5689:98ff:fe8…	DHCPv6	174	Reply XID: 0x84638d CID: 000300015489988e6217 IAA: 3000::2
5	0.078000	::	ff02::1:ff00:2	ICMPv6	86	Neighbor Solicitation for 3000::2 from 54:89:98:8e:62:17
6	1.063000	::	ff02::1:ff00:2	ICMPv6	86	Neighbor Solicitation for 3000::2 from 54:89:98:8e:62:17
7	2.063000	::	ff02::1:ff00:2	ICMPv6	86	Neighbor Solicitation for 3000::2 from 54:89:98:8e:62:17
8	5.500000	fe80::2e0:fcff:fe66…	fe80::5689:98ff:fe8…	ICMPv6	86	Neighbor Solicitation for fe80::5689:98ff:fe8e:6217 from 00:e0:fc:66:57:89
9	5.531000	fe80::5689:98ff:fe8…	fe80::2e0:fcff:fe66…	ICMPv6	86	Neighbor Advertisement fe80::5689:98ff:fe8e:6217 (sol, ovr) is at 54:89:98:8e:62:17

图 7-18　抓包分析 DHCPv6 工作过程

查看 R2 的 G0/0/0 端口获得的 IPv6 地址：

```
[R2]display ipv6 interface brief
*down: administratively down
(l): loopback
(s): spoofing
Interface                    Physical              Protocol
GigabitEthernet0/0/0          up                    up
[IPv6 Address] 2000::2
```

7.4.3 DHCPv6 中继配置

当路由器需要作为 DHCPv6 服务器向其非直连的 DHCPv6 客户端分配 IPv6 地址时，就需要使用 DHCPv6 中继功能。为方便理解，新建如图 7-19 所示的 DHCPv6 中继实验拓扑图，在本例中 PC4 通过 DHCPv6 服务器 R1 获取 IPv6 地址，PC5 通过 DHCPv6 中继 R1 获取由 DHCPv6 服务器 R2 分配的 IPv6 地址。因此需要将 R1 的 G0/0/0 端口、R2 的 G0/0/0 端口配置为 DHCPv6 服务器，其基本配置步骤同 7.4.2 节。将 R1 的 G0/0/1 端口配置为 DHCPv6 中继，其配置步骤如下。

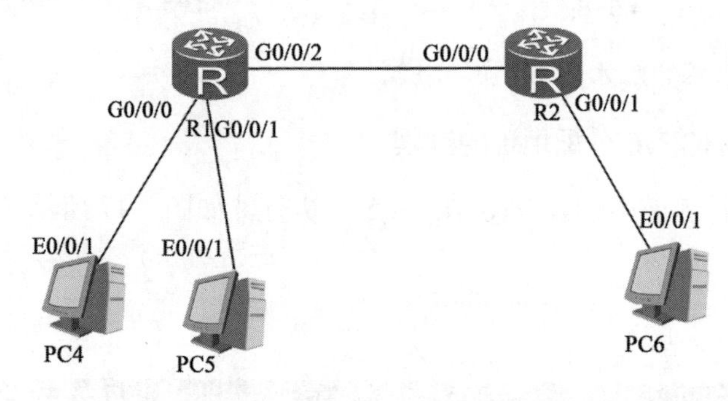

图 7-19　DHCPv6 中继实验拓扑图

（1）取消对 RA 报文发布的抑制，使用 undo ipv6 nd ra halt 命令开启系统发布 RA 报文功能：

```
[R1-GigabitEthernet0/0/1]undo ipv6 nd ra halt
```

（2）使用 ipv6 nd autoconfig managed-address-flag 命令配置被管理地址的配置标志位，使 RA 报文包含通过有状态自动配置获取的 IPv6 地址：

```
[R1-GigabitEthernet0/0/1]ipv6 nd autoconfig managed-address-flag
```

（3）使用 ipv6 nd autoconfig other-flag 命令配置其他信息配置标志位，使 RA 报文包含通过有状态自动配置获取的除 IPv6 地址外的信息：

```
[R1-GigabitEthernet0/0/1]ipv6 nd autoconfig  other-flag
```

（4）使用 dhcpv6 relay destination ipv6 地址命令配置 DHCPv6 中继：

```
[R1-GigabitEthernet0/0/1]dhcpv6 relay destination 2000:12::2
```

验证：查看 PC5 获得的 IPv6 地址等配置信息，如图 7-20 所示。

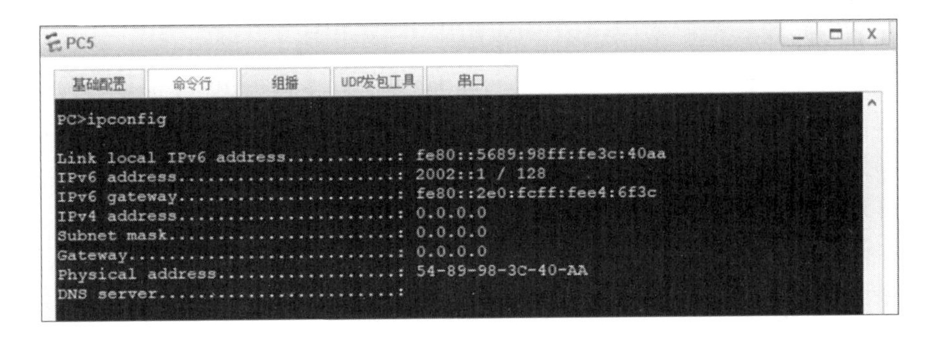

图 7-20　PC5 获得的 IPv6 地址等配置信息

7.5 项目实验

7.5.1 项目实验十二　DHCP 配置

1．项目描述

（1）项目背景。

某企业公司有 A、B 两个部门，为部门 A 和部门 B 内的终端规划两个地址网段：10.10.1.0/25 和 10.10.1.128/25，网关地址分别为 10.10.1.1/25 和 10.10.1.129/25。部门 A 内的 PC 为办公终端，地址租用期限为 30 天，域名为 huawei.com；DNS 服务器的地址为 10.10.1.2。部门 B 内的 PC 大部分是出差人员使用的便携机，地址租用期限为 2 天，域名为 huawei.com，DNS 服务器的地址为 10.10.1.2。你作为公司的网络工程师为解决 IP 地址分配问题，将如何完成该项任务？

（2）DHCP 配置实验拓扑图如图 7-21 所示。

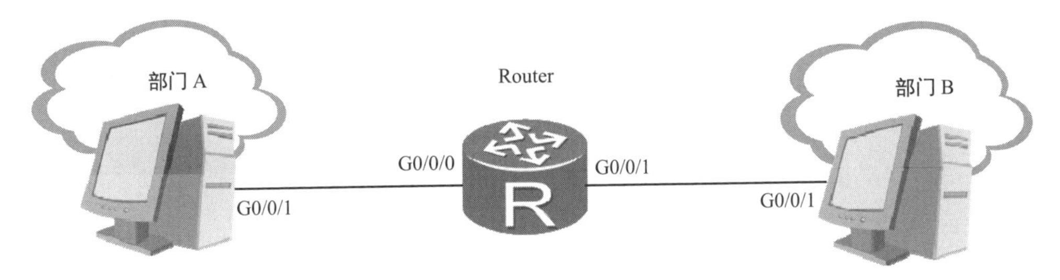

图 7-21　DHCP 配置实验拓扑图

（3）IP 地址分配表如表 7-4 所示。

表 7-4　IP 地址分配表

设备	端口	IPv4 地址	子网掩码
Router	G0/0/0	10.10.1.1	255.255.255.128
	G0/0/1	10.10.1.129	255.255.255.128
部门 A 中的 PC	G0/0/1	动态自动获取	动态自动获取
部门 B 中的 PC	G0/0/1	动态自动获取	动态自动获取

（4）任务内容。

第 1 部分：对路由器进行基本配置。

第 2 部分：对 DHCP 中继进行基本配置。

第 3 部分：分别配置部门 A、部门 B 内的 PC 的 IPv4 地址为 DHCP。

第 4 部分：验证实验结果。

（5）所需资源。

华为路由器（1 台）、网线（若干）、PC（2 台）。

2. 项目实施

1）第 1 部分：对路由器进行基本配置

（1）对 Router 进行基本配置并开启 DHCP 功能：

```
<Huawei>system-view
[Huawei]sysname Router
[Router]dhcp enable
```

（2）配置 Router 的端口 IP 地址：

```
[Router]interface GigabitEthernet0/0/0
[Router-GigabitEthernet0/0/0]ip address 10.10.1.1 255.255.255.128
[Router-GigabitEthernet0/0/0]dhcp select global
[Router]interface GigabitEthernet0/0/1
[Router-GigabitEthernet0/0/1]ip address 10.10.1.129 255.255.255.128
[Router-GigabitEthernet0/0/1]dhcp select global
```

2）第 2 部分：对 DHCP 中继进行基本配置

（1）建立部门 A 的 DHCP 地址池并配置相关信息：

```
[Router]ip pool ip-pool1
[Router-ip-pool-ip-pool1]gateway-list 10.10.1.1
[Router-ip-pool-ip-pool1]network 10.10.1.0 mask 255.255.255.128
[Router-ip-pool-ip-pool1]excluded-ip-address 10.10.1.2
[Router-ip-pool-ip-pool1]dns-list 10.10.1.2
[Router-ip-pool-ip-pool1]lease day 30 hour 0 minute 0
[Router-ip-pool-ip-pool1]domain-name huawei.com
```

（2）建立部门 B 的 DHCP 地址池并配置相关信息：

```
[Router]ip pool ip-pool2
[Router-ip-pool-ip-pool2]gateway-list 10.10.1.129
[Router-ip-pool-ip-pool2]network 10.10.1.128 mask 255.255.255.128
[Router-ip-pool-ip-pool2]dns-list 10.10.1.2
[Router-ip-pool-ip-pool2]lease day 2 hour 0 minute 0
[Router-ip-pool-ip-pool2]domain-name huawei.com
```

3）第 3 部分：分别配置部门 A、部门 B 内的 PC 的 IPv4 地址为 DHCP

分别在 PC 上设置 IPv4 地址为 DHCP。

4）第4部分：验证实验结果

（1）查看端口状态。

在Router上执行display ip pool命令，查看IP地址池分配情况，结果如下：

```
[Router]display ip pool
 Pool-name      : ip-pool1
 Pool-No        : 0
 Position       : Local          Status           : Unlocked
 Gateway-0      : 10.10.1.1
 Mask           : 255.255.255.128
 VPN instance   : --
 Pool-name      : ip-pool2
 Pool-No        : 1
 Position       : Local          Status           : Unlocked
 Gateway-0      : 10.10.1.129
 Mask           : 255.255.255.128
 VPN instance   : --
 IP address Statistic
   Total        :250
   Used         :1        Idle        :248
   Expired      :0        Conflict     :0          Disable   :1
```

（2）查看部门A内的PC的IP地址。

在部门A对应的PC上执行ipconfig命令，结果如下：

```
PC>ipconfig
Link local IPv6 address..........: fe80::5689:98ff:fe2d:5258
IPv6 address.....................: :: / 128
IPv6 gateway.....................: ::
IPv4 address.....................: 10.10.1.126
Subnet mask......................: 255.255.255.128
Gateway..........................: 10.10.1.1
Physical address.................: 54-89-98-2D-52-58
DNS server.......................: 10.10.1.2
```

（3）查看部门B内的PC的IP地址。

在部门B对应的PC上执行ipconfig命令，结果如下：

```
PC>ipconfig
Link local IPv6 address..........: fe80::5689:98ff:fea0:685d
IPv6 address.....................: :: / 128
IPv6 gateway.....................: ::
IPv4 address.....................: 10.10.1.254
Subnet mask......................: 255.255.255.128
Gateway..........................: 10.10.1.129
Physical address.................: 54-89-98-A0-68-5D
DNS server.......................: 10.10.1.2
```

7.5.2 项目实验十三 多个路由器网络的 DHCP 配置

1. 项目描述

（1）项目背景。

某企业公司有 A、B 两个部门，为部门 A 和部门 B 内的终端规划两个地址网段：10.0.11.2/24 和 10.0.22.2/24，网关地址分别为 10.0.11.2 和 10.0.22.2。部门 A 和部门 B 不在一个办公区，且 A、B 两个部门的员工均经常出差。你作为公司的网络工程师要想解决 IP 地址分配问题、提高利用率，将如何完成该项任务？

（2）多个路由器网络的 DHCP 配置实验拓扑图如图 7-22 所示。

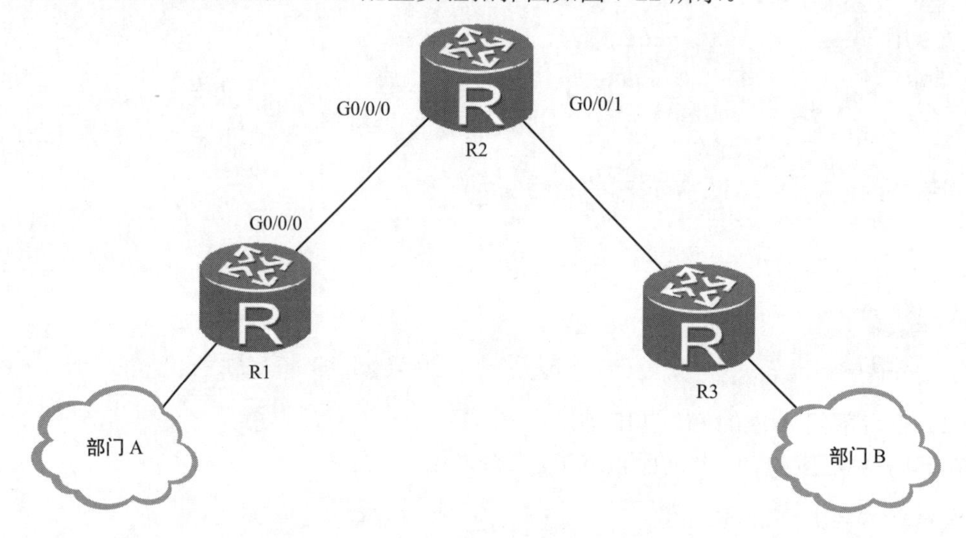

图 7-22 多个路由器网络的 DHCP 实验拓扑图

（3）IP 地址分配表如表 7-5 所示。

表 7-5 IP 地址分配表

设备	端口	IPv4 地址	子网掩码
R1	G0/0/0	动态自动获取	动态自动获取
R2	G0/0/0	10.0.11.2	255.255.255.0
	G0/0/1	10.0.22.2	255.255.255.0
R3	G0/0/1	动态自动获取	动态自动获取

（4）任务内容。

第 1 部分：对 R2 进行基本配置。

第 2 部分：分别开启 R1、R2 的 DHCP 功能。

第 3 部分：配置地址池。

第 4 部分：配置 DHCP 客户端。

第 5 部分：验证实验结果。

（5）所需资源。

华为路由器（3 台）、网线（若干）。

2. 项目实施

1）第 1 部分：对 R2 进行基本配置

配置 R2 端口的 IP 地址：

```
<Huawei>system-view
[Huawei]sysname R2
[R2]interface GigabitEthernet0/0/0
[R2-GigabitEthernet0/0/0]ip address 10.0.11.2 24
[R2-GigabitEthernet0/0/0]quit
[R2]interface GigabitEthernet0/0/1
[R2-GigabitEthernet0/0/1]ip address 10.0.22.2 24
[R2-GigabitEthernet0/0/1]quit
```

2）第 2 部分：分别开启 R1、R2 的 DHCP 功能

（1）在 R1 上开启 DHCP 服务：

```
[R1]dhcp enable
Info: The operation may take a few seconds. Please wait for a moment.done.
```

（2）在 R2 上开启 DHCP 服务：

```
[R2]dhcp enable
Info: The operation may take a few seconds. Please wait for a moment.done.
```

3）第 3 部分：配置地址池

（1）配置 R2 的 G0/0/0 的端口地址池，并指定端口地址池下的 DNS 服务器地址，为 R1 分配 IP 地址：

```
[R2]interface GigabitEthernet0/0/0
[R2-GigabitEthernet0/0/0]dhcp select interface
[R2-GigabitEthernet0/0/0]dhcp server dns-list 10.0.11.2
```

（2）配置全局地址池及相应信息：

```
[R2]ip pool pool1
Info:It's successful to create an IP address pool.
[R2-ip-pool-pool1]network 10.0.22.2 mask 24
[R2-ip-pool-pool1]dns-list 10.0.22.2
[R2-ip-pool-pool1]gateway-list 10.0.22.2
[R2-ip-pool-pool1]lease day 2 hour 2
[R2-ip-pool-pool1]quit
```

（3）配置 R2 的 G0/0/1 端口的 DHCP 功能，为 R3 分配 IP 地址：

```
[R2]interface GigabitEthernet0/0/1
[R2-GigabitEthernet0/0/1]dhcp select global
```

4）第 4 部分：配置 DHCP 客户端。

（1）配置 R1 为 DHCP 客户端：

```
[R1]interface GigabitEthernet0/0/0
[R1-GigabitEthernet0/0/0]ip address dhcp-alloc
```

（2）配置 R3 为 DHCP 客户端：

```
[R3]interface GigabitEthernet0/0/1
[R3-GigabitEthernet0/0/1]ip address dhcp-alloc
```

5）第 5 部分：验证实验结果。

（1）查看 R1 的地址及路由等信息（此处仅为关键信息）：

```
[R1]display ip interface brief
Interface                         IP Address/Mask      Physical   Protocol
GigabitEthernet0/0/0              10.0.11.254/24       up         up
[R1]display ip routing-table
Destination/Mask    Proto   Pre  Cost  Flags NextHop     Interface
0.0.0.0/0           Unr     60   0        D   10.0.11.2  GigabitEthernet0/0/0
```

（2）查看 R3 的地址以及路由等信息（此处仅为关键信息）：

```
[R3]display ip interface brief
Interface                         IP Address/Mask      Physical   Protocol
GigabitEthernet0/0/1              10.0.22.254/24       up         up
[R3]display ip routing-table
Destination/Mask    Proto   Pre  Cost   Flags NextHop     Interface
0.0.0.0/0           Unr     60   0        D   10.0.22.2  GigabitEthernet0/0/1
```

（3）查看 R2 上的地址及路由等信息：

```
[R2]display ip pool name pool1
  Pool-name      : pool1
  Pool-No        : 1
  Lease          : 2 Days 2 Hours 0 Minutes
  Domain-name    : -
  DNS-server0    : 10.0.22.2
  NBNS-server0   : -
  Netbios-type   : -
  Position       : Local           Status           : Unlocked
  Gateway-0      : 10.0.22.2
  Mask           : 255.255.255.0
  VPN instance   : --
 -------------------------------------------------------------------
        Start          End     Total  Used  Idle(Expired)  Conflict  Disable
 -------------------------------------------------------------------
      10.0.22.1    10.0.22.254  253     1       252(0)         0        0
 -------------------------------------------------------------------
```

7.5.3　项目实验十四　DHCPv6 配置

1. 项目描述

（1）项目背景。

某企业公司有 A、B 两个部门，企业网络需要在网络内部署 IPv6 协议并验证 IPv6 地址的互连互通。你作为公司的网络工程师要想解决 IP 地址分配问题、提高利用率，将如何完成该项任务？

（2）DHCPv6 配置实验拓扑图如图 7-23 所示。

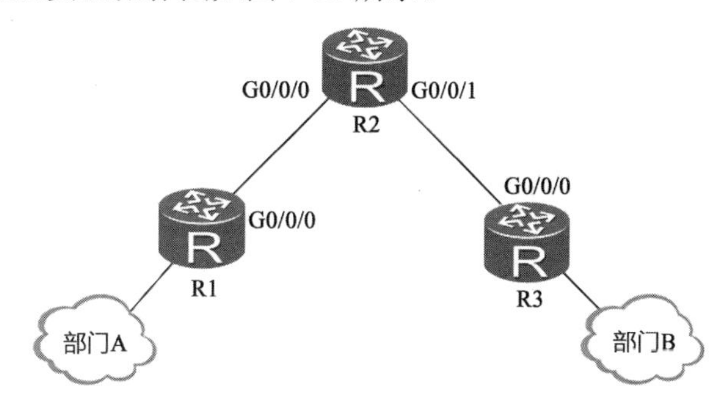

图 7-23　DHCPv6 配置实验拓扑图

（3）IP 地址分配表如表 7-6 所示。

表 7-6　IP 地址分配表

设备	端口	IPv6 地址	子网掩码
R1	G0/0/0	无状态地址	64 位
R2	G0/0/0	2023:0012::2	64 位
	G0/0/1	2023:0023::2	64 位
R3	G0/0/0	DHCPv6	64 位

（4）任务内容。

第 1 部分：配置静态 IPv6 地址。

第 2 部分：配置 DHCPv6。

第 3 部分：配置 IPv6 静态路由。

第 4 部分：验证实验结果。

（5）所需资源。

华为路由器（3 台）、网线（若干）。

2. 项目实施

1）第 1 部分：配置静态 IPv6 地址

（1）分别对 R1、R2、R3 进行基本配置：

```
<Huawei>system-view
[Huawei]sysname R1
[R1]
```

```
<Huawei>system-view
[Huawei]sysname R2
[R2]
<Huawei>system-view
[Huawei]sysname R3
[R3]
```

（2）分别为 R1、R2、R3 配置端口 IPv6 功能：

```
[R1]ipv6
[R1]interface GigabitEthernet0/0/0
[R1-GigabitEthernet0/0/0]ipv6 enable
[R2]ipv6
[R2]interface GigabitEthernet0/0/0
[R2-GigabitEthernet0/0/0]ipv6 enable
[R2-GigabitEthernet0/0/0]quit
[R2]interface GigabitEthernet0/0/1
[R2-GigabitEthernet0/0/1]ipv6 enable
[R2-GigabitEthernet0/0/1]quit
[R3]ipv6
[R3-GigabitEthernet0/0/0]ipv6 enable
[R3-GigabitEthernet0/0/0]quit
```

（3）分别配置端口的 link-local 地址：

```
[R1]interface GigabitEthernet0/0/0
[R1-GigabitEthernet0/0/0]ipv6 address auto link-local
[R1-GigabitEthernet0/0/0]quit
[R2]interface GigabitEthernet0/0/0
[R2-GigabitEthernet0/0/0]ipv6 address auto link-local
[R2-GigabitEthernet0/0/0]quit
[R2]interface GigabitEthernet0/0/1
[R2-GigabitEthernet0/0/1]ipv6 address auto link-local
[R2-GigabitEthernet0/0/1]quit
[R3]interface GigabitEthernet0/0/0
[R3-GigabitEthernet0/0/0]ipv6 address auto link-local
[R3-GigabitEthernet0/0/0]quit
```

（4）配置 R2 的静态 IPv6 地址：

```
[R2]interface GigabitEthernet0/0/0
[R2-GigabitEthernet0/0/0]ipv6 address 2023:0012::2 64
[R2-GigabitEthernet0/0/0]quit
[R2]interface GigabitEthernet0/0/1
[R2-GigabitEthernet0/0/1]ipv6 address 2023:0023::2 64
[R2-GigabitEthernet0/0/1]quit
```

2）第 2 部分：配置 DHCPv6

（1）将 R2 配置为 DHCPv6 服务器：

```
[R2]dhcp enable
```

```
[R2]dhcpv6 pool pool1
[R2-dhcpv6-pool-pool1]address prefix 2023:0023::/64
[R2-dhcpv6-pool-pool1]dns-server 2023:0023::2
[R2-dhcpv6-pool-pool1]quit
[R2]interface GigabitEthernet0/0/1
[R2-GigabitEthernet0/0/1]dhcpv6 server pool1
[R2-GigabitEthernet0/0/1]quit
[R2]interface GigabitEthernet0/0/1
[R2-GigabitEthernet0/0/1]undo ipv6 nd ra halt
[R2-GigabitEthernet0/0/1]ipv6 nd autoconfig managed-address-flag
[R2-GigabitEthernet0/0/1]ipv6 nd autoconfig other-flag
[R2-GigabitEthernet0/0/1]quit
[R2]interface GigabitEthernet0/0/0
[R2-GigabitEthernet0/0/0]undo ipv6 nd ra halt
```

（2）将 R3、R1 分配配置为 DHCPv6 客户端：

```
[R3]dhcp enable
[R3]interface GigabitEthernet0/0/0
[R3-GigabitEthernet0/0/0]ipv6 address auto dhcp
[R3-GigabitEthernet0/0/0]quit
[R3-GigabitEthernet0/0/0]ipv6 address auto global default
[R1]interface GigabitEthernet0/0/0
[R1-GigabitEthernet0/0/0]ipv6 address auto global
[R1-GigabitEthernet0/0/0]quit
```

3）第 3 部分：配置 IPv6 静态路由

```
[R1]ipv6 route-static 2023:23:: 64 2023:12::2
```

4）第 4 部分：验证实验结果

```
[R3]display ipv6 interface brief
*down: administratively down
(l): loopback
(s): spoofing
Interface                  Physical             Protocol
GigabitEthernet0/0/0         up                   up
[IPv6 Address] 2023:23::1
[R1]display ipv6 interface brief
*down: administratively down
(l): loopback
(s): spoofing
Interface                  Physical             Protocol
GigabitEthernet0/0/0         up                   up
[IPv6 Address] 2023:12::2E0:FCFF:FEFC:521C
```

测试 R1、R3 是否可以通信

```
[R1]ping ipv6 2023:23::1
  PING 2023:23::1 : 56  data bytes, press CTRL_C to break
    Reply from 2023:23::1
    bytes=56 Sequence=1 hop limit=63  time = 30 ms
    Reply from 2023:23::1
    bytes=56 Sequence=2 hop limit=63  time = 40 ms
    Reply from 2023:23::1
    bytes=56 Sequence=3 hop limit=63  time = 30 ms
    Reply from 2023:23::1
    bytes=56 Sequence=4 hop limit=63  time = 40 ms
    Reply from 2023:23::1
    bytes=56 Sequence=5 hop limit=63  time = 40 ms

  --- 2023:23::1 ping statistics ---
    5 packet(s) transmitted
    5 packet(s) received
    0.00% packet loss
    round-trip min/avg/max = 30/36/40 ms
```

习题 7

一、选择题

1. 在配置 DHCP 服务器时，_______命令配置的租期时间最短。

   A．dhcp select　　B．lease day 1　　C．lease 24　　D．lease 0

2. 主机从 DHCP 服务器 A 获得 IP 地址后进行了重启，则重启事件会向 DHCP 服务器 A 发送__________报文。

   A．DHCP Discover　　B．DHCP Request

   C．DHCP Offer　　D．DHCP ACK

3. 在 VRP 系统中配置 DHCPv6，______形式的 DUID 可以被配置。

   A．DUID-LL　　B．DUID-LT　　C．DUID-EN　　D．DUID-LLC

4. 为了获得 DHCP 服务器提供的 IPv4 地址，DHCP 客户端应_______报文。

   A．广播 DHCP ACK　　B．广播 DHCP Request

   C．单播 DHCP ACK　　D．单播 DHCP Request

5. 在 DHCP 工作过程中将 DHCP Request 报文采用广播形式发送的原因是_______。

   A．为使其他子网上的主机能够接收信息

   B．为使路由器能够用新信息填充其路由表

   C．为了通知子网中的其他 DHCP 服务器 IP 地址已租用

   D．为了通知其他主机不要请求相同的 IP 地址

6．DHCP Offer 报文发送至进行地址请求的客户端时，DHCP 服务器的定向地址是______。

A．广播 MAC 地址　　B．客户端硬件地址

C．客户端 IP 地址　　D．网关 IP 地址

7．DHCP 客户端在租约即将到期时，会向 DHCP 服务器发送______报文。

A．DHCP ACK　　B．DHCP Discover

C．DHCP Offer　　D．DHCP Request

8．将路由器配置为中继代理的优势是______。

A．可代表客户端转发广播和多播报文

B．能够为多个 UDP 服务提供中继服务

C．缩短 DHCP 服务器的回应时间

D．允许传送 DHCP Discover 报文，而无须改变

9．DHCP 的中文名称是______。

A．静态主机配置协议　　B．动态主机配置协议

C．主机配置协议　　D．地址配置协议

10．网络部署 DHCP，每个子网设置一台计算机作为 DHCP______。

A．代理服务器　　B．中继代理　　C．路由器　　D．客户端

二、填空题

1．DHCP 工作过程会涉及______、______、______、______4 种报文。

2．在 Windows 环境下，使用______命令可以查看 IP 地址配置，使用______命令可释放 IP 地址，使用______命令可续租 IP 地址。

3．DHCP 是一个简化主机 IP 地址分配管理的 TCP/IP，英文全称是______，中文名称是动态主机配置协议。

4．DHCP 客户端从 DHCP 服务器获取地址采用的是______方式。

5．DHCPv6 系统组成包括______、______和______。

6．与 DHCPv4 设备不同的是 DHCPv6 设备需要用______。

7．DHCPv6 有状态自动配置包括______、______、______和______4 个过程。

三、简答题

1．DHCP 方案有什么优点和缺点？简述 DHCP 服务器的工作过程。

2．简述 IPv4 地址租约和更新过程。

3．简述 DHCPv6 服务器的服务过程？并列举几种常用报文。

第8章 访问控制列表

访问控制列表是一种基于包过滤的访问控制技术，它可以根据设定的条件对端口上的数据包进行过滤，允许数据包通过或丢弃数据包。访问控制列表被广泛地应用于路由器和三层交换机，借助访问控制列表，可以有效地控制用户对网络的访问，从而最大限度地保障网络安全。

本章主要介绍访问控制列表的工作原理和配置。

8.1 访问控制列表的工作原理和配置

8.1.1 访问控制列表的定义和工作原理

1. 访问控制列表的定义

访问控制列表（Access Control List，ACL）用来对数据包进行过滤或检测，以决定是将数据包转发到目的地，还是丢弃，通常简称为访问列表。我们常见的包过滤型防火墙可以通过在路由器上配置访问控制列表来实现。随着网络规模的不断扩大和网络连接的不断增多，当今互联网并不是十分安全，网络管理的一个重要任务就是保证网络的畅通和安全，有时候必须拒绝一些有害的流量，同时允许合适的访问。访问控制列表被广泛地应用于路由器和三层交换机，借助访问控制列表，可以有效地控制用户对网络的访问，从而最大限度地保障网络安全。

访问控制列表的概念最早可以追溯到 20 世纪 60 年代。当时为了保护操作系统中的文件和资源，研究人员开始研究访问控制技术。一种名为访问控制矩阵（Access Control Matrix）的技术在当时被提出，该技术被用于管理和控制对系统资源的访问权限。访问控制矩阵是一种二维表格，其中行表示用户，列表示资源，表格中的每个元素表示用户对资源的访问权限。访问控制矩阵是访问控制列表的前身，为后来的访问控制列表技术的发展奠定了基础。

访问控制列表中定义了一系列规则，所谓规则是指描述报文匹配条件的判断语句，这些条件可以是报文的源地址、目的地址、端口号等，这些规则按照一定顺序排列，形成一个列表。当数据包到达网络时，路由器会根据其目的地址与访问控制列表中的规则进行匹配。如果数据包的目的地址与某条规则的源地址相匹配，且该规则允许相应操作（如读取、写入等），路由器就会允许数据包通过；否则，路由器就会拒绝数据包的传输，丢弃该数据包。

如图 8-1 所示，网关 RTA 允许 192.168.1.0/24 网络中的主机访问外部网络，也就是互联网；禁止 192.168.2.0/24 网络中的主机访问互联网。对于服务器 A 而言，情况则相反，网关 RTA 允许 192.168.2.0/24 网络中的主机访问服务器 A，禁止 192.168.1.0/24 网络中的主机访问服务器 A。网关设备还可以依据访问控制列表中定义的条目（如源 IP 地址）来匹配入方向的数据，并对匹配了条目的数据执行相应的动作。

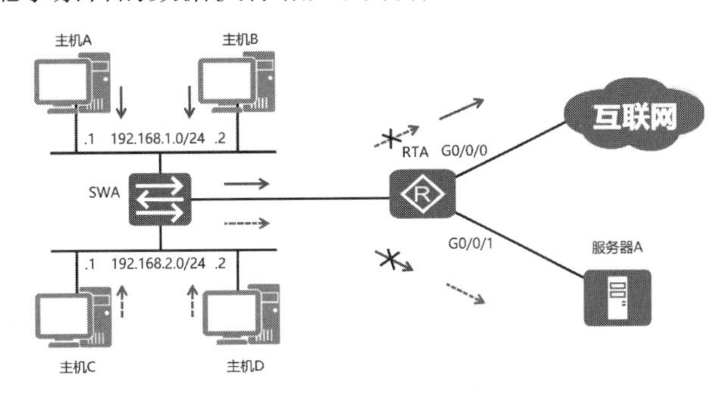

图 8-1　访问控制列表应用示意图

2．访问控制列表的工作原理

访问控制列表的主要工作原理是检查用户的访问权限，根据这些权限来决定是否允许用户或实体访问特定的资源。每个访问控制列表都由一条或多条规则组成，这些规则定义了允许或拒绝特定类型的请求。规则通常包括源地址、目的地址、协议类型、端口号及其他相关参数。通过这些规则，访问控制列表可以对网络流量进行精确的控制。

一个请求在到达网络时，会先经过路由器或交换机等网络设备的防火墙。防火墙会根据预先配置的规则集来检查请求是否能与访问控制列表中的规则匹配。如果请求匹配某个规则，防火墙将允许该请求通过，并将其转发到目的地址。如果请求不符合任何规则，防火墙将拒绝该请求，并选择采取其他适当措施，如丢弃数据包或向管理员发送警报信息。访问控制列表具体包括以下三个步骤。

1）数据包过滤

访问控制列表先对进入网络的数据包进行过滤。这可以通过源地址、目的地址、协议类型、端口号等信息实现。管理员可以设置只允许特定地址范围内的数据包通过，或者只允许基于特定协议的数据包通过。

2）访问控制策略

访问控制列表中的每条规则都包含一个或多个访问控制策略。这些策略可以是简单的逻辑表达式，如“允许”或“拒绝”；也可以是复杂的条件和动作序列。例如，一个访问控制列表可以包含以下策略。

（1）允许来自特定 IP 地址的数据包通过。

（2）拒绝来自特定 IP 地址的数据包通过。

（3）允许来自特定子网的数据包通过。

（4）拒绝来自特定子网的数据包通过。

（5）允许 TCP 数据包通过，拒绝 UDP 数据包通过。

（6）允许来自特定端口号的数据包通过，拒绝来自其他端口号的数据包通过。

3）决策与执行

当数据包经过访问控制列表时，设备会根据其中的规则对数据包进行判断。如果数据包与访问控制列表中的某条规则匹配，设备就允许数据包通过；否则，设备就拒绝数据包通过并采取相应的操作（如丢弃数据包或向管理员发送警报）。

访问控制列表中的数据包过滤规则通常基于一组预先定义的条件进行匹配。这些条件可以是简单的逻辑表达式，也可以是复杂的脚本。例如，一个典型的访问控制列表规则可能是这样的：如果数据包的源地址属于192.168.1.0/24网段，目的地址属于10.0.0.0/8网段且协议类型为TCP，就允许该数据包通过；否则，拒绝该数据包通过。

此外，访问控制列表还可以根据需要添加更复杂的操作。例如，它可以限制用户或实体的访问时间、访问频率等。这样，即使用户或实体成功匹配了一条规则，也不能无限制地访问资源。

总的来说，访问控制列表的工作原理是检查用户的访问权限，根据这些权限来决定是否允许用户或实体访问特定的资源。这种方法既保证了网络的安全性，又提高了资源的利用率。

访问控制列表还可以根据网络的不同需求进行灵活配置。例如，可以针对不同的用户或用户组设置不同的访问权限，限制某些用户或用户组对特定资源或服务的访问。此外，访问控制列表还可以实现基于源地址、目的地址、协议类型等多种条件的访问控制，以适应复杂的网络环境和安全需求。

需要注意的是，访问控制列表虽然可以提高网络安全性，但也存在一定局限性。由于访问控制列表需要由管理员手动配置和维护，因此在大型复杂网络中，管理和维护成本较高。另外，随着网络技术的发展，新的安全威胁不断涌现，传统的访问控制列表可能无法完全满足现代网络安全需求。因此，在使用访问控制列表的同时，需要结合其他安全技术，如防火墙、入侵检测系统（Intrusion Detection System，IDS）等，以提高网络整体的安全防护能力。

8.1.2 访问控制列表的功能

访问控制列表的主要功能是确保网络安全和对数据进行保护，防止未经授权的访问和操作，其具体功能表现在以下几个方面。

1. 网络流量控制

访问控制列表可以根据数据包的协议类型、源地址、目的地址等因素，对网络流量进行过滤和控制。这样，管理员可以根据实际情况，为不同的用户或数据包分配不同的访问权限，从而实现对网络流量的有效管理。

（1）基于端口号的网络流量控制。

访问控制列表可以根据目的端口号对网络流量进行过滤。例如，管理员可以设置只允许特定端口号的数据包通过，从而限制某些应用服务的访问。这在需要保护内部网络通信安全的场景中非常有用。

（2）基于协议类型的网络流量控制。

访问控制列表可以根据数据包的协议类型对网络流量进行过滤。例如，管理员可以设置只允许基于特定协议的数据包通过，从而限制某些不安全或不可靠的应用程序的访问。

（3）基于源地址和目的地址的网络流量控制。

访问控制列表可以根据源地址和目的地址对网络流量进行过滤。例如，管理员可以设置只允许来自特定地址或目的地址的数据包通过，从而限制外部网络中的设备对内部资源的访问。

2. 网络访问控制

访问控制列表可以实现对网络访问的基本安全控制。通过对用户或数据包的身份认证和权限分配，确保只有合法用户才能访问特定的网络资源。

（1）身份认证。

身份认证是访问控制的基础。只有通过身份认证的用户或数据包才能获得访问权限。访问控制列表可以通过用户名、密码、数字证书等多种方式进行身份认证。

（2）权限分配。

权限分配是访问控制的核心。管理员可以根据用户或数据包的角色和职责，为其分配相应的访问权限。访问控制列表可以根据用户或数据包的属性（如部门、职位等）、资源的类型（如文件、打印机等）及操作性质（如读取、写入、执行等）来分配不同的权限。

（3）访问控制策略。

访问控制策略是实现访问控制的指导原则。管理员可以根据实际需求，制定合适的访问控制策略，以确保网络资源的合理使用和安全。常见的访问控制策略包括强制访问控制、自由访问控制、基于角色的访问控制等。

3. 网络安全保护

访问控制列表可以为网络安全提供基本保护。通过对网络流量的控制和对访问的管理，防止未经授权的访问和操作，确保网络环境的安全。

（1）防止非法入侵。

通过设置访问控制列表，可以阻止未经授权的用户或设备进入内部网络，从而防止非法入侵和信息泄露。

（2）防范网络攻击。

访问控制列表可以帮助管理员识别和阻止恶意的网络攻击，如 DDoS 攻击、端口扫描等。通过限制传输可疑数据包，可以有效地降低网络攻击对内部网络的影响。

（3）保护敏感数据。

访问控制列表可以限制对敏感数据（如用户密码等）的访问，从而保护企业的核心利益。此外，通过对数据的加密和传输过程的控制，可以进一步提高数据的安全性。

4. 网络性能优化

虽然访问控制列表可能会对网络性能产生一定影响，但合理的配置和管理可以降低这种影响，并提高网络性能。

（1）根据实际需求进行配置。

管理员应根据实际需求和网络环境，合理设置访问控制列表的参数，以达到最佳性能。例如，根据网络的实际负载情况，调整数据包过滤的规则和优先级。

（2）使用智能路由技术。

智能路由技术可以根据网络拓扑结构和流量状况，自动调整数据包的转发路径，从而提高网络性能。与静态访问控制列表相比，智能路由技术具有更高的灵活性和扩展性。

（3）定期进行性能评估和优化。

为了将访问控制列表对网络性能的影响降到最低，管理员应定期对网络进行性能评估和优化，包括分析访问控制列表的配置参数、检查硬件设备的状态等，以及时发现和解决问题。

访问控制列表还具有灵活扩展性，可以根据网络需求和安全威胁的变化进行动态更新。管理员可以通过修改规则集来限制或增加对特定资源的访问。此外，访问控制列表还可以与其他网络安全技术结合使用，如IDS和VPN，以提高网络整体的安全性。

访问控制列表并不能单独完成网络访问控制或网络流量控制，需要应用到具体的业务模块才能实现上述功能。访问控制列表可应用的业务模块非常多，主要可以分为如表8-1所示的四类。

表8-1 访问控制列表可应用的业务模块

业务分类	应用场景	涉及业务模块
登录控制	对交换机的登录权限进行控制，允许合法用户登录，拒绝非法用户登录，从而有效防止未经授权的用户的非法接入，保障网络安全。 例如，在一般情况下交换机只允许管理员用户登录，不允许非管理员用户登录。对此可以在Telnet中应用访问控制列表，并在访问控制列表中定义哪些主机可以登录交换机，哪些主机不可以登录交换机	Telnet、SNMP、FTP、TFTP、SFTP、HTTP协议/服务
对转发的报文进行过滤	对转发的报文进行过滤，从而使交换机能够进一步对过滤出的报文进行丢弃、修改优先级、重定向、IPSec保护等处理。 例如，利用访问控制列表降低P2P下载、网络视频下载等消耗大量带宽的数据流的服务等级，在网络拥塞时优先丢弃这类流量，降低它们对其他重要流量的影响	QoS流策略、NAT、IPSec
对送至CPU处理的报文进行过滤	对送至CPU处理的报文进行必要的限制，以免CPU处理过多协议报文造成占用率过高、性能下降。 例如，某用户向交换机发送大量的ARP攻击报文，造成CPU繁忙，引发系统中断。对此可以在本机防攻击策略的黑名单中应用访问控制列表，将该用户加入黑名单，使CPU丢弃该用户发送的报文	黑名单、白名单、用户自定义流
路由过滤	访问控制列表可以应用在各种动态路由协议中，对路由协议发布和接收的路由信息进行过滤。 例如，将访问控制列表和路由策略配合使用，禁止交换机将某网段路由发送给邻居路由器	BGP、IS-IS、OSPF、OSPFv3、RIP、RIPng、组播协议

8.1.3 访问控制列表的分类

1. 根据实现方式分类

（1）基于路由的访问控制列表（Route-Based Access Control List，RBACL）。

基于路由的访问控制列表是在路由器上实现的，它可以对进出路由器的数据流进行过滤。这种类型的访问控制列表通常用于保护内部网络资源，防止未经授权的设备访问敏感数据。

（2）基于交换机的访问控制列表（Switch-Based Access Control List，SBACL）。

基于交换机的访问控制列表是在交换机上实现的，它可以对局域网内的通信进行过滤。

这种类型的访问控制列表通常用于保护局域网内的设备免受外部攻击，确保网络安全。

（3）基于主机的访问控制列表（Host-Based Access Control List，HBACL）。

基于主机的访问控制列表是在主机上实现的，它可以对单台主机上的通信数据进行过滤。这种类型的访问控制列表通常用于保护服务器上的敏感数据，防止未经授权的用户访问。

2．根据应用范围和技术特点分类

（1）基于源地址的访问控制列表（Source-Based ACL）。

基于源地址的访问控制列表是一种根据源地址进行策略匹配的访问控制技术。它通过设置源地址段来限制用户的访问。例如，只允许某些IP地址范围内的用户访问内部网络资源，拒绝其他用户的访问请求。

（2）基于目的地址的访问控制列表（Destination-Based ACL）。

基于目的地址的访问控制列表是一种根据目的地址进行策略匹配的访问控制技术。它通过设置目的地址范围来限制用户的访问。例如，只允许某些IP地址范围内的用户访问外部网络资源，拒绝其他用户的访问请求。

（3）基于协议/端口的访问控制列表（Protocol-Based ACL）。

基于协议/端口的访问控制列表是一种根据传输层协议（如TCP、UDP）和端口号进行策略匹配的访问控制技术。它通过设置不同的协议类型和端口号范围来限制用户的访问。例如，只允许某些协议类型的数据传输和特定范围的端口通信，拒绝其他用户的访问请求。

（4）基于服务/应用的访问控制列表（Service-Based ACL）。

基于服务/应用的访问控制列表是一种根据应用层服务（如HTTP、FTP、SSH等）进行策略匹配的访问控制技术。它通过设置不同的服务类型和应用程序名称来限制用户的访问。例如，只允许某些服务类型的数据传输和特定应用程序的监听，拒绝其他用户的访问请求。

3．根据访问控制列表规则定义方式分类

（1）基本访问控制列表。

基本访问控制列表仅使用报文的源地址、分片信息和生效时间段信息来定义规则。

（2）高级访问控制列表

高级访问控制列表使用IP报文的源地址、目的地址、协议类型、ICMP类型、TCP源/目的端口号、UDP源/目的端口号、生效时间段等来定义规则。

（3）二层访问控制列表。

二层访问控制列表使用报文的以太网帧头信息来定义规则，如源MAC地址、目的MAC地址、二层协议类型等。

（4）用户自定义访问控制列表。

用户自定义访问控制列表使用报文头、偏移位置、字符串掩码和用户自定义字符串来定义规则。

（5）用户控制访问控制列表。

用户控制访问控制列表既可使用报文的源IP地址或源UCL（User Control List，用户控制列表）组来定义规则，也可使用目的地址或目的UCL组、协议类型、ICMP类型、TCP源/目的端口号、UDP源/目的端口号等来定义规则。

8.1.4 访问控制列表的配置

1. 访问控制列表的配置方法

在实际应用中，需要根据实际网络环境和安全需求来配置访问控制列表，以下是一些常见的配置方法。

（1）使用命令行界面配置访问控制列表。

许多网络设备都支持使用命令行界面（如 Cisco CLI、Juniper CLI 等）来配置访问控制列表。使用命令行界面，用户可以方便地创建、修改和删除访问控制列表规则，以及查看访问控制列表的匹配情况和统计信息。需要注意的是，在使用命令行界面配置访问控制列表时，应遵循设备的语法规则和操作指南，以确保配置的正确性和有效性。

（2）使用网络管理软件配置访问控制列表。

除使用命令行界面外，许多网络设备还提供了图形化的网络管理软件（如 Cisco Prime Infrastructure Manager、Juniper Network Assistant 等），以辅助用户对访问控制列表进行配置和管理。通过这些软件，用户可以直观地创建、修改和删除访问控制列表规则，以及监控访问控制列表的运行状态和报警信息。通常这些软件会提供批量导入和导出访问控制列表功能，以便在不同设备之间快速迁移和维护访问控制列表策略。

（3）使用第三方工具配置访问控制列表。

除内置的网络管理软件外，还有许多第三方工具（如 Snort、Suricata 等网络安全产品）可以帮助用户配置和管理访问控制列表。这些工具通常具有丰富的功能和灵活的配置选项，可以满足不同场景下的安全管理需求。然而，在选择和使用第三方工具时，应注意其兼容性、性能、安全性等，以确保网络设备和数据的安全。

2. 访问控制列表的配置步骤

在实际应用中，访问控制列表的配置需要考虑网络环境的复杂性和安全性要求。一般来说，访问控制列表的配置包括以下几个步骤。

（1）根据实际需求定义访问控制列表的规则：首先需要明确要实现的功能和安全策略，其次根据这些需求定义访问控制列表的规则。规则可以基于源地址、目的地址、协议类型、端口号等多个因素；还可以设置允许或拒绝特定的 IP 地址和服务。

（2）配置访问控制列表的设备或系统：根据具体的网络环境和设备型号，需要在相应的设备或系统上对访问控制列表进行配置。一般来说，可以通过命令行界面或图形化界面进行配置，具体配置方法可以参考设备的用户手册或相关文档。

（3）验证访问控制列表的配置结果：完成访问控制列表的配置后需要进行验证，以确保配置的正确性和有效性。验证方法包括检查设备或系统的日志信息、测试网络流量的控制效果等。如果发现问题，要及时进行调整和修复。

3. 访问控制列表的应用方式

在实际应用中，访问控制列在每个业务模块中的应用方式各不相同，如表 8-2 所示。

表 8-2 访问控制列表的应用方式

业务模块	访问控制列表的应用方式	访问控制列表编号
Telnet	方式一： 在系统视图下执行 telnet [ipv6] server acl acl-number 命令。 方式二： ① 执行 user-interface vty first-ui-number [last-ui-number]命令，进入 VTY 用户界面视图。 ② 执行 acl [ipv6] acl-number { inbound | outbound }命令	2000～3999
HTTP	在系统视图下执行 http acl acl-number 命令	2000～3999
SNMP	SNMPv1 和 SNMPv2： 在系统视图下执行 snmp-agent acl acl-number 命令或 snmp-agent community { read | write } { community-name | cipher community-name } [mib-view view-name | acl acl-number] 命令。 SNMPv3： 在系统视图下执行 snmp-agent acl acl-number snmp-agent group v3 group-name { authentication | privacy | no authentication }[read-view read-view | write-view write-view | notify-view notify-view] [acl acl-number]命令或 snmp-agent usm-user v3 user-name [group group-name | acl acl- number]命令	2000～2999
FTP	在系统视图下执行 ftp [ipv6] acl acl-number 命令	2000～3999
TFTP	在系统视图下执行 tftp-server [ipv6] acl acl-number 命令	2000～3999
SFTP	方式一： 在系统视图下执行 ssh [ipv6] server acl acl-number 命令。 方式二： ① 执行 user-interface vty first-ui-number [last-ui-number]命令，进入 VTY 用户界面视图。 ② 执行 acl [ipv6] acl-number { inbound | outbound }命令	2000～3999
QoS 流策略	① 在系统视图下执行 traffic classifier classifier-name [operator { and | or }] [precedence precedence-value]命令，进入流分类视图。 ② 执行 if-match acl { acl-number | acl-name }命令，配置访问控制列表应用于流分类。 ③ 在系统视图下执行 traffic behavior behavior–name 命令，定义流行为并进入流行为视图，配置流动作（报文过滤有两种流动作：deny 或 permit）。 ④ 在系统视图下执行 traffic policy policy-name [match-order { auto | config }]命令，定义流策略并进入流策略视图。 ⑤ 执行 classifier classifier-name behavior behavior-name 命令，在流策略中为指定的流分类配置所需流行为，即绑定流分类和流行为。 ⑥ 在系统视图、端口视图或 VLAN 视图下，执行 traffic-policy policy-name { inbound | outbound }命令，应用流策略	2000～5999
NAT	方式一： ① 在系统视图下执行 nat address-group group-index start-address end-address 命令，配置公有地址池。 ② 执行 interface interface-type interface-number subnumber 命令，进入子端口视图。 ③ 执行 nat outbound acl-number address-group group-index [no-pat]命令，配置带地址池的 NAT 出站。 方式二： ① 在系统视图下执行 interface interface-type interface-number.subnumber 命令，进入子端口视图。 ② 执行 nat outbound acl-number 命令，配置 Easy IP	2000～3999

续表

业务模块	访问控制列表的应用方式	访问控制列表编号
IPSec	方式一： ①在系统视图下执行 ipsec policy policy-name seq-number manual 命令，创建手动方式安全策略，并进入手动方式安全策略视图。 ②执行 security acl acl-number 命令，在安全策略中引用访问控制列表。 方式二： ①在系统视图下执行 ipsec policy policy-name seq-number isakmp 命令，创建密钥交换（Internet Key Exchange，IKE）动态协商方式安全策略，并进入 IKE 动态协商方式安全策略视图。 ②执行 security acl acl-number 命令，在安全策略中引用访问控制列表。 方式三： ①在系统视图下执行 ipsec policy-template template-name seq-number 命令，创建策略模板，并进入策略模板视图。 ② 执行 security acl acl-number 命令，在安全策略中引用访问控制列表。 ③在系统视图下执行 ipsec policy policy-name seq-number isakmp template template-name 命令，在安全策略中引用策略模板	3000～3999
本机防攻击策略	白名单： ① 在系统视图下执行 cpu-defend policy policy-name 命令，创建防攻击策略并进入防攻击策略视图。 ② 执行 whitelist whitelist-id acl acl-number 命令，创建白名单。 ③在系统视图下执行 cpu-defend-policy policy-name [global] 命令，或者在槽位视图下执行 cpu-defend-policy policy-name 命令，应用防攻击策略。 黑名单： ① 在系统视图下执行 cpu-defend policy policy-name 命令，创建防攻击策略并进入防攻击策略视图。 ② 执行 blacklist blacklist-id acl acl-number 命令，创建黑名单。 ③ 在系统视图下执行 cpu-defend-policy policy-name [global] 命令，或者在槽位视图下执行 cpu-defend-policy policy-name 命令，应用防攻击策略。 用户自定义流： ① 在系统视图下执行 cpu-defend policy policy-name 命令，创建防攻击策略并进入防攻击策略视图。 ② 执行 user-defined-flow flow-id acl acl-number 命令，配置用户自定义流。 ③ 在系统视图下执行 cpu-defend-policy policy-name [global] 命令，或者在槽位视图下执行 cpu-defend-policy policy-name 命令，应用防攻击策略	2000～4999
路由过滤	路由策略： ① 在系统视图下执行 route-policy route-policy-name { permit | deny } node node 命令，创建路由策略，并进入路由策略视图。 ② 执行 if-match acl { acl-number | acl-name }命令，配置基于访问控制列表的匹配规则；或者配置 apply 子句为路由策略指定动作，如执行 apply cost [+ | -] cost 命令，设置路由的开销等	2000～2999

续表

业务模块	访问控制列表的应用方式	访问控制列表编号
路由和过滤	应用路由策略。路由协议不同，命令行不同。针对 OSPF 协议，可以在 OSPF 视图下执行 import-route { limit limit-number | { bgp [permit-ibgp] | direct | unr | rip [process-id-rip] | static | isis [process-id-isis] | ospf [process-id-ospf] } [cost cost | type type | tag tag | route-policy route-policy-name]}命令，引入其他路由协议学习到的路由信息；针对 RIP，可以在 RIP 视图下，执行 import-route { { static | direct | unr } | { { rip | ospf | isis } [process-id] } } [cost cost | route-policy route-policy-name]命令。 过滤策略： 路由协议不同，过滤方向不同，命令行不同。针对 RIP，对引入的路由进行过滤，可以在 RIP 视图下执行 filter-policy { acl-number | acl-name acl-name | ip-prefix ip-prefix-name [gateway ip-prefix-name] } import [interface-type interface-number]命令	2000～2999
组播	配置 VLAN 内的 SSM 组策略： 在 VLAN 视图下执行 igmp-snooping ssm-policy basic-acl-number 命令。 配置端口下的组播组过滤策略： 在 VLAN 视图下执行 igmp-snooping group-policy acl-number [version version-number] [default-permit] 命令	2000～2999

8.2 基本访问控制列表

华为访问控制列表分为基本访问控制列表、高级访问控制列表、二层访问控制列表，如表 8-3 所示。访问控制列表由一系列规则组成，通过将报文与访问控制列表规则进行匹配，设备可以过滤出特定的报文。

表 8-3　华为访问控制列表分类

分类	编号范围	参数
基本访问控制列表	2000～2999	源地址
高级访问控制列表	3000～3999	源地址、目的地址、源端口、目的端口等
二层访问控制列表	4000～4999	源 MAC 地址、目的 MAC 地址、协议类型等

基本访问控制列表是一种基于源地址的网络访问控制技术。它通过定义一组规则来限制特定 IP 地址或子网对网络资源的访问。这些规则包括允许或拒绝特定的协议、端口号或源/目的地址。基本访问控制列表通常由管理员手动配置和管理，适用于简单的网络环境，编号范围为 2000～2999。

8.2.1 基本访问控制列表命令

要配置基本访问控制列表，首先要在全局配置模式中执行以下命令：

```
    Router(config)#access-list  access-list-number  {remark  |  permit  |  deny}
protocol source source-wildcard [log]
```

Router 命令参数说明如表 8-4 所示。

表 8-4 Router 命令参数说明

参数	参数含义
access-list-number	标准访问控制列表编号，范围为 0～99 和 1300～1999
remark	添加备注，增强访问控制列表的易读性
permit	条件匹配时允许访问
deny	条件匹配时拒绝访问
protocol	指定协议类型，如 IP、TCP、UDP、ICMP 等
source	发送数据包的网络地址或主机地址
source-wildcard	通配符掩码，与源地址对应

其次要在配置标准访问控制列表后，在端口模式下使用 ip access-group 命令将其关联到具体端口：

```
Router(config-if)#ip access-group access-list-number {in | out}
```

端口模式下命令参数说明如表 8-5 所示。

表 8-5 端口模式下命令参数说明

参数	参数含义
ip access-group	标准访问控制列表编号，范围为 0～99 和 1300～1999
in	限制特定设备与访问控制列表指定地址之间的传入连接
out	限制特定设备与访问控制列表指定地址之间的传出连接

在配置访问控制列表规则时，源地址后面的通配符掩码非常重要。在访问控制列表中，通配符掩码中被设置为 1 的表示本位可以忽略 IP 地址中的对应位，被设置成 0 的表示必须精确地匹配 IP 地址中的对应位。例如，10.0.0.2 0.0.0.0 表示每一位都要精确匹配，也就是要禁止 10.0.0.2 这一主机；若设置为 10.0.0.2 0.0.0.255，则表示只匹配前 24 位，也就是要禁止 10.0.0.0/24 这一网段。

8.2.2 基本访问控制列表的配置

1．配置标准访问控制列表

配置标准访问控制列表的命令如下：

```
Router(config)#access-list access-list-number {permit|deny} source [source-wildcard]
```

上述命令中的参数的详细说明如下。

access-list-number：访问控制列表编号，标准访问控制列表取值是 1～99。

permit|deny：若满足规则，则允许/拒绝通过。

source：数据包的源地址，可以是主机地址，也可以是网络地址。

source-wildcard：通配符掩码，也叫作反码，即子网掩码取反。例如，正常子网掩码 255.255.255.0 取反后是 0.0.0.255。

创建一个访问控制列表允许 192.168.1.0 网段中的所有主机访问：

```
Router(config)#access-list 1 permit 192.168.1.0 0.0.0.255
```

创建一个访问控制列表允许某台主机访问：

```
Router(config)#access-list 1 permit host 10.0.0.1
```

创建一个默认访问控制列表拒绝所有主机访问：

```
Router(config)#access-list 1 deny any
```

注意：上述代码中的关键字 host 可以指定一个主机地址，而不用写子网反码；any 可以代表所有主机。

删除已建立的标准访问控制列表的命令如下：

```
Router(config)#no access-list access-list-number
```

2．配置扩展访问控制列表

配置扩展访问控制列表的命令如下：

```
Router(config)#access-list access-list-number {permit|deny} protocol
{source source-wildcard destination destination-wildcard} [operator operan]
```

上述命令中的参数的详细说明如下。

access-list-number：访问控制列表编号，扩展访问控制列表取值是 100～199。

permit|deny：若匹配规则，则允许/拒绝通过。

protocol：指定协议的类型，如 IP、TCP、UDP、ICMP 等。

source 和 destination：源和目的，分别用来标示数据包源地址和目的地址。

source-wildcard 和 destination-wildcard：源地址反码和目的地址反码。

operator operan：lt（小于）、gt（大于）、eq（等于）、neq（不等于）一个端口号。

只允许 192.168.1.0/24 访问 192.168.2.0/24，拒绝其他所有主机访问：

```
Router(config)#access-list 101 permit ip 192.168.1.0 0.0.0.255 192.168.2.0
0.0.0.255
Router(config)#access-list 101 deny ip any any
```

拒绝 192.168.1.0/24 访问 FTP 服务器 192.168.2.100/24，允许其他主机访问：

```
Router(config)#access-list 102 deny tcp 192.168.1.0 0.0.0.255 host
192.168.2.100 eq 21
Router(config)#access-list 102 permit ip any any
```

禁止 192.168.1.0/24 中的主机 ping 服务器 192.168.2.200/24，允许其他主机访问：

```
Router(config)#access-list 103 deny icmp 192.168.1.0 0.0.0.255 host
192.168.2.200 echo
Router(config)#access-list 103 permit ip any any
```

删除已建立的扩展访问控制列表的命令如下：

```
Router(config)#no access-list access-list-number
```

3. 将访问控制列表应用到网络设备端口

不管是标准访问控制列表还是扩展访问控制列表，只有将创建好的访问控制列表应用到网络设备的端口，才能生效。将访问控制列表应用到网络设备的端口的命令如下：

```
Router(config-if)#ip access-group access-list-number {in|out}
```

上述命令中的参数的详细说明如下。

acccss-list-number：创建访问控制列表时指定的访问控制列表编号。

in：应用到入端口。

out：应用到出端口。

取消端口上的访问控制列表应用可以使用如下命令：

```
Router(config-if)#no ip access-group access-list-number {in|out}
```

可以使用 show access-lists 命令查看访问控制列表配置。

注意：不管是标准访问控制列表，还是扩展访问控制列表，只要应用了该访问控制列表中的规则，就不能再向其中添加新规则了，除非删除整个访问控制列表。如此管理访问控制列表非常不方便，因此需要扩展命名访问控制列表。

4. 扩展命名访问控制列表

配置扩展命名访问控制列表的命令如下：

```
Router(config-ext-nacl)#[Sequence-Number] {permit|deny} protocol {source
source-wildcard destination destination-wildcard} [operator operan]
```

上述命令中有一个可选参数 Sequence-Number。Sequence-Number 参数表明了配置的访问控制列表规则在扩展命名访问控制列表中的位置，在默认情况下，第一条规则的 Sequence-Number 参数的值为 10，第二条规则的 Sequence-Number 参数的值为 20，以此类推。借助 Sequence-Number 参数可以很方便地将新添加的访问控制列表规则插到原访问控制列表的指定位置，如果不设置 Sequence-Number 参数，就默认将访问控制列表规则添加到访问控制列表末尾，并且序列号加 10。

5. 删除已创建的扩展命名访问控制列表

删除已创建的扩展命名访问控制列表的命令如下：

```
Router(config)#no ip access-list {standard|extended} access-list-name
```

对于扩展命名访问控制列表来说，可以删除单条访问控制列表规则，并且访问控制列表规则可以有选择地插到访问控制列表中的某个位置，使得访问控制列表配置更加方便灵活。

如果要删除某条访问控制列表规则，可以使用 no Sequence-Number 或 no ACL 命令。

例如，将一条新添加的访问控制列表规则加入原有标准访问控制列表的序号为 15 的位置，内容为允许主机 192.168.1.1/24 访问互联网：

```
Router(config)#ip access-list standard test1
Router(config-std-nacl)#15 permit host 192.168.1.1
```

创建扩展命名访问控制列表规则，内容为拒绝 192.168.1.0/24 中的主机访问 FTP 服务器 192.168.2.200/24，允许其他主机访问：

```
    Router(config)#ip access-list extended test2
    Router(config-ext-nacl)#deny tcp 192.168.1.0 0.0.0.255 host 192.168.2.200
eq 21
    Router(config-ext-nacl)#permit ip any any
```

6. 将扩展命名访问控制列表应用于端口

将扩展命名访问控制列表应用于端口：

```
    Router(config-if)#ip access-group access-list-name {in|out}
```

7. 取消扩展命名访问控制列表的应用

取消扩展命名访问控制列表的应用：

```
    Router(config-if)#no ip access-group access-list-name {in|out}
```

8.3 高级访问控制列表

与基本访问控制列表相比，高级访问控制列表提供了更准确、更丰富、更灵活的规则定义方法。例如，在希望同时根据源地址和目的地址对报文进行过滤时，就需要配置高级 ACL。

高级访问控制列表根据源地址、目的地址、协议类型、TCP 源/目的端口、UDP 源/目的端口号、分片信息和生效时间段等信息来定义规则，对 IPv4 报文进行过滤。

1. 配置步骤

（1）执行 system-view 命令，进入系统视图。

（2）创建高级访问控制列表：可使用编号或名称两种方式创建。

执行 acl [number] acl-number [match-order { auto | config }]命令，使用编号（3000～3999）创建一个数字型的高级访问控制列表，并进入高级访问控制列表视图。

执行 acl name acl-name { advance | acl-number } [match-order { auto | config }]命令，使用名称创建一个命名型的高级访问控制列表，进入高级访问控制列表视图。

（3）执行 description text 命令，配置访问控制列表的描述信息。

在配置访问控制列表时，为访问控制列表添加描述信息便于理解和记忆该访问控制列表的功能或具体用途。此步骤可以省略。

（4）配置高级访问控制列表规则。

根据数据包承载的协议类型不同，在设备上配置不同的高级访问控制列表规则。对于不同的协议类型，有不同的参数组合。

当数据包承载的协议类型为 ICMP 时，高级访问控制列表的命令格式如下：

```
rule [ rule-id ] { deny | permit } { protocol-number | icmp } [ destination { destination-address destination-wildcard | any } | icmp-type { icmp-name | icmp-type icmp-code } | source { source-address source-wildcard | any } | logging | time-range time-name | vpn-instance vpn-instance-name | [ dscp dscp | [ tos tos | precedence precedence ] ] | [ fragment | none-first-fragment ] | vni vni-id ]
```

当数据包承载的协议类型为TCP时，高级访问控制列表的命令格式如下：

```
rule [ rule-id ] { deny | permit } { protocol-number | tcp } [ destination { destination-address destination-wildcard | any } | destination-port { eq port | gt port | lt port | range port-start port-end | port-set port-set-name } | source { source-address source-wildcard | any } | source-port { eq port | gt port | lt port | range port-start port-end | port-set port-set-name } | tcp-flag { ack | fin | psh | rst | syn | urg | established } | logging | time-range time-name | vpn-instance vpn-instance-name | [ dscp dscp | [ tos tos | precedence precedence ] ] | [ fragment | none-first-fragment ] | vni vni-id ]
```

当数据包承载的协议类型为UDP时，高级访问控制列表的命令格式如下：

```
rule [ rule-id ] { deny | permit }{ protocol-number | udp } [ destination { destination-address destination-wildcard | any } | destination-port { eq port | gt port | lt port | range port-start port-end | port-set port-set-name } | source { source-address source-wildcard | any } | source-port { eq port | gt port | lt port | range port-start port-end | port-set port-set-name } | logging | time-range time-name | vpn-instance vpn-instance-name | [ dscp dscp | [ tos tos | precedence precedence ] ] | [ fragment | none-first-fragment ] | vni vni-id ]
```

当数据包承载的协议类型为GRE、IGMP、IPINIP、OSPF时，高级访问控制列表的命令格式如下：

```
rule [ rule-id ] { deny | permit } { protocol-number | gre | igmp | ipinip | ospf } [ destination { destination-address destination-wildcard | any } | source { source-address source-wildcard | any } | logging | time-range time-name | vpn-instance vpn-instance-name | [ dscp dscp | [ tos tos | precedence precedence ] ] | [ fragment | none-first-fragment ] | vni vni-id ]
```

（5）执行rule rule-id description description text命令，配置访问控制列表规则的描述信息。

在配置访问控制列表规则时，为访问控制列表规则添加描述信息便于理解和记忆该访问控制列表规则的功能或具体用途。设备仅允许为已存在的规则添加描述信息，不允许先配置规则的描述信息再配置具体的规则内容。如果在设备上删除已经配置了描述信息的规则，那么该规则对应的描述信息也一并被删除。此步骤可以省略。

2．配置示例

（1）配置基于ICMP协议类型、源地址（主机地址）和目的地址（网段地址）过滤报文的规则。例如，允许源地址是192.168.1.3且目的地址是192.168.2.0/24网段地址的ICMP报文通过：

```
<Huawei> system-view
```

```
    [Huawei] acl 3001
    [Huawei-acl-adv-3001] rule permit icmp source 192.168.1.3 0 destination
192.168.2.0 0.0.0.255
```

（2）配置基于 TCP 协议类型、TCP 目的端口号、源地址（主机地址）和目的地址（网段地址）过滤报文的规则。例如，在名为 deny-telnet 的高级访问控制列表中配置规则，拒绝 IP 地址是 192.168.1.3 的主机与 192.168.2.0/24 网段的主机建立 Telnet 连接：

```
    <Huawei> system-view
    [Huawei] acl name deny-telnet
    [Huawei-acl-adv-deny-telnet] rule deny tcp destination-port eq telnet
source 192.168.1.3 0 destination 192.168.2.0 0.0.0.255
```

（3）在名称为 no-web 的高级访问控制列表中配置规则，禁止 192.168.1.3 和 192.168.1.4 两台主机访问 Web 网页（HTTP 用于网页浏览，对应的 TCP 端口号是 80），并配置高级访问控制列表描述信息为 Web access restrictions：

```
    <Huawei> system-view
    [Huawei] acl name no-web
    [Huawei-acl-adv-no-web] description Web access restrictions
    [Huawei-acl-adv-no-web] rule deny tcp destination-port eq 80 source
192.168.1.3 0
    [Huawei-acl-adv-no-web] rule deny tcp destination-port eq 80 source
192.168.1.4 0
```

8.4 项目实验

8.4.1 项目实验十五 基本访问控制列表的配置

1. 项目描述

（1）项目背景。

某公司为了保证网络的安全性，提高资源的利用率，在公司的网络设备上进行基本访问控制列表的配置和调试，配置要求如下。

① 已知交换机与各个子网之间路由可达，要求在交换机上进行配置，实现 FTP 服务器对客户端访问权限的设置。

② 子网 1（172.16.105.0/24）中的所有用户在任意时间都可以访问 FTP 服务器。

③ 子网 2（172.16.107.0/24）中的所有用户只能在某个时间范围内访问 FTP 服务器。

④ 其他用户不可以访问 FTP 服务器。

（2）基本访问控制列表的配置实验拓扑如图 8-2 所示。

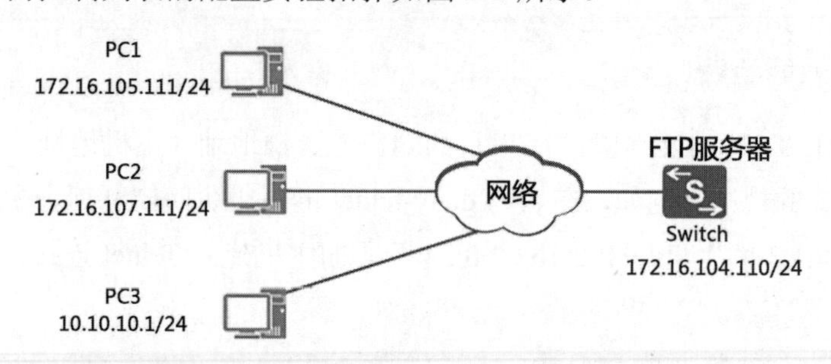

图 8-2　基本访问控制列表的配置实验拓扑

（3）IP 地址分配表如表 8-6 所示。

表 8-6　IP 地址分配表

设备	端口	IP 地址	子网掩码
Switch	—	172.16.104.110	255.255.255.0
PC1	网卡	172.16.105.111	255.255.255.0
PC2	网卡	172.16.107.111	255.255.255.0
PC3	网卡	10.10.10.1	255.255.255.0

（4）任务内容。

第 1 部分：配置访问控制列表生效时间段。

第 2 部分：配置基本访问控制列表。

第 3 部分：配置 FTP 基本功能。

第 4 部分：配置 FTP 服务器访问权限。

第 5 部分：验证实验结果。

（5）所需资源。

PC（3 台）、服务器（1 台）、交换机（1 台）。

2．项目实施

1）第 1 部分：配置访问控制列表生效时间段

配置访问控制列表生效时间段：

```
<HUAWEI> system-view
[HUAWEI] sysname Switch
/*配置访问控制列表生效时间段，该时间段是绝对时间段模式的
[Switch] time-range ftp-access from 0:0 2023/1/1 to 23:59 2023/12/31
/*配置访问控制列表生效时间段，该时间段是周期性的，表示每个休息日 14:00 到 18:00，ftp-access 最终生效的时间范围为两个时间段的交集
[Switch] time-range ftp-access 14:00 to 18:00 off-day
```

2）第 2 部分：配置基本访问控制列表

配置基本访问控制列表：

```
[Switch] acl number 2001
/*允许 172.16.105.0/24 网段的所有用户在任意时间访问 FTP 服务器
```

```
[Switch-acl-basic-2001] rule permit source 172.16.105.0 0.0.0.255
/*限制172.16.107.0/24网段中的所有用户只能在ftp-access定义的时间段内访问FTP服务器
[Switch-acl-basic-2001] rule permit source 172.16.107.0 0.0.0.255 time-range ftp-access
/*限制其他用户不可以访问FTP服务器
[Switch-acl-basic-2001] rule deny source any
[Switch-acl-basic-2001] quit
```

3）第3部分：配置FTP基本功能

配置FTP基本功能：

```
/*开启设备的FTP服务功能，允许FTP用户登录
[Switch] ftp server enable
/*配置服务器端的源端口为172.16.104.110对应的端口，假设该端口为Vlanif 10
[Switch] ftp server-source -i Vlanif 10
[Switch] aaa
/*配置FTP用户的用户名和密码
[Switch-aaa] local-user huawei password irreversible-cipher Set User Password@123
/*配置FTP用户的用户级别
[Switch-aaa] local-user huawei privilege level 15
/*配置FTP用户的服务类型
[Switch-aaa] local-user huawei service-type ftp
/*配置FTP用户的授权目录
[Switch-aaa] local-user huawei ftp-directory flash:/
[Switch-aaa] quit
```

4）第4部分：配置FTP服务器访问权限

配置FTP服务器访问权限：

```
[Switch] ftp acl 2001                /*在FTP模块中应用访问控制列表
```

5）第5部分：验证实验结果

（1）在子网1的PC1（172.16.105.111/24）上执行ftp 172.16.104.110命令，连接FTP服务器。

（2）2023年某个周一在子网2的PC2（172.16.107.111/24）上执行ftp 172.16.104.110命令，不能连接FTP服务器；2023年某个周六15:00在子网2的PC2（172.16.107.111/24）上执行ftp 172.16.104.110命令，可以连接FTP服务器。

（3）在PC3（10.10.10.1/24）上执行ftp 172.16.104.110命令，不能连接FTP服务器。

8.4.2　项目实验十六　高级访问控制列表的配置

1．项目描述

（1）项目背景。

高级访问控制列表配置实验拓扑如图8-3所示，某公司通过Router实现各部门之间的互连。为便于管理网络，管理员为公司的研发部和市场部规划了两个网段的IP地址。同时为了隔离广播域，又将两个部门划分在不同的VLAN中。现要求Router能够限制两个网段之间互访，以防公司机密泄露。

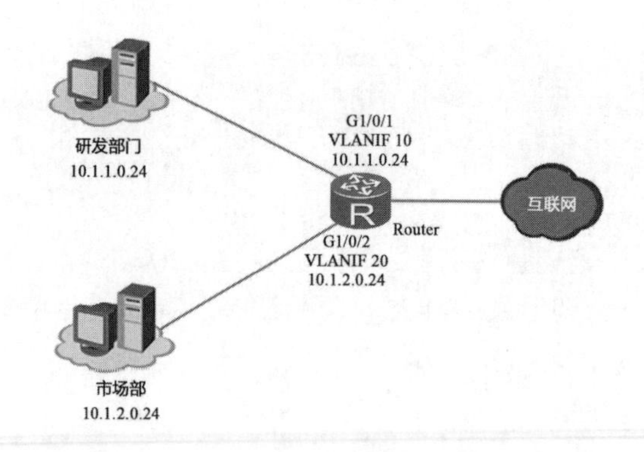

图 8-3　高级访问控制列表配置实验拓扑

（2）任务内容。

第 1 部分：配置高级访问控制列表和基于访问控制列表的流分类，使设备可以对研发部与市场部互访的报文进行过滤。

第 2 部分：配置流行为，拒绝与访问控制列表规则匹配的报文通过。

第 3 部分：配置并应用流策略，使访问控制列表和流行为生效。

第 4 部分：验证配置结果。

（3）所需资源。

PC（2 台）、路由器（1 台）。

2．项目实施

（1）第 1 部分：配置高级访问控制列表和基于访问控制列表的流分类，使设备可以对研发部与市场部互访的报文进行过滤。

创建 VLAN 10 和 VLAN 20：

```
<Huawei> system-view
[Huawei] sysname Router
[Router] vlan batch 10 20
```

配置 Router 的端口 G1/0/1 和 G1/0/2 为 Trunk 类型端口，并分别加入 VLAN 10 和 VLAN 20：

```
[Router] interface gigabitethernet 1/0/1
[Router-GigabitEthernet1/0/1] port link-type trunk
[Router-GigabitEthernet1/0/1] port trunk allow-pass vlan 10
[Router-GigabitEthernet1/0/1] quit
[Router] interface gigabitethernet 1/0/2
[Router-GigabitEthernet1/0/2] port link-type trunk
[Router-GigabitEthernet1/0/2] port trunk allow-pass vlan 20
[Router-GigabitEthernet1/0/2] quit
```

创建 VLANIF 10 和 VLANIF 20，并配置各 VLANIF 端口的 IP 地址：

```
[Router] interface vlanif 10
[Router-Vlanif10] ip address 10.1.1.1 24
[Router-Vlanif10] quit
[Router] interface vlanif 20
[Router-Vlanif20] ip address 10.1.2.1 24
```

```
[Router-Vlanif20] quit
```

创建编号为 3001 的高级访问控制列表并配置访问控制列表规则，拒绝研发部访问市场部的报文通过：

```
[Router] acl 3001
[Router-acl-adv-3001] rule deny ip source 10.1.1.0 0.0.0.255 destination 10.1.2.0 0.0.0.255
[Router-acl-adv-3001] quit
```

创建编号为 3002 的高级访问控制列表并配置访问控制列表规则，拒绝市场部访问研发部的报文通过：

```
[Router] acl 3002
[Router-acl-adv-3002] rule deny ip source 10.1.2.0 0.0.0.255 destination 10.1.1.0 0.0.0.255
[Router-acl-adv-3002] quit
```

配置流分类 tc1，对与编号为 3001 的访问控制列表和编号为 3002 的访问控制列表匹配的报文进行分类：

```
[Router] traffic classifier tc1
[Router-classifier-tc1] if-match acl 3001
[Router-classifier-tc1] if-match acl 3002
[Router-classifier-tc1] quit
```

（2）第 2 部分：配置流行为，拒绝与访问控制列表规则匹配的报文通过。

配置流行为 tb1，动作为拒绝报文通过：

```
[Router] traffic behavior tb1
[Router-behavior-tb1] deny
[Router-behavior-tb1] quit
```

（3）第 3 部分：配置并应用流策略，使访问控制列表和流行为生效。

定义流策略，将流分类与流行为关联：

```
[Router] traffic policy tp1
[Router-trafficpolicy-tp1] classifier tc1 behavior tb1
[Router-trafficpolicy-tp1] quit
```

由于研发部和市场部互访的流量分别从端口 G1/0/1 和端口 G1/0/2 进入 Router，所以在端口 G1/0/1 和端口 G1/0/2 的入方向应用流策略：

```
[Router] interface gigabitethernet 1/0/1
[Router-GigabitEthernet1/0/1] traffic-policy tp1 inbound
[Router-GigabitEthernet1/0/1] quit
[Router] interface gigabitethernet 1/0/2
[Router-GigabitEthernet1/0/2] traffic-policy tp1 inbound
[Router-GigabitEthernet1/0/2] quit
```

（4）第 4 部分：验证配置结果。

查看访问控制列表规则的配置信息：

```
[Router] display acl 3001
```

```
Advanced ACL 3001, 1 rule
Acl's step is 5
rule 5 deny ip source 10.1.1.0 0.0.0.255 destination 10.1.2.0 0.0.0.255
```

用同样的方法查看编号为3002的访问控制列表的配置信息。

习题8

一、选择题

1．以下情况可以使用访问控制列表准确描述的是_______。

A．禁止有CIH病毒的文件到我的主机

B．只允许系统管理员访问我的主机

C．禁止所有使用Telnet协议的用户访问我的主机

D．禁止使用UNIX系统的用户访问我的主机

2．下面关于访问控制列表编号与类型的对应关系描述正确的是_______。

A．基本访问控制列表编号范围是1000～2999

B．高级访问控制列表编号范围是3000～9000

C．基本访问控制列表编号范围是2000～2999

D．基本访问控制列表编号范围是1000～2000

3．在访问控制列表中目的地址和掩码分别为168.18.64.0和0.0.3.255，其表示的IP地址范围是_______。

A．68.18.67.0～168.18.70.25　　B．168.18.64.0～168.18.67.255

C．168.18.63.0～168.18.64.255　　D．168.18.64.255～168.18.67.255

4．下列参数中_______不能用于高级访问控制列表。

A．物理端口　　B．目的端口号

C．协议号　　D．时间范围

5．华为设备上的高级访问控制列表不可以用于过滤_______。

A．基于特定源地址的网络流量　　B．基于特定应用程序的流量

C．基于特定目的地址的网络流量　　D．基于特定端口号的网络流量

6．在华为设备上部署访问控制列表时，下列描述正确的是_______。

A．在端口下调用访问控制列表只能应用于出方向

B．同一个访问控制列表可以在多个端口下调用

C．访问控制列表只能按照10、20、30的顺序定义规则

D．访问控制列表不可以用于过滤OSPF流量，因为OSPF流量不使用UDP封装

7．配置访问控制列表必须做的配置是_________。

A．设定有效时间段　　B．指定日志主机

C．定义访问控制列表　　D．在访问控制列表中使用设定的时间段

8．应用于路由模块的访问控制列表默认的过滤模式是_______。

A．拒绝所有　　B．允许所有　　C．必须配置　　D．以上都不正确

二、判断题

1. 访问控制列表不会过滤设备自身产生的访问其他设备的流量，只过滤转发的流量，转发的流量包括其他设备访问该设备的流量。 （　）
2. 一条访问控制条目可以由多条规则组成。 （　）
3. 一个端口只可以应用一条访问控制条目。 （　）
4. 高级访问控制列表比基本访问控制列表提供的规则定义方法更准确、更丰富、更灵活。 （　）
5. 如果您定义一个访问控制列表而没有应用到端口上，华为路由器将默认允许所有数据包通过。 （　）
6. 用户需要根据自己的安全策略来确定访问控制列表，并将其应用到整机或指定端口。 （　）
7. 访问控制列表除用于过滤数据报文外，还可以对数据流量进行控制。 （　）
8. 高级访问控制列表可以定义比基本访问控制列表更准确、更丰富、更灵活的规则，因此得到更加广泛应用。 （　）
9. 华为设备的基本访问控制列表只检查数据包的源地址。 （　）
10. 访问控制列表通配符掩码和子网掩码之间的关系是通配符掩码和子网掩码恰好相反。 （　）

三、简答题

1. 简述访问控制列表的工作原理。
2. 访问控制列表有哪些类型？访问控制列表的作用是什么？
3. 配置访问控制列表应注意哪些事项？
4. 某公司内部网络为192.168.100.0/24，通过路由器接入互联网。其中，192.168.100.1～192.168.100.15的主机是部门主管使用的，要求能正常访问互联网，其他主机不允许访问互联网。请在路由器上配置扩展命名访问控制列表。
5. 如何查看端口是否绑定了访问控制列表？如何显示指定访问控制列表的内容？
6. 某公司内部网络中有一台Web服务器，同时供内部网络和互联网中的主机访问，公司给该服务器申请了一个合法的公有地址 202.9.9.9。请在公司内部路由器上进行适当的配置，使内部网络和外部网络均能访问该服务器。

第9章 NAT

网络通常使用私有 IP 地址设计，使用的私有地址处于 10.0.0.0/8 网段、172.16.0.0/12 网段和 192.168.0.0/16 网段。这些私有地址在内部网络或站点使用，以允许设备在本地进行通信，但不能在外部网络上路由。要允许具有私有地址的设备访问本地网络以外的设备和资源，或者允许本地网络以外的用户访问内部网络中的指定设备和资源，必须将私有地址转换为可公开访问的公有地址，这就是 NAT 技术。

本章主要介绍 NAT 的基本概念、基本功能，NAT 转换类型及其工作原理和配置方法。

9.1 NAT 概述

9.1.1 NAT 的概念

随着互联网和网络应用的增多，IPv4 地址枯竭成为制约网络发展的瓶颈。尽管互联网采用了无分类编址方法来延缓 IPv4 地址空间耗尽的速度，但大量中小型办公室和家庭网络接入互联网的需求不断增加，特别是互联网用户数量和网络设备数量的急剧增长，使得 IPv4 地址空间已经耗尽（IANN 于 2011 年 2 月 3 日宣布，IPv4 地址已经分配完毕）。尽管 IPv6 地址可以从根本上解决 IPv4 地址空间不足的问题，但是目前众多网络设备和网络应用仍然是基于 IPv4 地址的，因此在 IPv6 地址被广泛应用之前，一些过渡技术的使用是解决这个问题的主要技术手段。

NAT 于 1994 年被提出，用来缓解 IPv4 地址空间耗尽的问题。它是 IETF 提出的一个标准，允许一个机构以一个公有地址出现在互联网上。NAT 是一种为了在外部网络中传输数据而把私有地址（IP 地址）翻译成合法公有地址的技术。NAT 可以让那些使用私有地址的内部网络中的设备连接到互联网或其他网络上。NAT 网关（如路由器、防火墙等）在将内部网络中的数据包发送到外部网络中时，将 IP 数据包报头中的私有地址转换成合法的公有地址，如图 9-1 所示。

图 9-1　NAT 原理示意图

NAT 能使大量使用私有地址的内部网络中的用户通过共享少量公有地址来访问外部网

络中的主机和资源。这种方法需要在内部网络连接外部网络的网关上安装 NAT 软件。装有 NAT 软件的网关称为 NAT 网关，它至少要有一个有效的公有地址。这样，所有使用私有地址的主机在和外部网络通信时，都要在 NAT 网关上将其私有地址转换成公有地址。当内部网络中的主机需要访问外部网络时，通过 NAT 技术可以将其私有网地址转换为公有地址，并且多个内部网络用户，可以共用一个公有地址。这样既可以保证网络的互通，又可以节省公有地址。因此可以认为，NAT 在一定程度上能够有效地解决 IPv4 地址不足的问题。

RFC 1918 规定了三类私有地址，供机构内部组网使用。

（1）A 类：10.0.0.0～10.255.255.255 10.0.0.0/8。

（2）B 类：172.16.0.0～172.31.255.255 172.16.0.0/12。

（3）C 类：192.168.0.0～192.168.255.255 192.168.0.0/16。

很显然，很多不同机构的内部网络具有相同的上述私有地址，但这并不会引起冲突，因为这些私有地址仅在机构内部使用。这三类私有地址本身是可路由的，只不过外部网络中的路由器不会转发来自这三类私有地址的数据包：一个公司内部在配置这些私有地址后，内部网络中的计算机在和外部网络通信时，公司的边界网关会通过 NAT 技术将私有地址转换成公有地址，外部网络看到的源地址是该公司网关转换的公有地址。

9.1.2 NAT 转换类型

NAT 转换有三种类型：静态 NAT、动态 NAT 和 PAT。

1．静态 NAT

静态 NAT 是指将内部网络中的私有地址转换为公有地址，IP 地址对是一对一的，是一成不变的，某个私有地址只转换为某个公有地址。借助静态 NAT，可以实现外部网络对内部网络中某些特定设备（如服务器）的访问。假如企业内部有 3 台服务器需要被外部用户访问，那么就需要至少 3 个 IP 地址。显然，这种方式并不能够达到节省 IP 地址的目的。一般来说，静态 NAT 的主要目的是隐藏企业内部网络中的服务器的 IP 地址，以保护服务器。

2．动态 NAT

动态 NAT 是指在将内部网络中的私有地址转换为公有地址时，IP 地址是不确定的，是随机的，是多对多的关系，所有被授权访问外部网络的私有地址可以随机转换为任何指定的合法公有地址。也就是说，只要指定哪些私有地址可以进行转换，以及用哪些合法地址作为公有地址，就可以进行动态 NAT。动态 NAT 可以使用多个合法公有地址集。如果有 100 个私有地址和 10 个公有地址，那么任何时候只能转换 100 个私有地址中的 10 个地址；其他私有地址只有当这 10 个公有地址中释放了一个或某几个时，才能实现对外部网络的访问。当 ISP 提供的合法公有地址略少于内部网络中的计算机数量时，可以采用动态 NAT。

3．PAT

PAT 也称为端口地址映射、端口多路复用或网络地址端口转换（Network Address Port Translation，NAPT）。PAT 在动态 NAT 的基础上又进了一步，简单地说，其工作模式是多对一，可以将多个私有地址映射到一个公有地址。具体来说，就是“私有网络地址+端口号”

与“公有地址+端口号”进行对应。如果有 100 个私有地址及 10 个公有地址，PAT 使用端口作为附加参数来提供乘数效应，从而支持重复使用 10 个公有地址中的任何一个地址，重复次数高达 65535（取决于通信流是基于 UDP、TCP，还是基于 ICMP）。使用 PAT，内部网络中的多台主机均可共享一个合法公有地址，从而实现对外部网络的访问，可以最大限度地节约 IP 地址资源。同时，使用 PAT 可以隐藏内部网络中的所有主机，有效避免来自外部网络的攻击。因此，目前网络中应用最多的就是 PAT。

根据这三种不同的工作模式，结合企业的实际情况，选择合适的实现 NAT 的方式。一般来说，如果企业有足够多的公有地址，只是出于安全考虑要隐藏内部网络中的服务器，那么采用静态 NAT 为好。如果企业有多台服务器，而合法的公有地址不够用，那么需要采用 PAT，将多个私有地址通过端口参数映射到公有地址。

9.1.3 NAT 的作用

NAT 的作用就是把私有地址转换成可以在外部网络或互联网上路由的公有地址。NAT 可以使多台计算机共享互联网连接，这一功能很好地解决了公有地址紧缺的问题。通过这种方法，用户只申请一个合法公有地址，就可以把整个内部网络中的计算机接入互联网。这时，NAT 屏蔽了内部网络，所有内部网中的计算机对外部网络来说都是不可见的，而内部网中的用户通常不会意识到 NAT 的存在。网络管理人员也不需要因为访问外部网络重新对内部网络中的主机进行编址。

因此，在目前仍然使用 IPv4 地址的情形下，NAT 的作用是显著的，主要体现在以下 3 个方面。

（1）节省了 IP 地址：通过使用 NAT，内部网络中的主机可以使用同一个合法公有地址与外部网络通信；只需要较少的公有地址就可以支持众多内部网络中的主机，节省了 IP 地址。

（2）避免了重新编址：通过使用 NAT，网络管理人员不必给需要访问外部网络的内部主机重新分配 IP 地址，节省了时间和费用，减轻了工作负担。

（3）提高了网络安全性：NAT 对外部网络只通告合法公有地址，屏蔽了内部网络的拓扑结构和私有地址，内部网络中的主机对外部网络来说是不可见的，提高了内部网络的安全性。

实际上，NAT 功能通常被集成到路由器、防火墙或单独的 NAT 设备中。

9.2 NAT 的工作原理

9.2.1 静态 NAT 的工作原理

静态 NAT 将私有地址和公有地址一对一映射，这些映射由网络管理人员进行配置，并保持不变。在如图 9-2 所示的静态 NAT 应用场景中，内部网络中的主机 A 和主机 B 分别实现对外部网络中的 Web 服务器的访问。NAT 路由器预先配置了 NAT 映射表，每一个私有地址都有一个与之对应且固定的公有地址。其中，主机 A 的私有地址 192.168.1.1 对应于公有地址 202.102.20.2；主机 B 的私有地址 192.168.1.2 对应于公有地址 202.102.20.3。

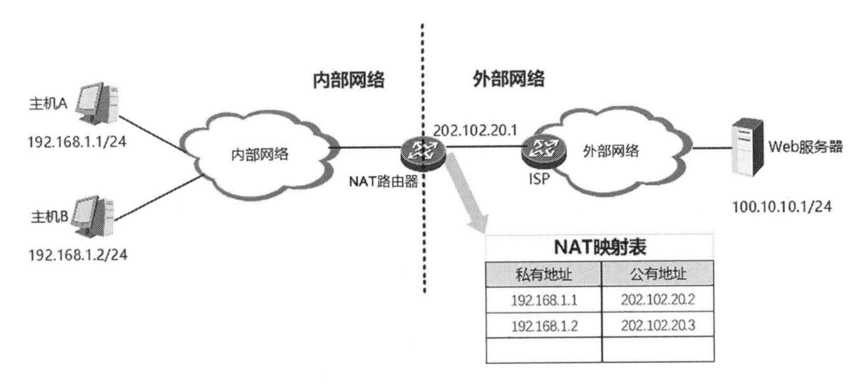

图 9-2 静态 NAT 应用场景

在图 9-3 中，内部网络中的主机 A 访问外部网络中的 Web 服务器 100.10.10.1。

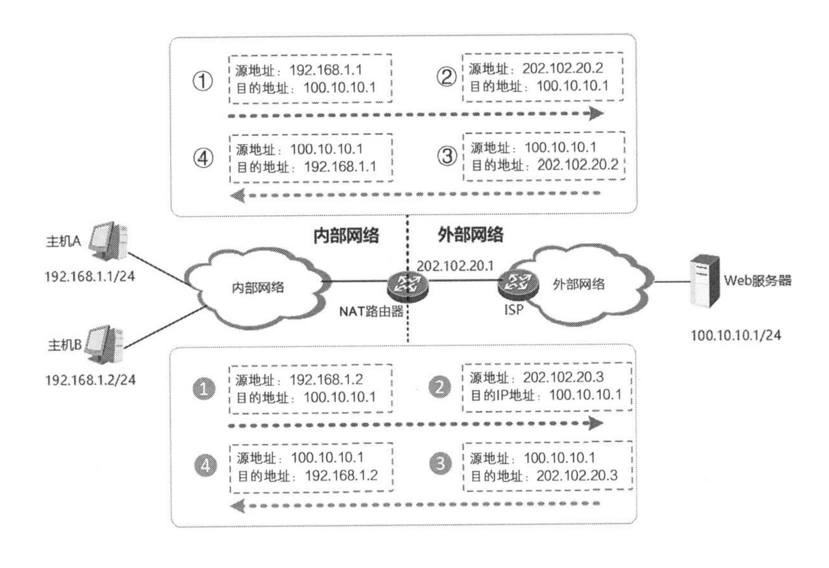

图 9-3 静态 NAT 的转换示例

静态 NAT 转换的工作过程如下。

（1）当内部网络中的主机 A 访问外部网络中的 Web 服务器时，其发送的数据包源地址为私有地址 192.168.1.1，目的地址为公有地址 100.10.10.1（见图 9-3 中的①）。

（2）数据包到达配置了 NAT 的路由器。

（3）NAT 路由器查找 NAT 映射表，按照对应关系将数据包源地址 192.168.1.1 转换为公有地址 202.102.20.2 进行封装发送，这样源地址和目的地址都为合法的公有地址（见图 9-3 中的②）。

（4）Web 服务器在收到数据包后，认为是公有地址 202.102.20.2 发来的数据包，因此封装的应答数据包的源地址为 100.10.10.1，目的地址为 202.102.20.2（见图 9-3 中的③）。

（5）NAT 路由器收到应答数据包，查找 NAT 映射表的对应关系，将数据包中目的地址 202.102.20.2 替换回原有的私有地址 192.168.1.1，源地址不变，完成数据包在内部网络的转发（见图 9-3 中的④）。

（6）主机 A 收到外部网络中的 Web 服务器的应答数据包，完成一次会话过程。

在整个过程中，出口 NAT 路由器根据配置的规则进行 IP 地址的检测及转换。主机 B 访问外部网络中的 Web 服务器的工作过程与此过程相同。

9.2.2 动态 NAT 的工作原理

静态 NAT 严格地进行一对一地址映射，这导致即使内部网络中的主机长期离线或不发送数据，也会长期占用与之对应的公有地址。为了避免公有地址的浪费，动态 NAT 引入了地址池的概念（所有可用的公有地址组成了地址池）。图 9-4 给出了动态 NAT 的应用场景，NAT 路由器将可用的 19 个公有地址组成地址池，并将其最初状态置为 Not Use（未使用）。

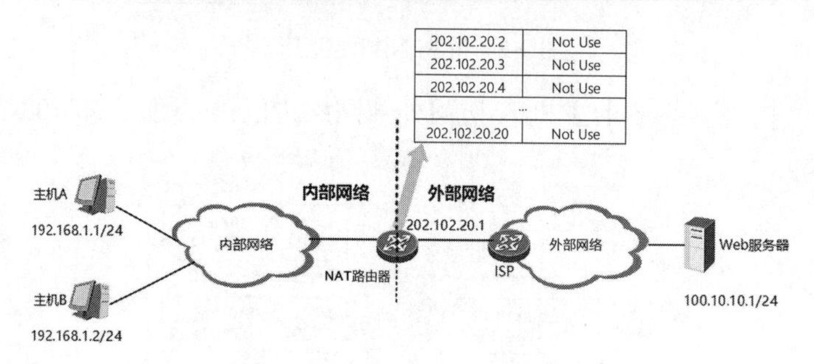

图 9-4 动态 NAT 的应用场景

当内部网络中的主机访问外部网络时临时分配一个地址池中状态为 Not Use 的公有地址，并将该地址标记为 In Use；当该主机不再访问外部网络时收回为其分配的地址，并重新将该地址标记为 Not Use，即释放该公有地址。

图 9-5 给出了内部网络中的主机 A 采用动态 NAT 访问外部网络中的 Web 服务器的地址转换过程。

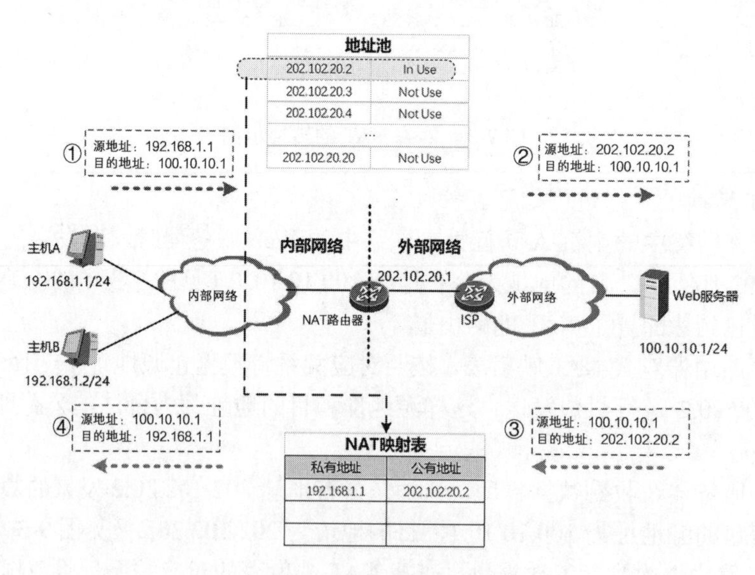

图 9-5 动态 NAT 转换示例

动态 NAT 转换的工作过程如下。

（1）当内部网络中的主机 A 访问外部网络中的 Web 服务器时，其发送的数据包源地址为私有地址 192.168.1.1，目的地址为公有地址 100.10.10.1（见图 9-5 中的①）。

（2）数据包到达配置了 NAT 的路由器。

（3）NAT 路由器查找地址池，在地址池中按顺序找到一个未分配的公有地址 202.102.20.2，将其状态置为 In Use ，并按照对应关系将数据包源地址 192.168.1.1 转换为公有地址 202.102.20.2 进行封装转发。同时，生成一个临时的 NAT 映射表，添加私有地址 192.168.1.1 对应公有地址 202.102.20.2 的表项（见图 9-5 中的②）。

（4）Web 服务器收到数据包，认为该数据包是公有地址 202.102.20.2 发来的，因此封装的应答数据包的源地址为 100.10.10.1，目的地址为 202.102.20.2（见图 9-5 中的③）。

（5）NAT 路由器收到应答数据包，查找临时的 NAT 映射表，确定对应关系，将数据包中的目的地址 202.102.20.2 替换回原有的私有地址 192.168.1.1，源地址不变，并完成数据包在内部网络中的转发（见图 9-5 中的④）。

（6）主机 A 收到外部网络中的 Web 服务器的应答数据包，完成一次会话过程。

当内部网络中的主机 A 结束对外部网络中的 Web 服务器的访问时，NAT 路由器清除临时的 NAT 映射表中的对应关系，并将地址池中对应的公有地址状态设置为 Not Use，释放该公有地址，以便其他内部网络中的主机可以使用该公有地址。

9.2.3 PAT 的工作原理

动态 NAT 在选择地址池中的地址进行地址转换时不会转换端口号，即 No-PAT（No-Port Address Translation，非端口地址转换），公有地址与私有地址是一对一的映射关系，无法提高公有地址的利用率。因此，引入 PAT 的概念。

PAT 是把多个私有地址映射为一个公有地址，但以不同的协议端口号（端口地址）与不同的私有地址相对应，即“私有地址+端口号”与“公有地址+端口号”之间的转换。PAT 也称为“多对一”的 NAT。PAT 与动态 NAT 不同，它将内部连接映射到外部网络中的一个单独的 IP 地址上，同时在该地址上加上一个由 NAT 设备选定的 TCP 端口号或 UDP 端口号，通过转换 TCP 端口号或 UDP 端口号，以及地址来提供乘数效应，从而实现公有地址与私有地址的一对多映射，有效提高了公有地址的利用率，基本解决了动态 NAT 地址池地址不足的问题。图 9-6 给出了 PAT 的应用场景。

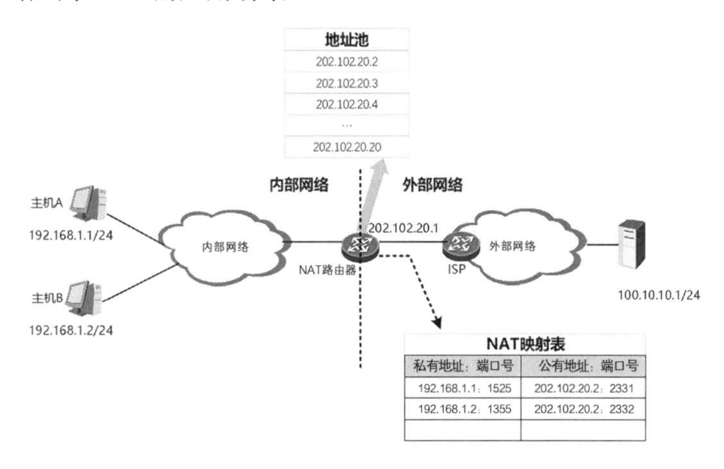

图 9-6　PAT 的应用场景

图 9-7 给出了内部网络中的主机 A 采用 PAT 访问外部网络中的 Web 服务器的地址转换过程。

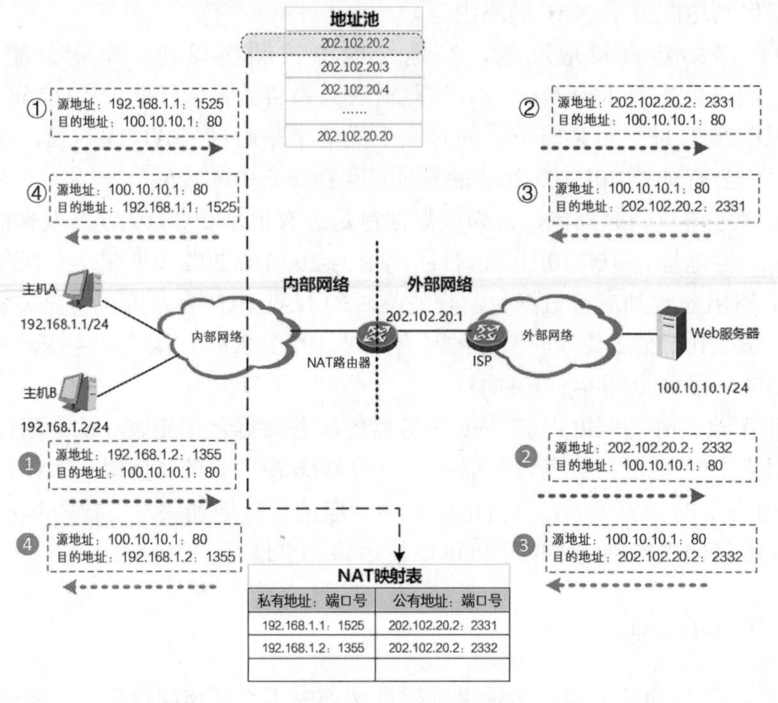

图 9-7　PAT 转换示例

PAT 转换的工作过程如下。

（1）当内部网络中的主机 A 访问外部网络中的 Web 服务器时，其发送的数据包源地址为私有地址+端口号 192.168.1.1：1525，目的地址为公有地址+端口号 100.10.10.1：80（见图 9-7 中的①）。

（2）数据包到达配置了 NAT 的路由器。

（3）NAT 路由器对源地址采用 Hash 算法从 NAT 地址池中选择一个公有地址，如 202.102.20.2，替换数据包中的源地址 192.168.1.1，同时使用新的端口号 2331 替换数据包中的源端口号 1525，保持目的地址不变，并将其进行封装转发。同时，生成一个临时的 NAT 映射表，添加私有地址+端口号 192.168.1.1：1525 对应公有地址+端口号 202.102.20.2：2331 的表项（见图 9-7 中的②）。

（4）外部网络中的 Web 服务器收到数据包，认为该数据包是公有地址 202.102.20.2：2331 发来的，因此封装的应答数据包的源地址+端口号为 100.10.10.1：80，目的地址+端口号为 202.102.20.2：2331（见图 9-7 中的③）。

（5）NAT 路由器收到应答数据包，查找临时 NAT 映射表中的端口对应关系，将数据包中的公有地址+端口号 202.102.20.2：2331 替换回原有的私有地址+端口号 192.168.1.1：1525，源地址端口号不变，并完成数据包在内部网络中的转发（见图 9-7 中的④）。

（6）内部网络中的主机 A 收到外部网络中的 Web 服务器的应答数据包。

（7）当内部网络中的主机 A 结束对外部网络中的 Web 服务器的访问时，NAT 路由器清除临时的 NAT 映射表中的对应关系，释放会话连接和占用的公有地址+端口号，以便其他内部网络中的主机使用。

主机 B 访问外部网络中的 Web 服务器的工作过程同上。NAT 路由器在收到主机 B 发来的数据包后，在公有地址 202.102.20.2 对应的端口组中，选择下一个可用端口 2332 来替换 192.168.1.2：1355。如果当前路由器没有其他可用端口，而地址池中的外部地址多于一个，PAT 就会进入下一地址并尝试重新分配原始的源地址+端口号，这一过程会一直持续，直到不再有可用端口或公有地址。

9.2.4 Easy IP 的工作原理

Easy IP 的工作原理和 PAT 相同，同时转换 IP 地址、传输层端口，二者的区别在于 Easy IP 没有地址池概念，使用端口地址作为 NAT 转换的公有地址。

Easy IP 适用于用户只有一个固定的公有地址，或者不具备固定公有地址的场景。内部网络连线互联网的出口是通过 DHCP、PPPoE 拨号获取地址的，可以直接使用端口获取的动态地址进行转换。小型网络（如网吧和家庭网络等）的网络出口一般通过拨号获得，不是固定的，所以不能用地址池；又因为无法预料获得的地址，所以要基于端口。

图 9-8 给出了 Easy IP 的应用场景，用户只有一个固定的公有地址 202.102.20.1，并且将其作为 NAT 路由器的出口地址。除了没有地址池，Easy IP 的地址转换过程与 PAT 完全相同，如图 9-9 所示。

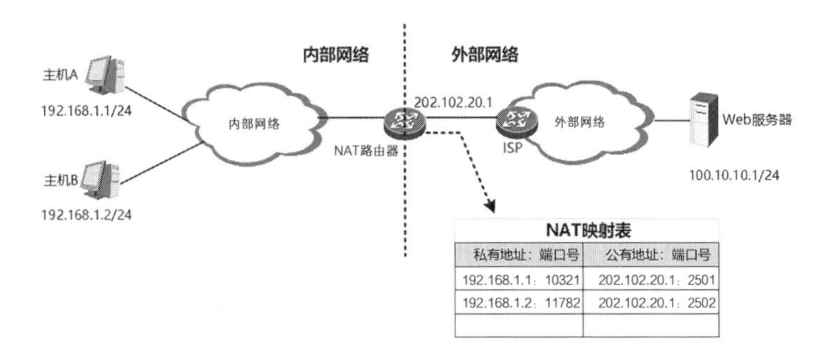

图 9-8 Easy IP 的应用场景

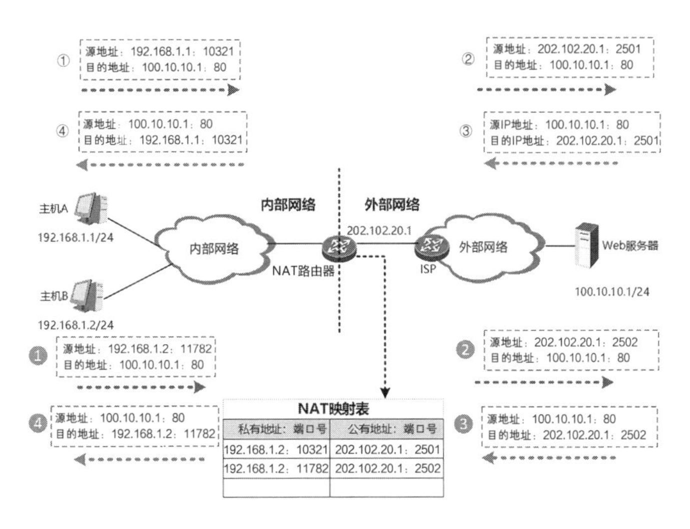

图 9-9 Easy IP 转换示例

9.2.5 NAT Server 的工作原理

在某些场合，内部网络中有一些服务器需要向公网用户提供服务，部署在内部网络中的 Web 服务器、FTP 服务器等，NAT 支持这样的应用——通过配置 NAT Server 来实现公网用户对内部网络中的服务器的访问。如图 9-10 所示，在 NAT 路由器上配置 NAT Server，固定“公有地址+端口号”与“私有地址+端口号”间的映射关系，实现外部网络中的主机通过该映射关系访问内部网络中的服务器的功能。该表项将一直存在，除非 NAT Server 的配置被删除。Web 服务器提供的应用端口号一般是固定的，如 HTTP 为 80，私有地址和公有地址都要使用端口号 80，要一对一映射。

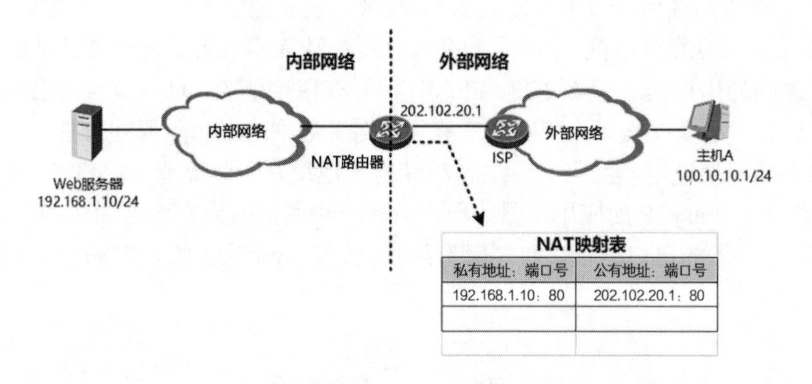

图 9-10　NAT Server 的使用场景

图 9-11 给出了外部网络中的主机通过配置 NAT Server 访问内部网络中的 Web 服务器的地址转换过程。内部网络中的 Web 服务器的私有地址为 192.168.1.10/24，对外的公有地址为 202.102.20.1，端口号都为 80，它们之间的映射关系在 NAT 路由器上已提前配置好。外部网络中的主机 A 访问内部网络中的 Web 服务器时的工作过程如下。

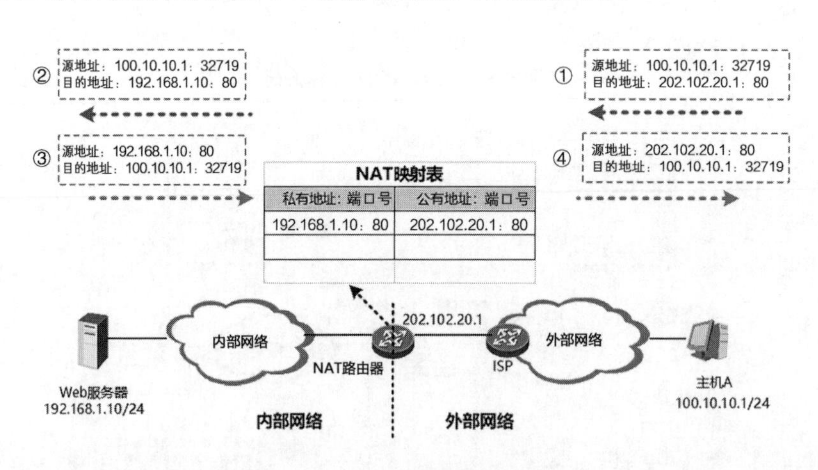

图 9-11　NAT Sever 转换示例

（1）当外部网络中的主机 A 访问内部网络中的 Web 服务器时，其发送的数据包源地址为公有地址+端口号 100.10.10.1：32719，目的地址为公有地址+端口号 202.102.20.1：80（见图 9-11 中的①）。

（2）数据包到达配置了 NAT 的路由器。

（3）查找 NAT 映射表：根据公有地址和端口号查找对应的私有地址，并进行 IP 数据包目的地址、端口号转换，即将数据包的目的地址转换为私有地址 192.168.1.10：80，并完成数据包在内部网络中的转发（见图 9-11 中的②）。

（4）内部网络中的 Web 服务器收到数据包后，封装的应答数据包的源地址+端口号为 192.168.1.10：80，目的地址+端口号为 100.10.10.1：32719（见图 9-11 中的③）。

（5）NAT 路由器收到应答数据包，查找 NAT 映射表中的对应关系，将数据包中的源地址+端口 192.168.1.10：80 替换为公有地址+端口号 202.102.20.1：80，并完成数据包在外部网络中的转发（见图 9-11 中的④）。

（6）外部网络中的主机 A 收到内部网络中的 Web 服务器的应答数据包，完成一次会话过程。

对于后续外部网络中的主机 A 发送给内部网络中的 Web 服务器的数据包，NAT 路由器都会根据会话表项进行转换，而不会再去查找映射表。这就是 NAT Server 的工作过程。

9.3 NAT 的配置

当内部网络需要与外部网络互通时，通过配置 NAT 可以将私有地址转换成外部网络中唯一的公有地址。根据上节介绍的内容，我们可以根据不同的使用场景，选择适当的 NAT 实现方式，进而实现内部网络与外部网络的互通。

9.3.1 静态 NAT 配置

静态 NAT 是建立内部网络私有地址与外部网络公有地址之间的一对一映射关系。静态 NAT 允许外部设备使用静态分配的公有地址发起与内部设备的连接。当外部网络需要通过固定的可路由的公有地址访问内部网络中的主机时，静态 NAT 就显得十分重要。

1. 配置步骤

配置静态 NAT 分以下两种方式。

1）方式一：在端口视图下配置静态 NAT。

（1）进入端口视图。

① 执行 system-view 命令，进入系统视图。

② 执行 interface interface-type interface-number 命令，进入端口视图。

（2）根据地址之间的一对一映射关系执行下述命令：

```
nat static global global-address inside host-address
```

其中，global-address 表示公有地址；host-address 表示私有地址。

2）方式二：在系统视图下配置静态 NAT。

（1）进入系统视图，配置静态 NAT。

① 执行 system-view 命令，进入系统视图。

② 根据地址之间的一对一映射关系执行下述命令：

```
nat static global global-address inside host-address
```

（2）执行 interface interface-type interface-number 命令，进入端口视图。

（3）执行 nat static enable 命令，开启静态 NAT 功能。

【说明】

① 在配置静态 NAT 时，公有地址和私有地址必须保证和设备现有地址不重复，包括设备端口地址、用户地址池地址，以免冲突。

② 在设备上执行 undo nat static 命令，设备上的 NAT 映射表中的表项不会立刻消失，如果需要立刻清除 NAT 映射表中的表项，需要手动执行 reset nat session 命令。

③ 在多个端口使用同一个静态 NAT 映射的情况下，建议使用方式二。

2. 配置示例

1）方式一：在端口视图下配置静态 NAT

（1）进入流量出端口视图，假设端口为 G0/0/0 端口：

```
<Huawei>sys
[Huawei] interface GigabitEthernet 0/0/0
```

（2）配置静态 NAT 一对一映射关系，假设公有地址为 200.10.1.10，私有地址为 192.168.1.1：

```
[Huawei-GigabitEthernet0/0/0]nat    static    global    200.10.1.10    inside
192.168.1.1
```

2）方式二：在系统视图下配置静态 NAT

（1）进入系统视图，配置静态 NAT 的一对一映射关系，假设公有地址为 200.10.1.10，私有地址为 192.168.1.1：

```
<Huawei>sys
[Huawei]nat static global 200.10.1.10 inside 192.168.1.1
```

（2）进入流量出端口视图，假设端口为 G0/0/0 端口：

```
[Huawei]interface GigabitEthernet 0/0/0
```

（3）开启 NAT 功能：

```
[Huawei-GigabitEthernet0/0/0]nat static enable
```

9.3.2 动态 NAT 配置

静态 NAT 提供私有地址与公有地址之间的永久映射关系，而动态 NAT 使私有地址与公有地址能够进行自动映射。动态 NAT 使用一个公有地址组或公有地址池来实现转换。

1. 配置步骤

配置动态 NAT 的具体步骤如下。

（1）在系统视图下，执行下述命令创建地址池：

```
nat address-group group-index start-address end-address
```

其中，group-index 表示地址池组号；start-address 表示地址池开始地址；end-address 表示地址池结束地址。

（2）使用编号创建一个访问控制列表，并进入访问控制列表视图：

```
acl acl-number
```

其中，acl-number 表示访问控制列表编号。

【说明】

用于配置地址转换的访问控制列表只能是编号为 2000～2999 的基本访问控制列表或编号为 3000～3999 的高级访问控制列表。

（3）定义访问控制列表规则，指定允许通行的地址或地址段：

```
rule [rule-id] permit source source-address source-wildcard
```

其中，rule-id 为规则序号；source-address 为源地址；source-wildcard 为子网掩码反码。

（4）在端口上应用访问控制列表到 NAT 上。

执行 interface interface-type interface-number 命令，进入端口视图。

执行下述命令将访问控制列表应用到 NAT 上：

```
nat outbound acl-number address-group group-index no-pat
```

2. 配置示例

（1）在系统视图下，创建地址池，名称为 1，并给出地址池范围，假设地址池范围为 200.10.1.11～200.10.1.50，共 40 个地址：

```
[Huawei]nat address-group 1 200.10.1.11 200.10.1.50
```

（2）创建编号为 2000 的访问控制列表：

```
/*创建编号为 2000 的访问控制列表
[Huawei]acl 2000
```

（3）定义访问控制列表规则，指定允许通行的地址或地址段，假设允许 192.168.1.0 网段通行：

```
[Huawei-acl-basic-2000]rule 5 permit source 192.168.1.0 0.0.0.255
```

需要注意的是，命令中的子网掩码为反码表示形式。

（4）在端口上应用访问控制列表到 NAT 上。

进入流量出端口视图，假设端口为 G0/0/0 端口：

```
[Huawei]interface GigabitEthernet 0/0/0
```

在端口上应用访问控制列表到 NAT 上：

```
[Huawei-GigabitEthernet0/0/0]nat outbound 2000 address-group 1 no-pat
```

9.3.3 PAT 配置

PAT 允许路由器为许多私有地址分配同一个公有地址，从而节省了公有地址池中的地址。换句话说，一个公有地址可以用于数百甚至数千个私有地址。当配置了 PAT 后，路由器会保存来自更高层协议的信息（如 TCP 端口号或 UDP 端口号），当多个私有地址映射到一个公有地址时，可用每台内部主机的 TCP 端口号或 UDP 端口号来区分不同私有地址。

1. 配置步骤

配置 PAT 的具体步骤如下。

（1）在系统视图下，执行下述命令创建地址池：

```
nat address-group group-index start-address end-address
```

（2）使用编号创建一个访问控制列表，并进入访问控制列表视图：

```
acl acl-number
```

【说明】

用于配置地址转换的访问控制列表只能是编号为 2000～2999 的基本访问控制列表或编号为 3000～3999 的高级访问控制列表。

（3）定义访问控制列表规则，指定允许通行的地址或地址段：

```
rule [ rule-id] permit source source-address source-wildcard
```

（4）在端口上应用访问控制列表到 NAT 上：

执行 interface interface-type interface-number 命令，进入端口视图。

执行下述命令将访问控制列表应用到 NAT 上：

```
nat outbound acl-number address-group group-index
```

【说明】

PAT 与动态 NAT 配置的唯一不同是上述命令中少了 **no-pat** 参数。

2. 配置示例

（1）在系统视图下，创建地址池，名称为 1，并给出地址范围，假设地址池范围为 200.10.1.11～200.10.1.50，共 40 个地址：

```
[Huawei]nat address-group 1 200.10.1.11 200.10.1.50
```

（2）创建编号为 2000 的访问控制列表：

```
/*创建编号为 2000 的访问控制列表
[Huawei]acl 2000
```

（3）定义访问控制列表规则，指定允许通行的地址或地址段，假设允许 192.168.1.0 网段通行：

```
[Huawei-acl-basic-2000]rule 5 permit source 192.168.1.0 0.0.0.255
```

（4）在端口上应用访问控制列表到 NAT 上。

进入流量出端口视图，假设端口为 G0/0/0 端口：

```
[Huawei]interface GigabitEthernet 0/0/0
```

在端口上应用访问控制列表到 NAT 上：

```
[Huawei-GigabitEthernet0/0/0]nat outbound 2000 address-group 1
```

9.3.4 Easy IP 配置

对于用户只有一个固定的公有地址，或者不具备固定公有地址的场景，需要进行 Easy IP 配置。Easy IP 是一种把私有地址映射到外部网络的指定端口上，从而实现多对一映射的技术。

1．配置步骤

配置 Easy IP，具体步骤如下。

（1）在系统视图下，使用编号创建一个访问控制列表，并进入访问控制列表视图：

```
acl acl-number
```

【说明】

用于配置地址转换的访问控制列表只能是编号为 2000～2999 的基本访问控制列表或编号为 3000～3999 的高级访问控制列表。

（2）定义 ACL 规则，指定允许通行的地址或地址段：

```
rule [ rule-id] permit source source-address source-wildcard
```

（3）在端口上应用访问控制列表到 NAT 上：

执行 interface interface-type interface-number 命令，进入端口视图。

执行下述命令将访问控制列表应用到 NAT 上：

```
nat outbound acl-number
```

2．配置示例

（1）在系统视图下，创建编号为 2000 的访问控制列表：

```
[Huawei]acl 2000
```

（2）定义 ACL 规则，指定允许通行的地址或地址段，假设允许 192.168.1.0 网段通行：

```
[Huawei-acl-basic-2000]rule 5 permit source 192.168.1.0 0.0.0.255
```

（3）在端口上应用访问控制列表到 NAT 上。

进入流量出口端口，假设端口为 G0/0/0 端口：

```
[Huawei]interface GigabitEthernet 0/0/0
```

在端口上应用访问控制列表到 NAT 上：

```
[Huawei-GigabitEthernet0/0/0]nat outbound 2000
```

9.3.5 NAT Server 配置

在某些场合，内部网络中有一些服务器需要向外部网络提供服务，如一些位于内部网络中的 Web 服务器、FTP 服务器等，NAT 支持这样的应用。通过配置 NAT Server，即定义“公有地址+端口号”与“私有地址+端口号”间的映射关系，位于外部网络中的主机就能够访问位于内部网络中的服务器。

1. 配置步骤

配置 NAT Server 的具体步骤如下。

（1）进入端口视图。

① 执行 system-view 命令，进入系统视图。

② 执行 interface interface-type interface-number 命令，进入端口视图。

（2）配置静态 NAT Server 一对一映射关系。根据地址之间的一对一映射关系执行下述命令：

```
nat server protocol {tcp|udp} global global-address [global-port] inside host-address [host-port]
```

【说明】

当外部网络主动访问内部网络时，NAT Server 和静态 NAT 无差别。当内部网络主动访问外部网络时，NAT Server 仅替换地址；静态 NAT 会同时替换地址和端口号。

2. 配置示例

（1）进入流量出端口，假设端口为 G0/0/0 端口：

```
[Huawei]interface GigabitEthernet 0/0/0
```

（2）配置静态 NAT Server 一对一映射关系。

例如，公有地址为 200.10.1.10，端口号为 80，内部网络中的服务器地址为 192.168.1.1，端口号为 80，配置命令如下：

```
[Huawei-GigabitEthernet0/0/0]nat server protocol tcp global 200.10.1.10 80 inside 192.168.1.1 80
```

9.4 项目实验

9.4.1 项目实验十七　静态 NAT 配置

1. 项目描述

（1）项目背景。

现在某集团内部使用的是私有地址，该公司申请了两个公有地址 200.10.1.10 和 200.10.1.11，假设你是该公司的网络管理人员，现在内部网络中有两台主机，地址分别是 192.168.1.1 和 192.168.1.2，请在出口路由器上配置静态 NAT，以便外部网络中的用户能合法访问这两个集团内部的主机。

（2）逻辑拓扑。

静态 NAT 配置实验拓扑如图 9-12 所示。

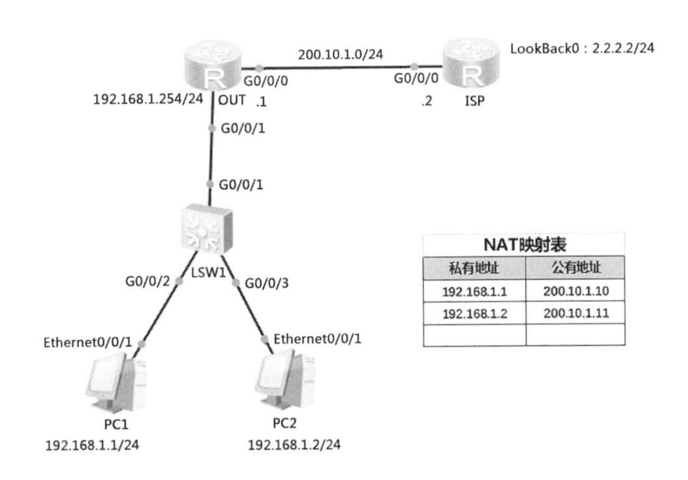

图 9-12 静态 NAT 配置实验拓扑

（3）IP 地址规划。

PC1：

- IP 地址：192.168.1.1。
- 默认网关：192.168.1.254。

PC2：

- IP 地址：192.168.1.2。
- 默认网关：192.168.1.254。

出口路由器 OUT 的端口地址；

- 内部网络端口地址：192.168.1.254。
- 外部网络端口地址：200.10.1.1。

路由器 ISP 端口；

- 与出口路由器 OUT 连接的端口地址：200.10.1.2。
- LoopBack0：2.2.2.2。

地址映射关系：

- 私有地址 192.168.1.1—公有地址 200.10.1.10。
- 私有地址 192.168.1.2—公有地址 200.10.1.11。

（4）任务内容。

第 1 部分：配置各个 PC 的 IP 地址，各路由器的端口地址。

第 2 部分：配置出口路由器 OUT 的默认路由协议，指向下一跳地址 200.10.1.2。

第 3 部分：在出口路由器 OUT 上配置静态 NAT，建立 NAT 映射表。

第 4 部分：验证实验结果。

（5）所需资源

PC（2 台）、二层交换机（1 台）、路由器（2 台）。

2．项目实施

1）第 1 部分：配置各个 PC 的 IP 地址，各路由器的端口地址

（1）配置 2 台 PC 的 IP 地址和默认网关。

PC1：

- IP 地址：192.168.1.1。
- 默认网关：192.168.1.254。

PC2：

- IP 地址：192.168.1.2。
- 默认网关：192.168.1.254。

（2）配置出口路由器 OUT：

```
<Huawei>sys
[Huawei]sysname OUT
[OUT]interface g0/0/0
[OUT-GigabitEthernet0/0/0]ip address 200.10.1.1 24
[OUT-GigabitEthernet0/0/0]quit
[OUT]interface g0/0/1
[OUT-GigabitEthernet0/0/1]ip address 192.168.1.254 24
[OUT-GigabitEthernet0/0/1]quit
```

（3）配置路由器 ISP：

```
<Huawei>sys
[Huawei]sysname ISP
[ISP]interface g0/0/0
[ISP-GigabitEthernet0/0/0]ip address 200.10.1.2 24
[ISP-GigabitEthernet0/0/0]quit
/*配置 LoopBack0
[ISP]interface loopback0
[ISP-LoopBack0]ip address 2.2.2.2 24
[ISP-LoopBack0]quit
```

2）第 2 部分：配置出口路由器 OUT 的默认路由协议，指向下一跳地址 200.10.1.2

配置出口路由器 OUT 的默认路由协议，指向下一跳地址 200.10.1.2：

```
[OUT]ip route-static 0.0.0.0 0.0.0.0 200.10.1.2
```

【说明】

现在配置的路由协议的目的是使内部网络和外部网络相互连通，此时由于没有配置 NAT，内部网络中的 PC 无法访问 2.2.2.2。

3）第 3 部分：在出口路由器 OUT 上配置 NAT，建立 NAT 映射表

在出口路由器 OUT 上配置 NAT，建立 NAT 映射表：

```
[OUT]int g0/0/0
/*建立公有地址与私有地址之间一对一的映射关系
[OUT-GigabitEthernet0/0/0]nat static global 200.10.1.10 inside 192.168.1.1
[OUT-GigabitEthernet0/0/0]nat static global 200.10.1.11 inside 192.168.1.2
[OUT-GigabitEthernet0/0/0]quit
```

至此，静态 NAT 配置完成。

4）第 4 部分：验证实验结果

由于配置了 NAT，内部网络中的 PC 可以访问 2.2.2.2。通过 ping 命令分别在 PC1 和 PC2 上 ping 网络地址 2.2.2.2，验证其是否可以访问。

（1）通过执行 display nat static 命令查看静态 NAT 信息，如图 9-13 所示。

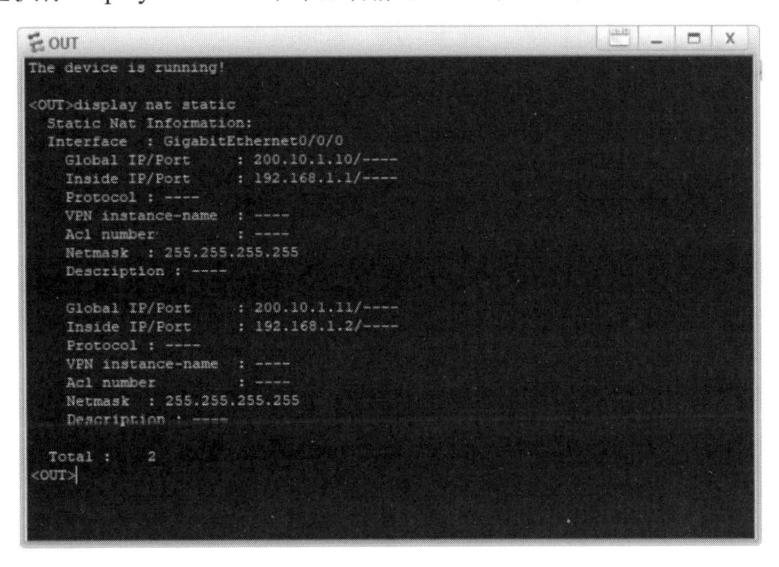

图 9-13 静态 NAT 信息

（2）通过抓包验证地址转换结果。分别在 PC1 和 PC2 上 ping 网络地址 2.2.2.2，在出口路由器 OUT 的 G0/0/0 端口、G0/0/1 端口分别抓包，验证地址转换结果，抓包结果分别如图 9-14 和 9-15 所示。

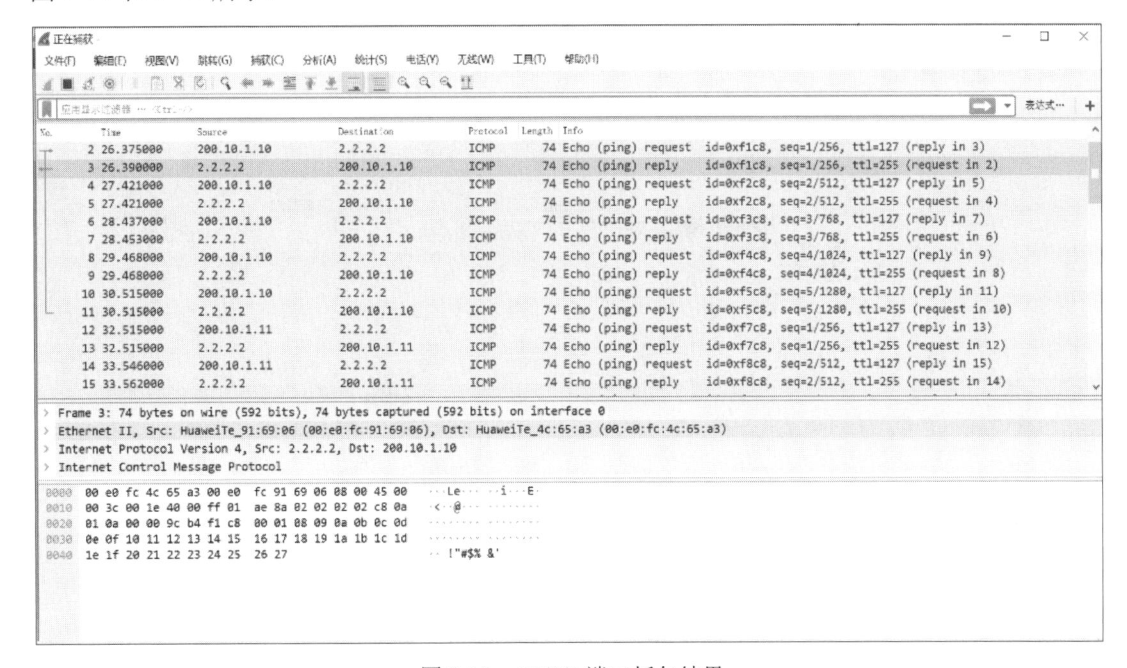

图 9-14 G0/0/0 端口抓包结果

```
正在捕获 -
文件(F) 编辑(E) 视图(V) 跳转(G) 捕获(C) 分析(A) 统计(S) 电话(Y) 无线(W) 工具(T) 帮助(H)
应用显示过滤器 … <Ctrl-/>                                                    表达式… +
No. Time      Source            Destination          Protocol Length Info
 14 23.672000 192.168.1.1       2.2.2.2              ICMP      74 Echo (ping) request  id=0xf2c8, seq=2/512, ttl=128 (reply in 15)
 15 23.687000 2.2.2.2           192.168.1.1          ICMP      74 Echo (ping) reply    id=0xf2c8, seq=2/512, ttl=254 (request in 14)
 16 24.266000 HuaweiTe_7b:58:f9 Spanning-tree-(fo…   STP      119 MST. Root = 32768/0/4c:1f:cc:7b:58:f9  Cost = 0  Port = 0x8001
 17 24.703000 192.168.1.1       2.2.2.2              ICMP      74 Echo (ping) request  id=0xf3c8, seq=3/768, ttl=128 (reply in 18)
 18 24.719000 2.2.2.2           192.168.1.1          ICMP      74 Echo (ping) reply    id=0xf3c8, seq=3/768, ttl=254 (request in 17)
 19 25.734000 192.168.1.1       2.2.2.2              ICMP      74 Echo (ping) request  id=0xf4c8, seq=4/1024, ttl=128 (reply in 20)
 20 25.750000 2.2.2.2           192.168.1.1          ICMP      74 Echo (ping) reply    id=0xf4c8, seq=4/1024, ttl=254 (request in 19)
 21 26.547000 HuaweiTe_7b:58:f9 Spanning-tree-(fo…   STP      119 MST. Root = 32768/0/4c:1f:cc:7b:58:f9  Cost = 0  Port = 0x8001
 22 26.781000 192.168.1.1       2.2.2.2              ICMP      74 Echo (ping) request  id=0xf5c8, seq=5/1280, ttl=128 (reply in 23)
 23 26.797000 2.2.2.2           192.168.1.1          ICMP      74 Echo (ping) reply    id=0xf5c8, seq=5/1280, ttl=254 (request in 22)
 24 28.687000 HuaweiTe_7b:58:f9 Spanning-tree-(fo…   STP      119 MST. Root = 32768/0/4c:1f:cc:7b:58:f9  Cost = 0  Port = 0x8001
 25 28.781000 192.168.1.2       2.2.2.2              ICMP      74 Echo (ping) request  id=0xf7c8, seq=1/256, ttl=128 (reply in 26)
 26 28.797000 2.2.2.2           192.168.1.2          ICMP      74 Echo (ping) reply    id=0xf7c8, seq=1/256, ttl=254 (request in 25)
 27 29.812000 192.168.1.2       2.2.2.2              ICMP      74 Echo (ping) request  id=0xf8c8, seq=2/512, ttl=128 (reply in 28)
 28 29.828000 2.2.2.2           192.168.1.2          ICMP      74 Echo (ping) reply    id=0xf8c8, seq=2/512, ttl=254 (request in 27)
 29 30.828000 HuaweiTe_7b:58:f9 Spanning-tree-(fo…   STP      119 MST. Root = 32768/0/4c:1f:cc:7b:58:f9  Cost = 0  Port = 0x8001
 30 30.844000 192.168.1.2       2.2.2.2              ICMP      74 Echo (ping) request  id=0xf9c8, seq=3/768, ttl=128 (reply in 31)

> Frame 1: 119 bytes on wire (952 bits), 119 bytes captured (952 bits) on interface 0
> IEEE 802.3 Ethernet
> Logical-Link Control
> Spanning Tree Protocol

0000  01 80 c2 00 00 00 4c 1f  cc 7b 58 f9 00 69 42 42   ······L· ·{X··iBB
0010  03 00 00 03 02 7c 80 00  4c 1f cc 7b 58 f9 00 00   ·····|·· L··{X···
0020  00 00 80 00 4c 1f cc 7b  58 f9 80 01 00 00 14 00   ····L··{ X·······
0030  02 00 0f 00 00 00 40 00  34 63 31 66 63 63 37 62   ······@· 4c1fcc7b
0040  35 38 66 39 00 00 00 00  00 00 00 00 00 00 00 00   58f9···· ········
0050  00 00 00 00 00 00 00 00  00 00 ac 36 17 7f 50 28   ········ ···6··P(
```

图 9-15　G0/0/1 端口抓包结果

9.4.2　项目实验十八　动态 NAT 配置

1. 项目描述

（1）项目背景。

某公司内部使用的是私有地址，该公司申请了公有地址 200.10.1.10～200.10.1.19，假设你是该公司的网络管理人员，请在出口路由器上配置动态 NAT，以便将内部网络用户的 IP 地址动态转换成一个合法的公有地址，从而确保内部网络用户能访问外部网络。

（2）逻辑拓扑。

动态 NAT 配置实验拓扑如图 9-16 所示。

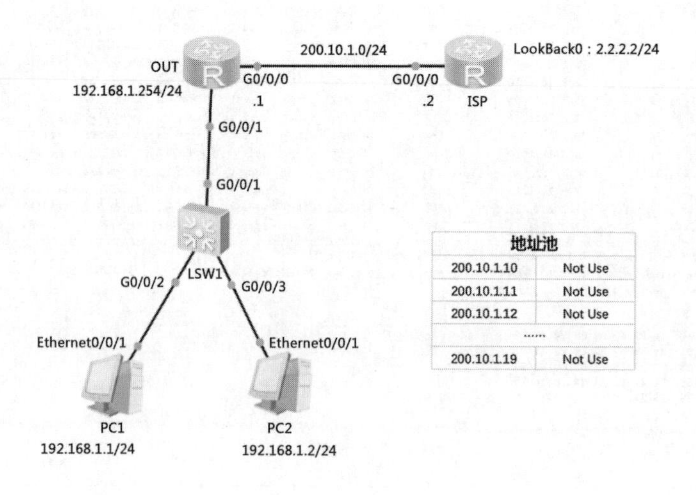

图 9-16　动态 NAT 配置实验拓扑

（3）IP 地址规划。

PC1：

- IP 地址：192.168.1.1。
- 默认网关：192.168.1.254。

PC2：

- IP 地址：192.168.1.2。
- 默认网关：192.168.1.254。

出口路由器 OUT 端口地址：

- 内部网络端口地址：192.168.1.254。
- 外部网络端口地址：200.10.1.1。

路由器 ISP 端口地址：

- 与出口路由器 OUT 连接的端口地址：200.10.1.2。
- LoopBack0：2.2.2.2。

地址池：

- 公有地址 200.10.1.10～200.10.1.19，共 10 个地址。

（4）任务内容。

第 1 部分：配置各个 PC 的 IP 地址，各路由器的端口地址。

第 2 部分：配置出口路由器 OUT 的默认路由协议，指向下一跳地址 200.10.1.2。

第 3 部分：在出口路由器 OUT 上配置动态 NAT。

第 4 部分：验证实验结果。

（5）所需资源。

PC（2 台）、二层交换机（1 台）、路由器（2 台）。

2.项目实施

1）第 1 部分：配置各个 PC 的 IP 地址，各路由器的端口地址。

（1）配置 2 台 PC 的 IP 地址和默认网关。

PC1：

- IP 地址：192.168.1.1。
- 默认网关：192.168.1.254。

PC2：

- IP 地址：192.168.1.2。
- 默认网关：192.168.1.254。

（2）配置出口路由器 OUT：

```
<Huawei>sys
[Huawei]sysname OUT
[OUT]interface g0/0/0
[OUT-GigabitEthernet0/0/0]ip address 200.10.1.1 24
[OUT-GigabitEthernet0/0/0]quit
[OUT]interface g0/0/1
```

```
[OUT-GigabitEthernet0/0/1]ip address 192.168.1.254 24
[OUT-GigabitEthernet0/0/1]quit
```

（3）配置路由器 ISP：

```
<Huawei>sys
[Huawei]sysname ISP
[ISP]interface g0/0/0
[ISP-GigabitEthernet0/0/0]ip address 200.10.1.2 24
[ISP-GigabitEthernet0/0/0]quit
/*配置 LoopBack0
[ISP]interface loopback0
[ISP-LoopBack0]ip address 2.2.2.2 24
[ISP-LoopBack0]quit
```

2）第 2 部分：配置出口路由器 OUT 的默认路由协议，指向下一跳地址 200.10.1.2

配置出口路由器 OUT 的默认路由协议，指向下一跳地址 200.10.1.2：

```
[OUT]ip route-static 0.0.0.0 0.0.0.0 200.10.1.2
```

3）第 3 部分：在出口路由器 OUT 上配置动态 NAT

在出口路由器 OUT 上配置动态 NAT：

```
/*配置地址池
[OUT]nat address-group 1 200.10.1.10 200.10.1.19
/*创建访问控制列表，编号为 2000
[OUT]acl 2000
[OUT-acl-basic-2000]
/*创建一条 5 号规则，精确匹配源地址为 192.168.1.1 的地址
[OUT-acl-basic-2000]rule 5 permit source 192.168.1.1 0.0.0.0
/*创建一条 10 号规则，精确匹配源地址为 192.168.1.2 的地址
[OUT-acl-basic-2000]rule 10 permit source 192.168.1.2 0.0.0.0
/*进入连接外部网络的端口对应的端口视图，设置一条 NAT 条目，该端口为 outbound 端口，且将
编号为 2000 的访问控制列表中的匹配网络地址按顺序转换为地址池 1 中的公有地址
[OUT]inter g0/0/0
[OUT-GigabitEthernet0/0/0]nat outbound 2000 address-group 1 no-pat
```

至此，动态 NAT 配置完成。

4）第 4 部分：验证实验结果

通过分别在 PC1 和 PC2 上 ping 网络地址 2.2.2.2，验证其是否可以访问。通过抓包验证地址转换结果，或者通过执行 display nat session all 命令验证转换结果。

（1）通过抓包验证地址转换结果。在 PC1 和 PC2 上分别 ping 网络地址 2.2.2.2，对出口路由器 OUT 的 G0/0/0 端口、G0/0/1 端口进行抓包，验证地址转换结果，抓包结果分别如图 9-17 和图 9-18 所示。

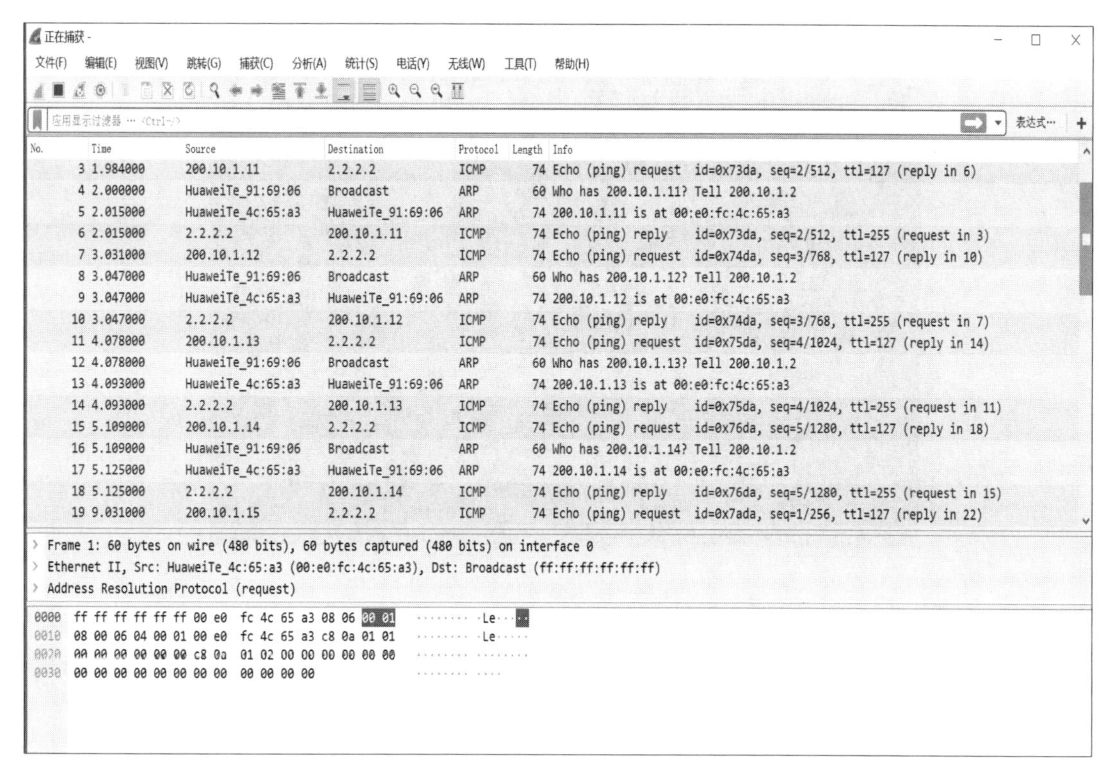

图 9-17 G0/0/0 端口抓包结果

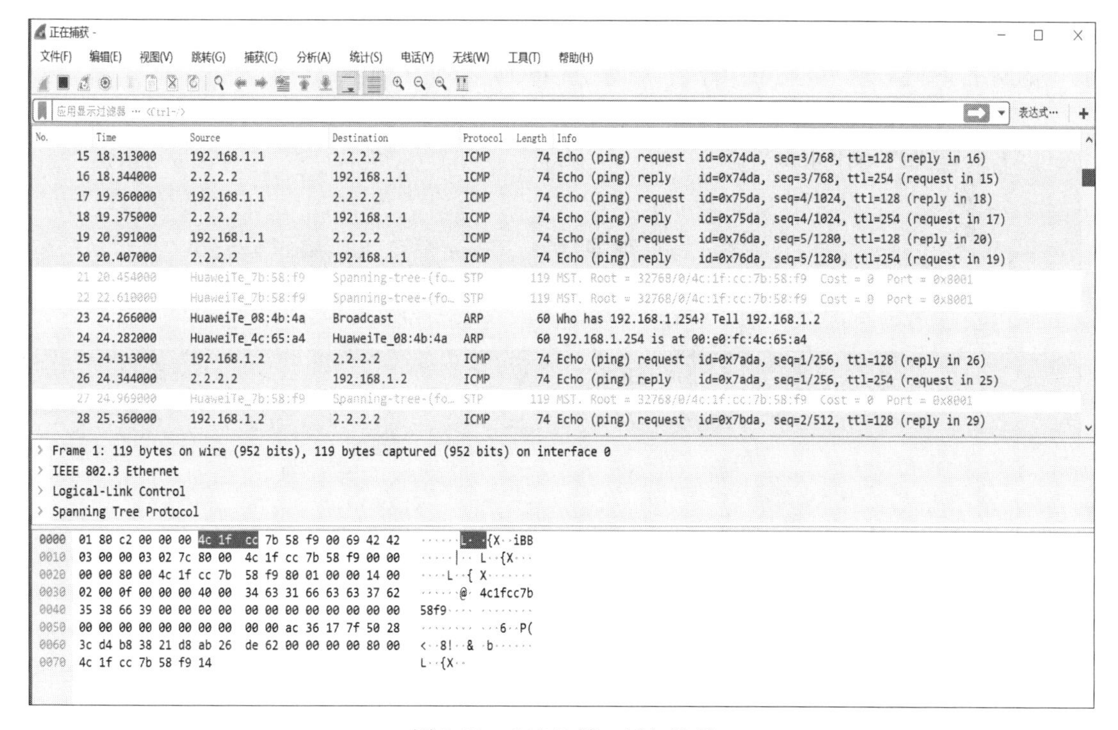

图 9-18 G0/0/1 端口抓包结果

（2）通过执行 display nat session all 命令来查看动态 NAT 信息，如图 9-19 所示。

```
<OUT>display nat session all
  NAT Session Table Information:

     Protocol          : ICMP(1)
     SrcAddr   Vpn     : 192.168.1.2
     DestAddr  Vpn     : 2.2.2.2
     Type Code IcmpId  : 0   8   35553
     NAT-Info
       New SrcAddr     : 200.10.1.19
       New DestAddr    : ----
       New IcmpId      : ----

     Protocol          : ICMP(1)
     SrcAddr   Vpn     : 192.168.1.2
     DestAddr  Vpn     : 2.2.2.2
     Type Code IcmpId  : 0   8   35552
     NAT-Info
       New SrcAddr     : 200.10.1.18
       New DestAddr    : ----
       New IcmpId      : ----

     Protocol          : ICMP(1)
     SrcAddr   Vpn     : 192.168.1.2
     DestAddr  Vpn     : 2.2.2.2
     Type Code IcmpId  : 0   8   35551
  ---- More ----
```

图 9-19　动态 NAT 信息

9.4.3　项目实验十九　PAT 配置

1. 项目描述

（1）项目背景。

某公司使用的是私有地址，该公司申请了公有地址 200.10.1.10～200.10.1.19，假设你是公司的网络管理人员，请在出口路由器上配置 PAT，以便实现多对一的映射。

（2）逻辑拓扑。

PAT 配置实验拓扑如图 9-20 所示。

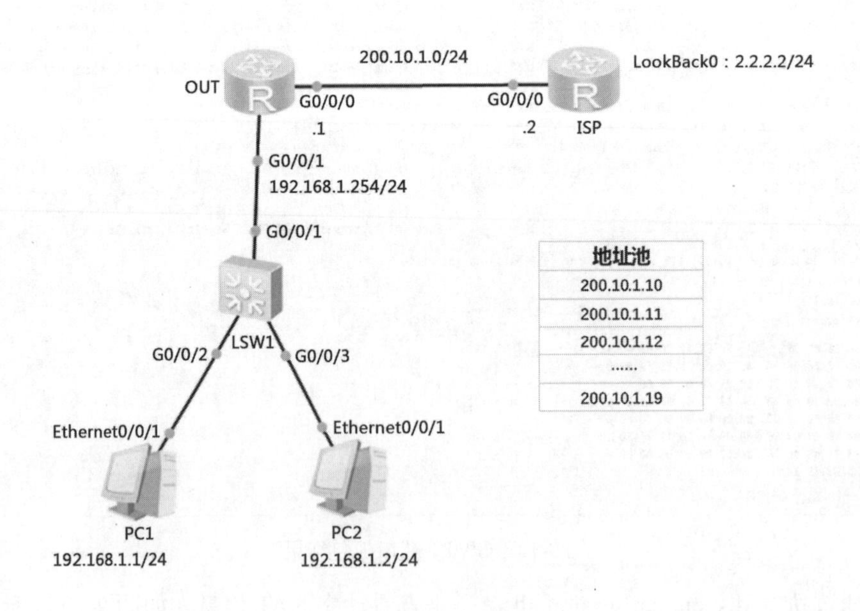

图 9-20　PAT 配置实验拓扑

（3）IP 地址规划。

PC1：

- IP 地址：192.168.1.1。
- 默认网关：192.168.1.254。

PC2：

- IP 地址：192.168.1.2。
- 默认网关：192.168.1.254。

出口路由器 OUT 端口地址：

- 内部网络端口地址：192.168.1.254。
- 外部网络端口地址：200.10.1.1。

路由器 ISP 端口地址：

- 与出口路由器 OUT 连接端口：200.10.1.2。
- LoopBack0：2.2.2.2。

地址池：

- 公有地址 200.10.1.10～200.10.1.19，共 10 个地址。

（4）任务内容。

第 1 部分：配置各个 PC 的 IP 地址，各路由器的端口地址。

第 2 部分：配置出口路由器 OUT 默认路由协议，指向下一跳地址 200.10.1.2。

第 3 部分：在出口路由器 OUT 上配置 PAT。

第 4 部分：验证实验结果。

（5）所需资源。

PC（2 台）、二层交换机（1 台）、路由器（2 台）。

2. 项目实施

1）第 1 部分：配置各个 PC 的 IP 地址，各路由器的端口地址

（1）配置 2 个 PC 的 IP 地址和网关。

PC1：

- IP 地址：192.168.1.1。
- 默认网关：192.168.1.254。

PC2：

- IP 地址：192.168.1.2。
- 默认网关：192.168.1.254。

（2）配置出口路由器 OUT：

```
<Huawei>sys
[Huawei]sysname OUT
[OUT]interface g0/0/0
[OUT-GigabitEthernet0/0/0]ip address 200.10.1.1 24
[OUT-GigabitEthernet0/0/0]quit
[OUT]interface g0/0/1
```

```
[OUT-GigabitEthernet0/0/1]ip address 192.168.1.254 24
[OUT-GigabitEthernet0/0/1]quit
```

（3）配置路由器 ISP：

```
<Huawei>sys
[Huawei]sysname ISP
[ISP]interface g0/0/0
[ISP-GigabitEthernet0/0/0]ip address 200.10.1.2 24
[ISP-GigabitEthernet0/0/0]quit
/*配置 loopBack0
[ISP]interface loopback0
[ISP-LoopBack0]ip address 2.2.2.2 24
[ISP-LoopBack0]quit
```

2）第 2 部分：配置出口路由器 OUT 默认路由协议，指向下一跳地址 200.10.1.2

配置出口路由器 OUT 默认路由协议，指向下一跳地址 200.10.1.2：

```
[OUT]ip route-static 0.0.0.0 0.0.0.0 200.10.1.2
```

3）第 3 部分：在出口路由器 OUT 上配置 PAT

在出口路由器 OUT 上配置 PAT：

```
/*配置地址池
[OUT]nat address-group 1 200.10.1.10 200.10.1.19
/*创建访问控制列表，编号为 2000
[OUT]acl 2000
[OUT-acl-basic-2000]
/*创建一条 5 号规则，精确匹配源地址为 192.168.1.1 的地址
[OUT-acl-basic-2000]rule 5 permit source 192.168.1.1 0.0.0.0
/*创建一条 10 号规则，精确匹配源地址为 192.168.1.2 的地址
[OUT-acl-basic-2000]rule 10 permit source 192.168.1.2 0.0.0.0
/*进入连接外部网络的端口对应的端口视图，设置一条 NAT 条目，该端口为 outbound 端口，且将
编号为 2000 的访问控制列表中的匹配网络地址转换为地址池 1 中的公有地址
[OUT]inter g0/0/0
[OUT-GigabitEthernet0/0/0]nat outbound 2000 address-group 1
```

【说明】

PAT 配置与动态 NAT 配置唯一的不同就是 nat outbound 2000 address-group 1 命令后没有 no-pat 参数。

至此，PAT 配置完成。

4）第 4 部分：验证实验结果

通过分别在 PC1 和 PC2 上 ping 网络地址 2.2.2.2，验证其是否可以访问。通过抓包验证地址转换结果，或者通过执行 display nat session all 命令验证转换结果。

（1）通过抓包验证地址转换结果。分别在 PC1 和 PC2 上 ping 网络地址 2.2.2.2，在出口路由器 OUT 的 G0/0/0 端口、G0/0/1 端口分别抓包，验证地址转换结果，抓包结果分别如图 9-21 和图 9-22 所示。

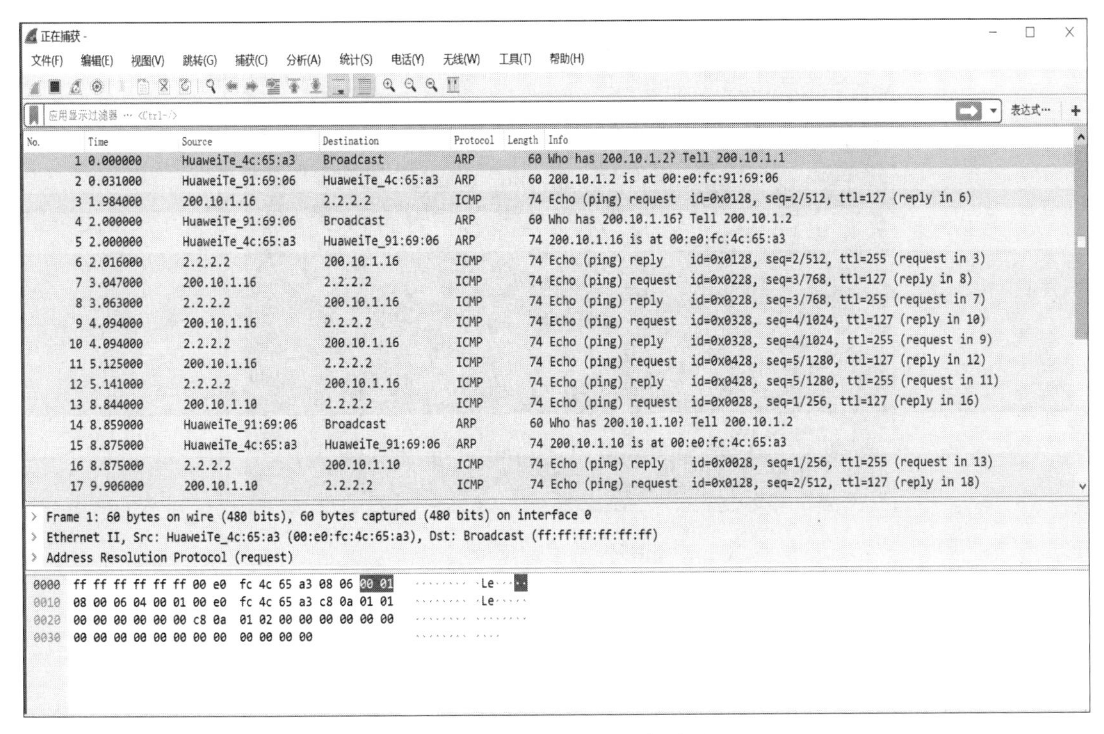

图 9-21　G0/0/0 端口抓包结果

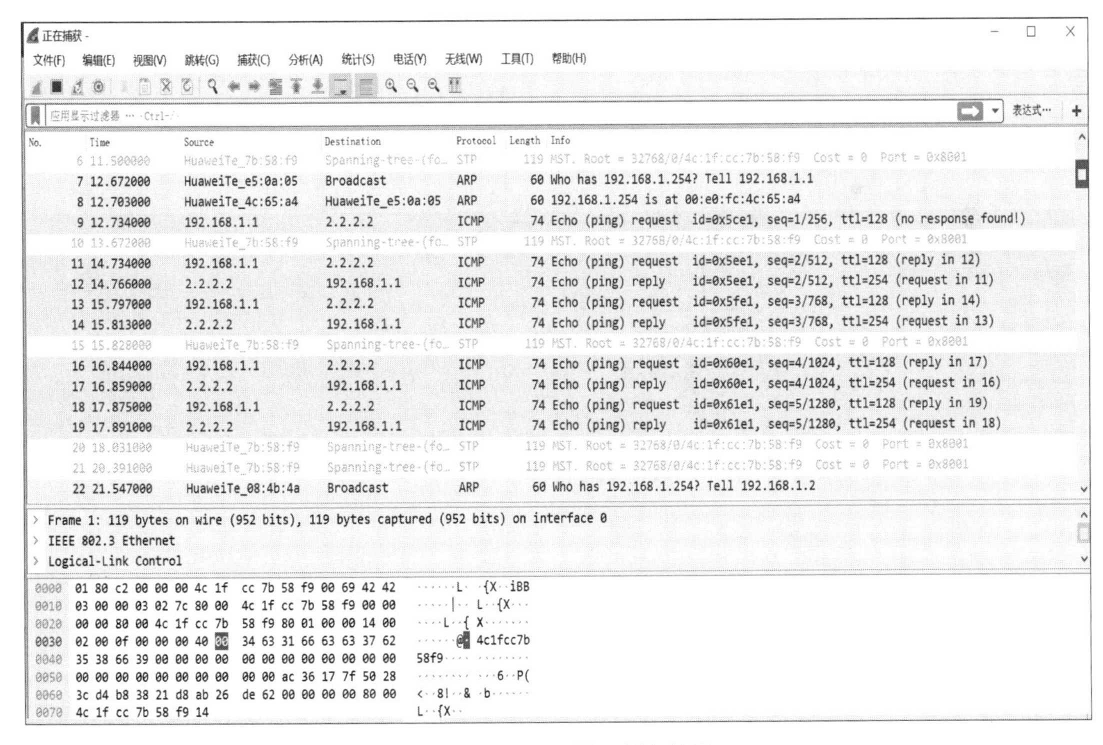

图 9-22　G0/0/1 端口抓包结果

（2）通过执行 display nat session all 命令来查看 PAT 信息，如图 9-23 所示。

```
<OUT>display nat session all
  NAT Session Table Information:

     Protocol          : ICMP(1)
     SrcAddr   Vpn     : 192.168.1.2
     DestAddr  Vpn     : 2.2.2.2
     Type Code IcmpId  : 0   8   36159
     NAT-Info
       New SrcAddr     : 200.10.1.10
       New DestAddr    : ----
       New IcmpId      : 10249

     Protocol          : ICMP(1)
     SrcAddr   Vpn     : 192.168.1.2
     DestAddr  Vpn     : 2.2.2.2
     Type Code IcmpId  : 0   8   36158
     NAT-Info
       New SrcAddr     : 200.10.1.10
       New DestAddr    : ----
       New IcmpId      : 10248

     Protocol          : ICMP(1)
     SrcAddr   Vpn     : 192.168.1.2
     DestAddr  Vpn     : 2.2.2.2
     Type Code IcmpId  : 0   8   36157
     NAT-Info
  ---- More ----
```

图 9-23　PAT 信息

9.4.4　项目实验二十　Easy IP 配置

1．项目描述

（1）项目背景。

某公司使用的是私有地址，该公司的出口路由器只有一个公有地址，假设你是公司的网络管理人员，如何来配置出口路由器？

（2）实验拓扑。

Easy IP 配置实验拓扑如图 9-24 所示。

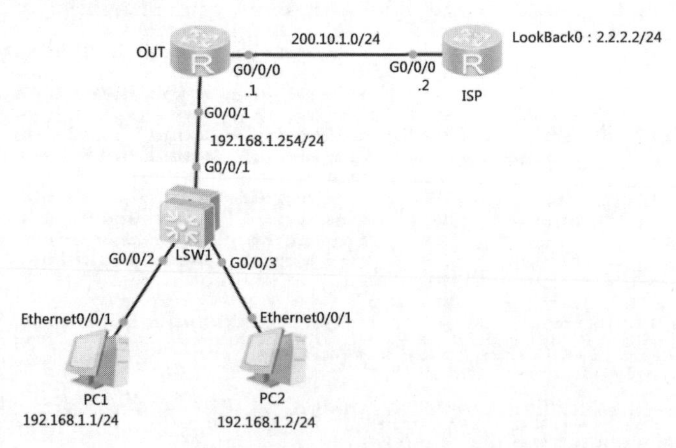

图 9-24　Easy IP 配置实验拓扑

（3）IP 地址规划。

PC1：

- IP 地址：192.168.1.1。
- 默认网关：192.168.1.254。

PC2：

- IP 地址：192.168.1.2。

- 默认网关：192.168.1.254。

出口路由器 OUT 端口地址：

- 内部网络端口地址：192.168.1.254。
- 外部网络端口地址：200.10.1.1。

路由器 ISP 端口地址：

- 与出口路由器 OUT 连接端口地址：200.10.1.2。
- LoopBack0：2.2.2.2。

（4）任务内容。

第 1 部分：配置各个 PC 的 IP 地址，各路由器的端口地址。

第 2 部分：配置出口路由器 OUT 的默认路由协议，指向下一跳地址 200.10.1.2。

第 3 部分：在出口路由器 OUT 上配置 Easy IP。

第 4 部分：验证实验结果。

（5）所需资源。

PC（2 台）、二层交换机（1 台）、路由器（2 台）。

2. 项目实施

1）第 1 部分：配置各个 PC 的 IP 地址，各路由器的端口地址

（1）配置 2 个 PC 的 IP 地址和默认网关。

PC1：

- IP 地址：192.168.1.1。
- 默认网关：192.168.1.254。

PC2：

- IP 地址：192.168.1.2。
- 默认网关：192.168.1.254。

（2）配置出口路由器 OUT：

```
<Huawei>sys
[Huawei]sysname OUT
[OUT]interface g0/0/0
[OUT-GigabitEthernet0/0/0]ip address 200.10.1.1 24
[OUT-GigabitEthernet0/0/0]quit
[OUT]interface g0/0/1
[OUT-GigabitEthernet0/0/1]ip address 192.168.1.254 24
[OUT-GigabitEthernet0/0/1]quit
```

（3）配置路由器 ISP：

```
<Huawei>sys
[Huawei]sysname ISP
[ISP]interface g0/0/0
[ISP-GigabitEthernet0/0/0]ip address 200.10.1.2 24
[ISP-GigabitEthernet0/0/0]quit
/*配置 LoopBack0
[ISP]interface loopback0
[ISP-LoopBack0]ip address 2.2.2.2 24
[ISP-LoopBack0]quit
```

2）第 2 部分：配置出口路由器 OUT 的默认路由协议，指向下一跳地址 200.10.1.2

配置出口路由器 OUT 的默认路由协议，指向下一跳地址 200.10.1.2：

```
[OUT]ip route-static 0.0.0.0 0.0.0.0 200.10.1.2
```

3）第 3 部分：在出口路由器 OUT 上配置 Easy IP

在出口路由器 OUT 上配置 Easy IP：

```
/*创建访问控制列表，编号为 2000
[OUT]acl 2000
[OUT acl-basic-2000]
/*创建一条 5 号规则，精确匹配源地址为 192.168.1.1 的地址
[OUT-acl-basic-2000]rule 5 permit source 192.168.1.1 0.0.0.0
/*创建一条 10 号规则，精确匹配源地址为 192.168.1.2 的地址
[OUT-acl-basic-2000]rule 10 permit source 192.168.1.2 0.0.0.0
/*进入连接外部网络的端口对应的端口视图，设置一条 NAT 条目，该端口为 outbound，且将编号为 2000 的访问控制列表中的匹配网络地址转换为公有地址
[OUT]inter g0/0/0
[OUT-GigabitEthernet0/0/0]nat outbound 2000
```

至此，Easy IP 配置完成。

4）第 4 部分：验证实验结果

通过分别在 PC1 和 PC2 上 ping 网络地址 2.2.2.2，验证其是否可以访问。通过执行 display nat session all 命令验证转换结果。

（1）通过抓包验证地址转换结果。分别在 PC1 和 PC2 上 ping 网络地址 2.2.2.2，在出口路由器 OUT 的 G0/0/0 端口、G0/0/1 端口分别抓包，验证地址转换结果，抓包结果分别如图 9-25 和图 9-26 所示。

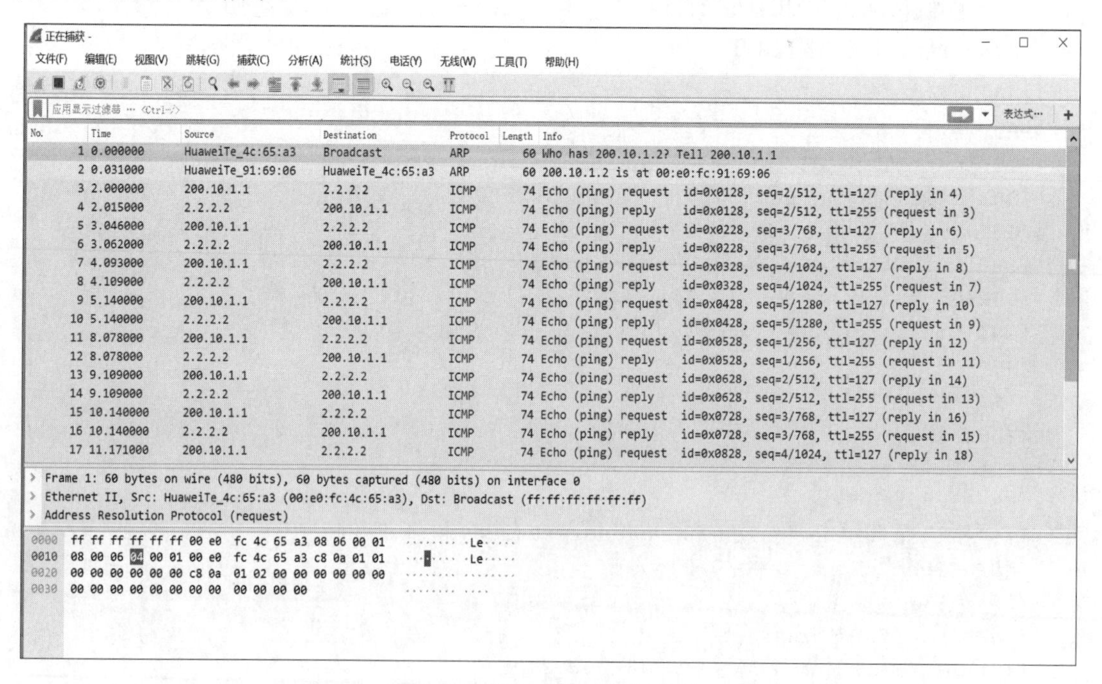

图 9-25 G0/0/0 端口抓包效果

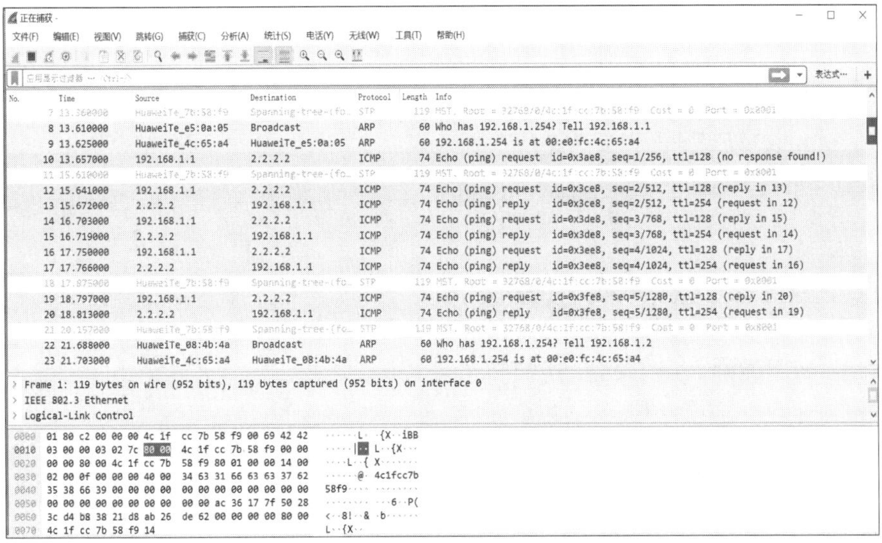

```
No.  Time       Source             Destination          Protocol Length Info
 7 13.360000  HuaweiTe_7b:58:f9  Spanning-tree-(fo..  STP   119 MST. Root = 32768/0/4c:1f:cc:7b:58:f9  Cost = 0  Port = 0x8001
 8 13.610000  HuaweiTe_e5:0a:05  Broadcast            ARP    60 Who has 192.168.1.254? Tell 192.168.1.1
 9 13.625000  HuaweiTe_4c:65:a4  HuaweiTe_e5:0a:05    ARP    60 192.168.1.254 is at 00:e0:fc:4c:65:a4
10 13.657000  192.168.1.1        2.2.2.2              ICMP   74 Echo (ping) request  id=0x3ae8, seq=1/256, ttl=128 (no response found!)
11 15.610000  HuaweiTe_7b:58:f9  Spanning-tree-(fo..  STP   119 MST. Root = 32768/0/4c:1f:cc:7b:58:f9  Cost = 0  Port = 0x8001
12 15.641000  192.168.1.1        2.2.2.2              ICMP   74 Echo (ping) request  id=0x3ce8, seq=2/512, ttl=128 (reply in 13)
13 15.672000  2.2.2.2            192.168.1.1          ICMP   74 Echo (ping) reply    id=0x3ce8, seq=2/512, ttl=254 (request in 12)
14 16.703000  192.168.1.1        2.2.2.2              ICMP   74 Echo (ping) request  id=0x3de8, seq=3/768, ttl=128 (reply in 15)
15 16.719000  2.2.2.2            192.168.1.1          ICMP   74 Echo (ping) reply    id=0x3de8, seq=3/768, ttl=254 (request in 14)
16 17.750000  192.168.1.1        2.2.2.2              ICMP   74 Echo (ping) request  id=0x3ee8, seq=4/1024, ttl=128 (reply in 17)
17 17.766000  2.2.2.2            192.168.1.1          ICMP   74 Echo (ping) reply    id=0x3ee8, seq=4/1024, ttl=254 (request in 16)
18 17.875000  HuaweiTe_7b:58:f9  Spanning-tree-(fo..  STP   119 MST. Root = 32768/0/4c:1f:cc:7b:58:f9  Cost = 0  Port = 0x8001
19 18.797000  192.168.1.1        2.2.2.2              ICMP   74 Echo (ping) request  id=0x3fe8, seq=5/1280, ttl=128 (reply in 20)
20 18.813000  2.2.2.2            192.168.1.1          ICMP   74 Echo (ping) reply    id=0x3fe8, seq=5/1280, ttl=254 (request in 19)
21 20.157000  HuaweiTe_7b:58:f9  Spanning-tree-(fo..  STP   119 MST. Root = 32768/0/4c:1f:cc:7b:58:f9  Cost = 0  Port = 0x8001
22 21.688000  HuaweiTe_08:4b:4a  Broadcast            ARP    60 Who has 192.168.1.254? Tell 192.168.1.2
23 21.703000  HuaweiTe_4c:65:a4  HuaweiTe_08:4b:4a    ARP    60 192.168.1.254 is at 00:e0:fc:4c:65:a4

> Frame 1: 119 bytes on wire (952 bits), 119 bytes captured (952 bits) on interface 0
> IEEE 802.3 Ethernet
> Logical-Link Control
```

图 9-26　G0/0/1 端口抓包结果

（2）通过执行 display nat scssion all 命令，查看 Easy IP 信息，如图 9-27 所示。

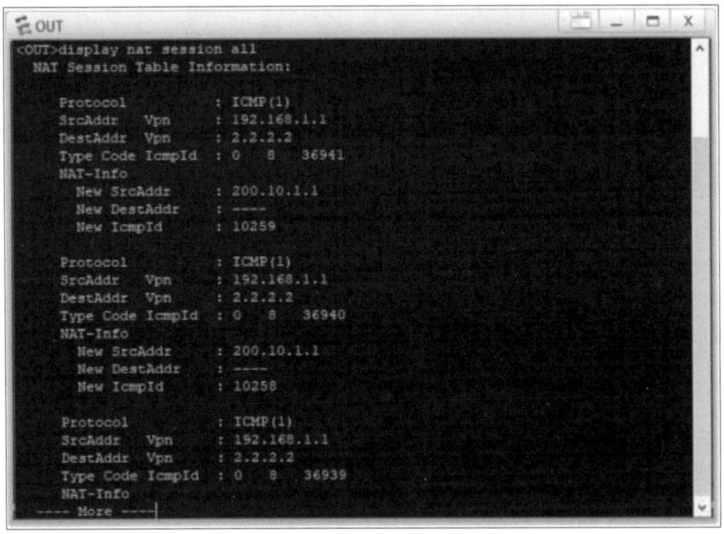

```
<OUT>display nat session all
  NAT Session Table Information:

     Protocol          : ICMP(1)
     SrcAddr   Vpn     : 192.168.1.1
     DestAddr  Vpn     : 2.2.2.2
     Type Code IcmpId  : 0   8   36941
     NAT-Info
       New SrcAddr     : 200.10.1.1
       New DestAddr    : ----
       New IcmpId      : 10259

     Protocol          : ICMP(1)
     SrcAddr   Vpn     : 192.168.1.1
     DestAddr  Vpn     : 2.2.2.2
     Type Code IcmpId  : 0   8   36940
     NAT-Info
       New SrcAddr     : 200.10.1.1
       New DestAddr    : ----
       New IcmpId      : 10258

     Protocol          : ICMP(1)
     SrcAddr   Vpn     : 192.168.1.1
     DestAddr  Vpn     : 2.2.2.2
     Type Code IcmpId  : 0   8   36939
     NAT-Info
  ---- More ----
```

图 9-27　Easy IP 信息

9.4.5　项目实验二十一　NAT Server 配置

1. 项目描述

（1）项目背景。

某公司使用的是私有地址，其数据中心布置有一台服务器，专门提供对外 Web 服务和 FTP 服务，并且申请了公有地址 200.10.1.10～200.10.1.19，共 10 个 IP 地址，假设你是公司的网络管理人员，如何配置出口路由器？

（2）逻辑拓扑。

NAT Server 配置实验拓扑如图 9-28 所示。

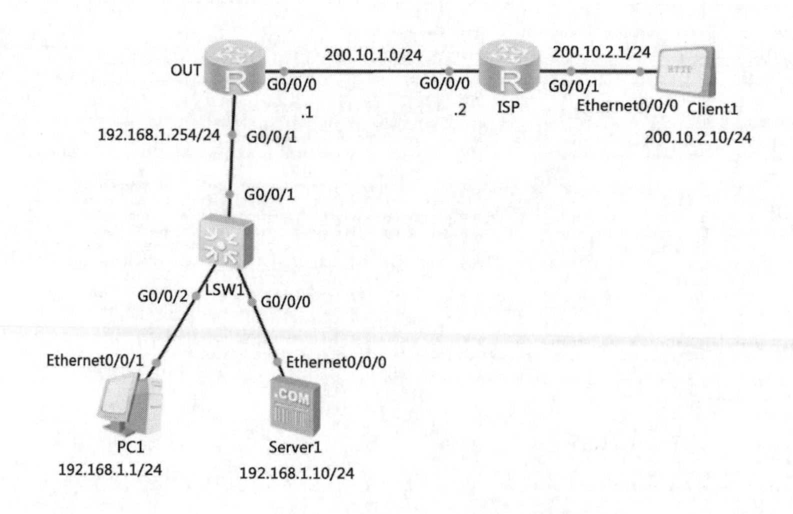

图 9-28　NAT Server 配置实验拓扑

（3）IP 地址规划。

PC1：

- IP 地址：192.168.1.1。
- 默认网关：192.168.1.254。

Server1：

- IP 地址：192.168.1.10。
- 默认网关：192.168.1.254。

Client1：

- IP 地址：200.10.2.10。
- 默认网关：200.10.2.1。

出口路由器 OUT 端口地址：

- 内部网络端口地址：192.168.1.254。
- 外部网络端口地址：200.10.1.1。

路由器 ISP 端口地址：

- 与出口路由器 OUT 连接端口地址：200.10.1.2。
- 与 Client1 连接端口地址：200.10.2.1。

（4）任务内容。

第 1 部分：配置 PC1、Server1、Client1 的 IP 地址，各路由器的端口地址。

第 2 部分：配置出口路由器 OUT 的默认路由协议，指向下一跳地址 200.10.1.2。

第 3 部分：在出口路由器 OUT 上配置 NAT Server。

第 4 部分：验证实验结果。

（5）所需资源。

PC（1 台）、服务器（1 台）、客户机（1 台）、二层交换机（1 台）、路由器（2 台）。

2．项目实施

1）第 1 部分：配置 PC1、Server1、Client1 的 IP 地址，各路由器的端口地址

（1）配置 PC1、Server1，Client1 的 IP 地址和默认网关。

PC1：

- IP 地址：192.168.1.1。
- 默认网关：192.168.1.254。

Server1：

- IP 地址：192.168.1.10。
- 默认网关：192.168.1.254。

Client1：

- IP 地址：200.10.2.10。
- 默认网关：200.10.2.1。

（2）配置出口路由器 OUT：

```
<Huawei>sys
[Huawei]sysname OUT
[OUT]interface g0/0/0
[OUT-GigabitEthernet0/0/0]ip address 200.10.1.1 24
[OUT-GigabitEthernet0/0/0]quit
[OUT]interface g0/0/1
[OUT-GigabitEthernet0/0/1]ip address 192.168.1.254 24
[OUT-GigabitEthernet0/0/1]quit
```

（3）配置路由器 ISP：

```
<Huawei>sys
[Huawei]sysname ISP
[ISP]interface g0/0/0
[ISP-GigabitEthernet0/0/0]ip address 200.10.1.2 24
[ISP-GigabitEthernet0/0/0]quit
/*配置 g0/0/1 端口
[ISP]interface g0/0/1
[ISP- GigabitEthernet0/0/1]ip address 200.10.2.1 24
[ISP- GigabitEthernet0/0/1]quit
```

2）第 2 部分：配置出口路由器 OUT 的默认路由协议，指向下一跳地址 200.10.1.2

配置出口路由器 OUT 的默认路由协议，指向下一跳地址 200.10.1.2：

```
[OUT]ip route-static 0.0.0.0 0.0.0.0 200.10.1.2
```

3）第 3 部分：在出口路由器 OUT 上配置 NAT Server

在出口路由器 OUT 上配置 NAT Server：

```
[OUT]int g0/0/0
/*建立公有地址与私有地址之间一对一的映射关系
[OUT-GigabitEthernet0/0/0]nat static global 200.10.1.10 inside 192.168.1.1
/*建立公有地址+端口号与私有地址+端口号之间一对一的映射关系
[OUT-GigabitEthernet0/0/0]nat server protocol tcp global 200.10.1.11 80
inside 192.168.1.2 80
[OUT-GigabitEthernet0/0/0]nat server protocol tcp global 200.10.1.11 21
```

```
inside 192.168.1.2 21
    [OUT-GigabitEthernet0/0/0]quit
```

至此，NAT Server 配置完成。

4）第 4 部分：验证实验结果

（1）内部网络和外部网络间的连通性及配置结果验证。

通过在 PC1 上 ping 网络地址 200.10.2.10，验证其是否可以访问。通过执行 display nat static 命令和 display nat server 命令验证配置结果，结果如图 9-29 所示。

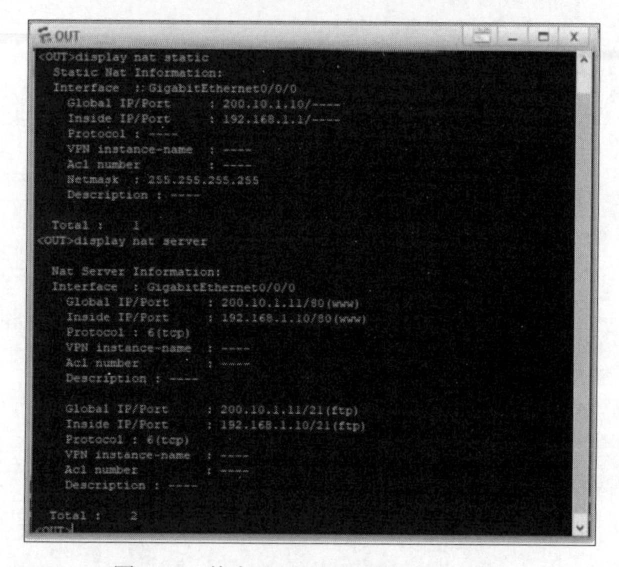

图 9-29　静态 NAT 和 NAT Server 信息

（2）外部网络中的 Client1 访问内部网络中的 Server1 验证。

① 设置内部网络中的 Server1 的 80 端口并启动。

内部网络中的 Server1 的 80 端口设置与启动过程如图 9-30 所示。

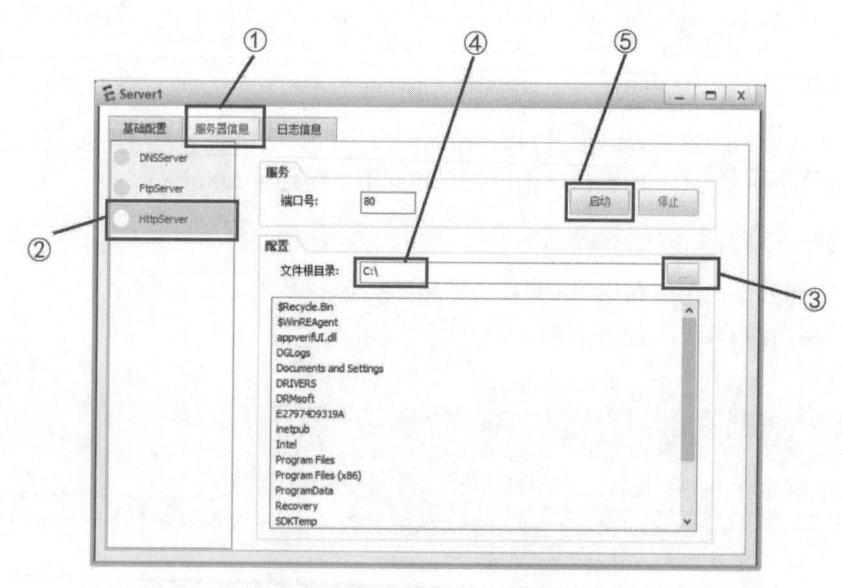

图 9-30　内部网络中的 Server1 的 80 端口设置与启动过程

具体步骤如下。

- 双击 Server1 图标，进入“服务器信息”界面。
- 单击 HttpServer 标签。
- 在“配置”选区中单击“文件根目录”文本框后的按钮。
- 选择“C:\”选项，或者自定义的存放 index.html 文件的目录。
- 单击“启动”按钮。

② 设置内部网络中的 Server1 的 21 端口并启动。

内部网络中的 Server1 的 21 端口设置与启动过程如图 9-31 所示。

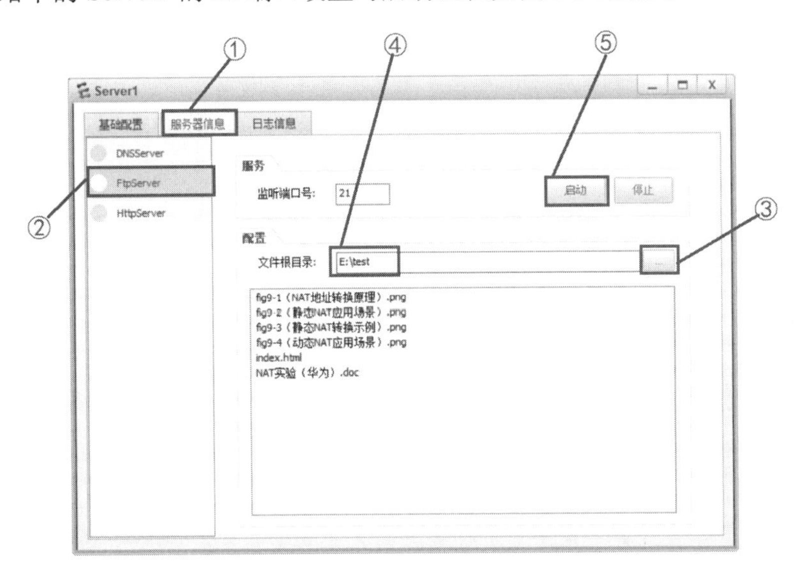

图 9-31　内部网络中的 Server1 的 21 端口设置与启动过程

具体步骤如下。

- 双击 Server1 图标，进入“服务器信息”界面。
- 单击 FtpServer 标签。
- 在“配置”选区中单击“文件根目录”文本框后的按钮。
- 选择存放 FTP 共享文件的目录。
- 单击“启动”按钮。

③ 外部网络中的 Client1 访问内部网络中的 Web 服务器。

外部网络中的 Client1 访问内部网络中的 Web 服务器的过程如图 9-32 所示。

具体步骤如下。

- 双击 Client1 图标，进入“客户端信息”界面。
- 单击 HttpClient 标签。
- 在“地址”文本框中输入内部网络中的 Web 服务器对应的公有地址“http://200.10.1.11”。
- 单击“获取”按钮，实现外部网络中的 Client1 对内部网络 Web 服务器的访问请求。

访问结果如图 9-32 所示。单击“关闭”按钮后，弹出“File download”提示框，提示是否保存该文件。如果需要保存文件，就单击“保存”按钮，输入文件的保存路径和文件名，保存文件；否则，单击“取消”按钮，放弃保存文件。

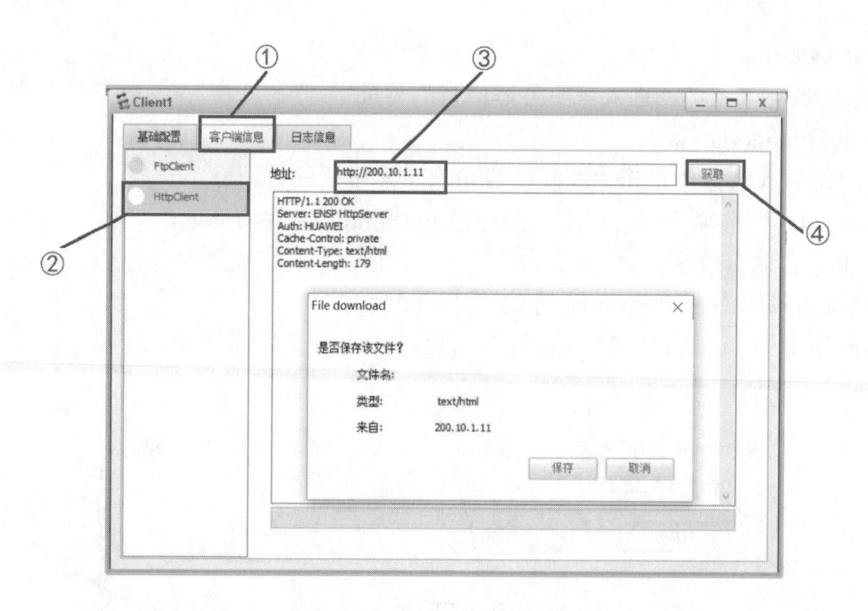

图 9-32　Client1 访问内部网络中的 Web 服务器

在保存文件后，打开保存的文件会显示如下类似信息：

```
<html xmlns="http://www.w3.org/1999/xhtml" >
<head>
<title>欢迎访问多域名 HTTP 服务器</title>
</head>
<body>
<p>欢迎访问多域名 HTTP 服务器。
<p>华为
<p>华为
</body>
</html>
```

④ 外部网络中的 Client1 访问内部网络中的 FTP 服务器。

外部网络中的 Client1 访问内部网络中的 FTP 服务器的过程如图 9-33 所示。

具体步骤如下。

- 双击 Client1 图标，进入“客户端信息”界面。
- 单击 FtpClient 标签。
- 在“服务器地址”文本框中输入内部网络中的 FTP 服务器对应的公网地址“200.10.1.11”。
- 设置用户名和密码。用户名为“user1”，密码为“123456”。
- 选择“文件传输模式”选区中的 PORT 单选按钮和“类型”选区中的 Binary 单选按钮。
- 在“本地文件列表”中选择本地文件目录。
- 单击“登录”按钮，实现外部网络中的 Client1 对内部网络中的 FTP 服务器的访问请求。

访问结果如图 9-33 所示。“本地文件列表”和“服务器文件列表”分别给出了外部网络中的客户端 Client1 和内部网络中的 FTP 服务器 Sever1 的文件目录信息（该目录是在设置内部网络中的服务器的 21 端口时选择的共享文件目录信息，即图 9-31 中的 E:\test 目录显示的文件信息）。可在“本地文件列表”和“服务器文件列表”之间进行文件传送。

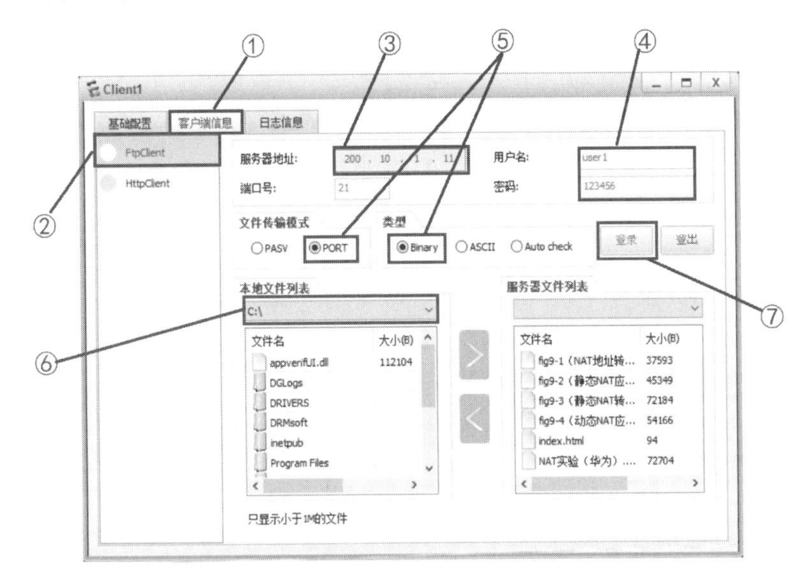

图 9-33　外部网络中的 Client1 访问内部网络中的 FTP 服务器的过程

（3）通过抓包验证地址转换结果。通过外部网络中的 Client1 访问内部网络中的 Web 服务器，在出口路由器 OUT 的 G0/0/0 端口、G0/0/1 端口分别抓包，验证地址转换结果，抓包结果分别如图 9-34 和图 9-35 所示。

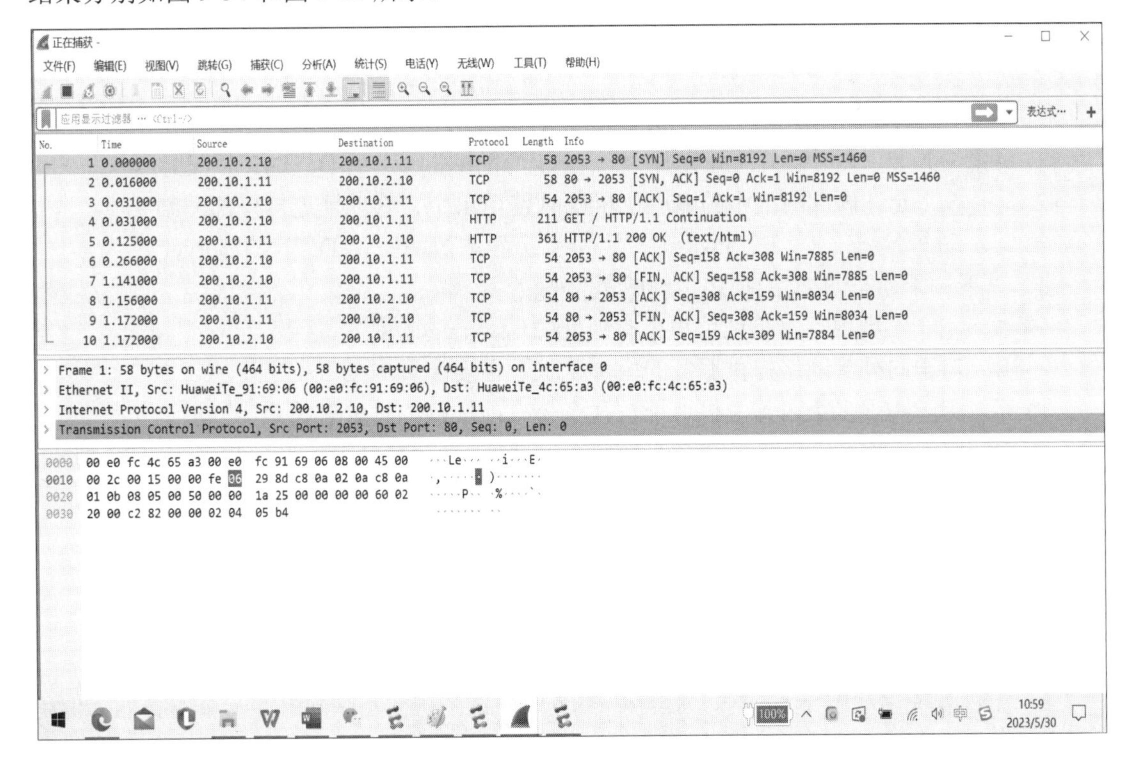

图 9-34　G0/0/0 端口抓包结果

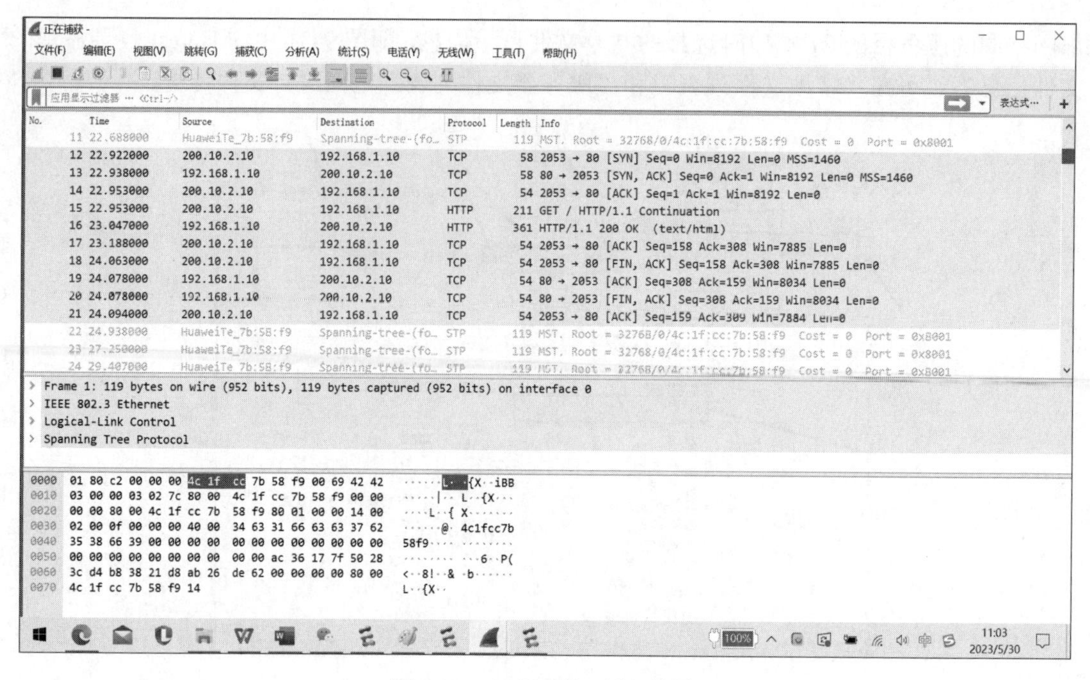

图 9-35　G0/0/1 端口抓包结果

习题 9

一、选择题

1．在一般情况下，常用_______执行企业环境的 NAT。

A．交换机　　B．服务器　　C．路由器　　D．DHCP 服务器

2．_______允许内部网络中的多台主机同时使用单个公有地址连接外部网络。

A．动态 NAT　　B．PAT　　C．静态 NAT　　D．NAT Server

3．以下关于动态 NAT 的描述正确的是_______。

A．用于实现内部主机地址与公有地址的一对一的映射

B．对于向外部网络提供服务的内部主机，需要配置 NAT

C．用于实现多个内部主机地址与几个公有地址的临时映射关系

D．用于实现用一个或多个公有地址通过地址+端口号的形式形成与多个内部地址的临时对应关系

4．小型内部网络和家用网络适合使用________。

A．动态 NAT　　B．PAT　　C．静态 NAT　　D．Easy IP

5．动态 NAT 主要对数据包的________地址信息进行转换。

A．数据链路层　　B．网络层　　C．传输层　　D．应用层

6．无过载使用动态 NAT 时，如果有 7 个用户试图访问互联网上的一个服务器，但是 NAT 地址池中只有 6 个地址可用，那么下面哪种描述是正确的_______。

A．所有用户都可以访问服务器

B．所有用户都无法访问服务器

C．当第 7 个用户发出请求时，第一个用户断开

D．第 7 个用户向服务器发出的请求失败

7．下面关于 Easy IP 的说法中，错误的是________。

A．Easy IP 是 PAT 的一种特例

B．配置 Easy IP 时不需要配置访问控制列表来匹配需要被 NAT 转换的报文

C．配置 Easy IP 时不需要配置 NAT 地址池

D．Easy IP 适用于 NAT 设备拨号或动态获得公有地址的场合

8．下面在配置 NAT 时创建的访问控制列表编号________是非法的。

A．999　　B．2001　　C．2990　　D．3001

9．可以使用________命令查看 NAT 表项。

A．display nat table　　B．display nat this

C．display nat　　D．display nat session all

10．如果需要私有地址为 192.168.1.10 的内部网络服务器对外提供 FTP 服务，那么下面配置命令中正确的是________。

A．nat server protocol udp global 200.1.1.11 21 inside 10.1.1.11 21

B．nat server protocol tcp global 200.1.1.11 21 inside 10.1.1.11 21

C．nat server protocol ftp global 200.1.1.11 21 inside 10.1.1.11 21

D．nat static protocol tcp global 200.1.1.11 21 inside 10.1.1.11 21

二、简答题

1．什么是 NAT？

2．NAT 有几种类型？它们之间有什么区别？

3．NAT 的作用与功能是什么？

4．简述静态 NAT 的工作原理。

5．简述动态 NAT 的工作原理。

6．简述 PAT 的工作原理。

第10章 设备管理与维护

网络设备是支撑整个网络运行的重要基础设施，是决定网络质量的重要因素。有效的设备管理与维护是网络设备正常运行的保障，可以提高网络的可靠性、安全性、效率和用户体验，保障网络的正常运行和各类数据的安全。

本章围绕设备发现、设备管理，以及设备维护三个模块，对各模块涉及的基本协议与基本运维管理配置进行介绍。

10.1 设备发现

10.1.1 设备发现概述

1．设备发现的功能

设备发现是识别和映射网络基础架构中存在的设备和端口的过程。设备发现是网络管理的第一步，也是成功监控解决方案的关键。该过程不仅涉及发现设备，还涉及设备信息收集。一般而言，通过设备发现可以解决以下问题。

（1）发现有效设备：设备发现可在将设备添加到清单前确保每个设备都具有有效的 IP 地址。无效的 IP 地址容易受到未经授权的访问或威胁。

（2）检查端口：开放端口可能会产生安全漏洞，设备发现可以帮助网络管理人员映射网络中的端口，并确保未使用的端口已关闭，从而防止入侵者绕过安全系统。

（3）获得深入的可见性：通过设备发现，了解确切的网络拓扑，如存在哪些设备、各设备间如何相互连接，以及各设备间如何交互。这种可见性可帮助分析影响整体网络性能的因素，在发生故障时识别性能瓶颈的来源。

2．设备发现如何工作

设备发现通常通过依托特定的协议或设备发现工具来工作，具体工作流程如下。

（1）发送发现请求：设备发现工具会发送特定的发现请求，以便与网络中的设备进行通信。这些请求可以是广播请求、多播请求、直接发送到目标设备的单播请求，具体取决于使用的发现协议或设备发现工具。

（2）捕获设备响应：设备接收到发现请求后，将产生相应的响应，并将响应返回给设备发现工具。设备发现工具通过监听网络流量或依靠网络管理协议提供的机制来捕获设备的响应。

（3）解析和分析响应：设备发现工具解析捕获到的设备响应，并从中提取关键信息，如设备的 IP 地址、MAC 地址、设备类型、固件版本等。设备发现工具可能会使用事先定义的规则或算法来分析和识别设备。

（4）构建设备清单：设备发现工具根据解析和分析的响应，构建一个准确的设备清单，以记录网络中存在的设备及其属性。设备清单包括设备的名称、型号、厂商、位置、端口状态等信息。

（5）进一步探测和识别：一旦发现了设备，设备发现工具可能会使用其他协议或手段进一步识别设备，如使用 SSH 协议或 Telnet 协议登录设备对配置信息进行采集、使用 ping 命令测试设备的可达性等。

设备发现过程依赖于使用的设备发现协议和设备发现工具。不同的设备发现协议或设备发现工具具有不同的工作方式和特性。常用的设备发现协议包括 ARP、思科发现协议（Cisco Discovery Protocol，CDP）、链路层发现协议（Link Layer Discovery Protocol，LLDP）、SNMP 等，常用的设备发现工具有 SolarWinds Network Discovery、Nmap、OpenNMS 等。

总体来说，设备发现通过发送发现请求、捕获设备响应、解析和分析响应，来识别网络中的设备。这样可以构建准确的设备清单，为网络管理和监控提供基础。

本章将重点介绍 LLDP 及其应用配置。

10.1.2　基于 LLDP 的设备发现

1. LLDP 定义

LLDP 是 IEEE 802.1ab 中定义的协议。LLDP 的发展始于 2001 年，是一种标准的二层发现方式，用于供网络管理系统查询及判断链路的通信状况。

传统网络管理系统多数只能分析到三层网络拓扑结构，无法确定网络设备的详细拓扑信息、配置冲突情况等。LLDP 提供了一种标准的链路层发现方式，可以将本地设备的信息组织起来，并发布给自己的远端设备，本地设备将收到的远端设备信息以标准管理信息库（Management Information Base，MIB）的形式保存起来。LLDP 发送示意图如图 10-1 所示。

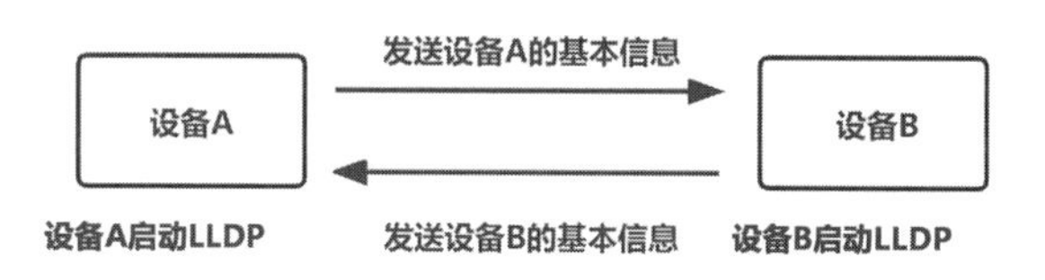

图 10-1　LLDP 发送示意图

2. LLDP 概述

1）基本实现原理

LLDP 通过在网络设备之间发送 LLDP 数据单元（LLDP Data Unit，LLDPDU）来交换设备的基本信息，具体如下。

（1）LLDP 的启动：根据配置在设备上启动 LLDP，使设备能够发送和接收 LLDPDU。

（2）LLDPDU 的发送和接收：当启动 LLDP 后，设备会定期发送 LLDPDU 到与其相邻设备，并接收来自相邻设备的 LLDPDU。

（3）LLDPDU 的格式：LLDPDU 是在链路层上进行交换的。它包含设备的标识、端口信息、系统能力和邻居设备的信息。

（4）LLDP 信息的广播和传递：设备发送的 LLDPDU 会通过链路广播到相邻设备，相邻设备接收到 LLDPDU 后会解析其中的信息，并将自己的信息加入新的 LLDPDU 传递给下一个相邻设备，以此类推。

（5）LLDP 信息的存储和更新：设备会将接收到的 LLDP 信息存储在本地数据库中，并根据需要进行更新。这样可以提供关于设备及其相邻设备的信息，为网络拓扑发现和管理提供依据。

（6）LLDP 信息的使用：网络管理系统依据 LLDP 信息了解网络拓扑、监控设备状态和配置，并进行相应管理操作。

LLDP 本地系统 MIB 用来保存本地设备信息，包括设备 ID、端口 ID、系统名称、系统描述、端口描述、网络管理地址等信息。

LLDP 远端系统 MIB 用来保存远端设备信息，包括设备 ID、端口 ID、系统名称、系统描述、端口描述、网络管理地址等信息。

2）LLDP 报文结构

封装有 LLDPDU 的以太网报文称为 LLDP 报文。LLDP 报文结构如图 10-2 所示。

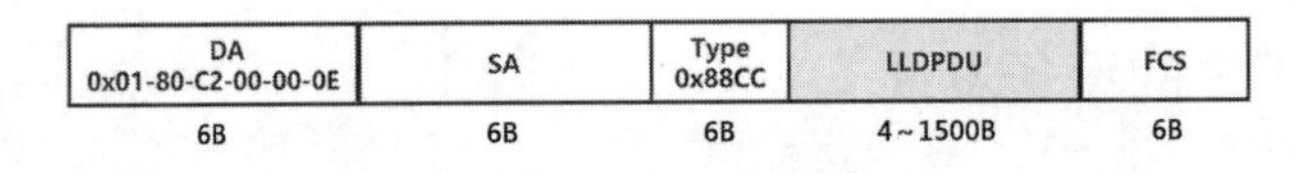

图 10-2　LLDP 报文结构

各字段含义如下。

（1）DA（Destination MAC Address）：目的 MAC 地址，是固定的组播 MAC 地址 0x01-80-C2-00-00-0E。

（2）SA（Source MAC Address）：源 MAC 地址，是发送端的 MAC 地址。

（3）Type：报文类型，LLDP 报文中该字段的值为 0x88CC。

（4）LLDPDU：LLDP 数据单元，LLDP 信息交换的主体。

（5）FCS：帧检验序列。

LLDPDU 就是封装在 LLDP 报文中的数据单元。在组成 LLDPDU 前，先将本地信息封装成 TLV（Type/Length/Value）格式，再将由若干个 TLV 组合成的 LLDPDU 封装在 LLDP 报文的数据部分进行传送。LLDPDU 结构如图 10-3 所示。

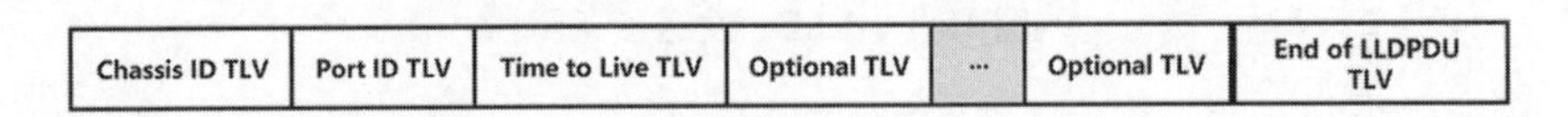

图 10-3　LLDPDU 结构

图 10-3 中的 Chassis ID TLV、Port ID TLV、Time to Live TLV 和 End of LLDPDU TLV 是必须携带的 TLV；其余均是可选 TLV，可以由设备自定义是否包含在 LLDPDU 中。

当端口状态发生变化（开启 LLDP、端口关闭）时，端口会向邻居设备发送一个 LLDP 报文，其中 Time to Live TLV 字段的 Value 值为 0，称这个报文为 shutdown 报文。shutdown 报文不包含任何可选 TLV。

TLV 是 LLDPDU 的组成单元，每个 TLV 代表一个信息。

LLDP 使用多个 TLV 来携带不同的信息。TLV 结构如图 10-4 所示。

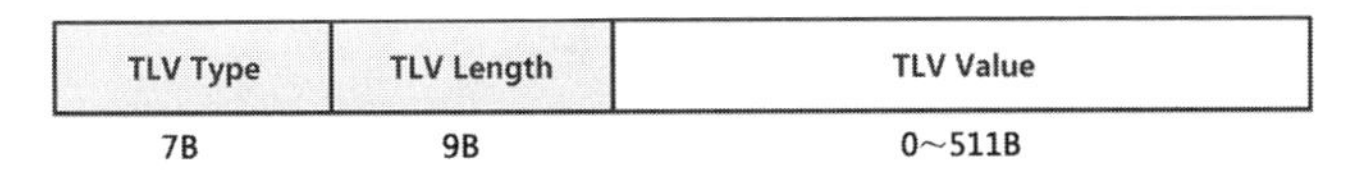

图 10-4　TLV 结构

TLV 结构是一种基本的信息携带方式。

T：Type，类型，指出携带数据的类型。

L：Length，长度，指出携带数据的长度，即一共占用多少字节。

V：Value，值，指出携带数据的具体数值，即数据的内容部分。

例如，TLV Type 字段取值为 5，表示 System Name，也就是设备的名称；TLV Type 字段取值为 2，表示 Port ID，也就是设备的端口号；TLV Type 字段取值为 127，表示 Organization Specific，属于厂商私有的 TLV，可携带私有信息。

3）LLDP 报文发送和接收机制

（1）发送机制。

当开启 LLDP 功能时，设备会周期性地向邻居设备发送 LLDP 报文。若设备的本地配置发生变化，则立即发送 LLDP 报文，以将本地信息的变化情况尽快通知给邻居设备。为了防止本地配置频繁变化引起 LLDP 报文大量发送，每发送一个 LLDP 报文后需要延迟一段时间再发送下一个报文。

（2）接收机制。

当开启 LLDP 功能时，设备会对收到的 LLDP 报文及其携带的 TLV 进行有效的检查，通过检查后再将邻居信息保存到本地设备中，并根据 LLDPDU 中的 TTL 值设置邻居信息在本地设备中的老化时间。如果接收到的 LLDPDU 中的 TTL 值等于零，就立刻将该邻居信息老化。

3. LLDP 基础配置

在华为网络设备上，LLDP 用于自动发现和学习相邻网络设备信息。以下是基于华为网络设备（如交换机）的常见 LLDP 配置和操作方法。

（1）开启 LLDP 功能：

```
<HUAWEI> system-view
[HUAWEI] lldp enable
```

（2）配置 LLDP 系统名称：

```
[HUAWEI] lldp system-name [名称]
```

（3）配置 LLDP 系统描述信息：

```
[HUAWEI] lldp system-description [描述]
```

（4）配置 LLDP 端口：

```
[HUAWEI] interface [端口号]
[HUAWEI-Interface-XGigabitEthernet0/0/1] lldp enable
```

（5）查看 LLDP 邻居信息：

```
<HUAWEI> display lldp neighbor
```

（6）查看 LLDP 全局配置信息：

```
<HUAWEI> display lldp configuration
```

具体操作步骤因设备型号和软件版本的不同有所不同。在实际操作中，建议参考设备的相关官方文档和命令行手册，以获取更详细和准确的配置指导和命令。

4. LLDP 与 CDP

CDP 是 Cisco 开发的一种网络设备间的协议，用于实现设备发现和信息交换。随着 Cisco 设备的普及，CDP 成了被广泛使用的协议，并逐渐发展出 CDPv2 和 CDPv3 等版本。

CDP 是一个 Cisco 专有协议，其因具有简单性、高效性和可靠性而成为管理 Cisco 设备的重要工具，特别适用于复杂的企业网络环境。随着更多开放标准的采用，如 LLDP 等，CDP 的使用逐渐受到一定限制。

LLDP 和 CDP 差异点如下。

（1）厂商支持：LLDP 是一个开放标准，支持多家厂商的网络设备，而 CDP 由于是 Cisco 自行研发的协议，仅能在 Cisco 设备上使用。

（2）跨平台支持：LLDP 支持跨平台的设备发现，因此可以在多个设备及操作系统间运行，如可以在 Windows、Linux、macOS 等操作系统中运行，而 CDP 只能局限于 Cisco 设备发现。

（3）链路层支持：LLDP 支持所有链路层，包括以太网、令牌环等，而 CDP 只支持以太网。

（4）协议本身的性质：LLDP 是基于国际标准协议开发的，因此具有更好的扩展性和互操作性；而 CDP 是 Cisco 自行开发的，具有更高的性能和可靠性。

（5）安全性：由于 LLDP 传输的信息不会泄漏设备敏感信息，因此相对于 CDP 来说更安全。

总体来说，LLDP 比 CDP 更灵活，可跨平台使用；CDP 更简单、易用且性能更高。

10.2 设备管理

网络设备是整个网络正常运行的基础，是决定网络质量的重要因素。网络设备的管理是日常网络设备运行维护中的主要工作内容。为了便于管理，需要对网络设备进行一些必要的设置。

10.2.1 设备本地管理

Console 端口是一种常见的网络设备管理方式，它提供了一种通过串口与网络设备进行通信和管理的方法。Console 端口通常通过 Console 线连接到设备的 Console 端口，并使用特定的终端仿真软件进行连接和配置。企业级的网络设备都具备 Console 端口，计算机可以通过 Console 端口连接并登录设备，进入命令行界面。

Console 端口主要应用场景如下。

（1）设备在出厂时没有任何可管理的 IP 地址，不能远程登录和管理设备，只能通过 Console 端口管理设备。

（2）在未进行远程登录配置时，只能用 Console 端口管理设备。

（3）其他场景。华为设备上固化了 Console 端口，它是一个 RJ- 45 标准的网络接口卡。图 10-5 展示了华为设备上的 Console 端口。

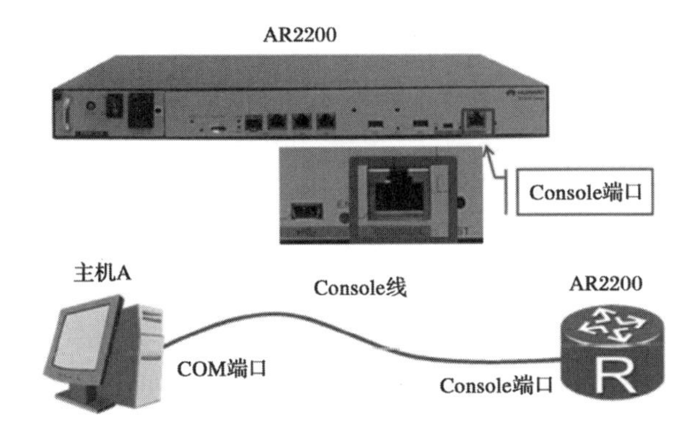

图 10-5　华为设备上的 Console 端口

网络工程师如果想连接 Console 端口，需要准备以下必要的设备和软件。

（1）Console 线：在购买华为设备时会自带。

（2）RS-232 转接设备：网络工程师在调试设备时通常会使用笔记本电脑，而笔记本电脑一般没有串口卡，需要使用 RS-232 转接设备将串口转接成 USB 口。

（3）安装转接设备的驱动程序：在一般情况下，购买的设备自带这些驱动程序，如果购买的设备没有这些驱动程序，那么到设备的官网上下载即可。

（4）准备终端软件：网络工程师使用最多的可能是 SecureCRT 软件。

Console 线示例如图 10-6 所示，Console 线通常是灰色的。

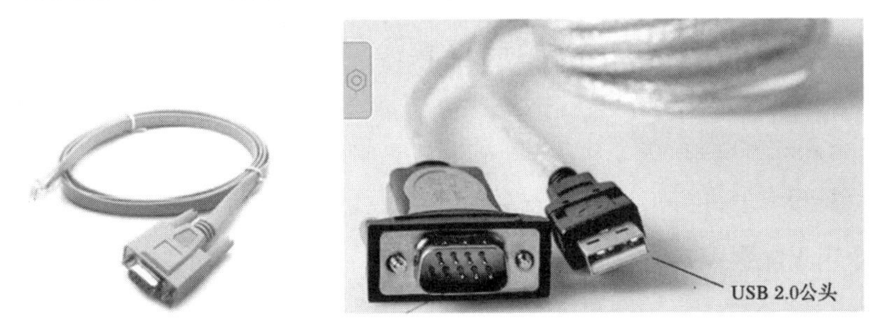

图 10-6　Console 线示例

10.2.2 设备远程管理

网络设备通常分布在不同的机房里，在日常网络管理工作中，网络管理人员常常通过网络远程连接设备，以对设备进行管理和配置。

1. VTY 简介

VTY 是 Virtual Teletype 的缩写，表示虚拟终端。在网络设备（如交换机、路由器）上，VTY 用于远程管理和配置设备。

具体来说，VTY 是通过网络协议（如 Telnet 协议、SSH 协议）从远程计算机连接到网络设备的终端端口。利用 VTY 管理员可通过网络对设备进行操作和配置，无须直接物理接入设备。

以华为设备为例，VTY 是用于远程管理设备的虚拟终端。常见的 VTY 配置命令及举例如下：

```
line vty [起始号码] [结束号码]
```

上述命令用于配置 VTY 用户线路范围，控制设备上的 VTY 线路的连接，也就是控制设备上远程管理用户的访问。例如：

```
line vty 0 4
user-interface vty [号码1] [号码2]
```

上述命令用于配置设备上为远程管理用户分配的特定 VTY 线路。例如：

```
user-interface vty 0 4
authentication-mode [模式]
```

上述命令用于配置 VTY 的认证模式，取值有 NONE（无认证）、PASSWORD（密码认证）、AAA（使用 RADIUS/TACACS+等认证服务器）。例如：

```
authentication-mode password
set authentication password cipher [密码]
```

上述命令用于设置 VTY 的密码。例如：

```
set authentication password cipher example123
protocol inbound [协议]
```

上述命令用于配置 VTY 接受的远程登录协议，取值有 telnet、ssh 和 all。当取值为 all 时，将同时接受 Telnet 协议和 SSH 协议。例如：

```
protocol inbound ssh
idle-timeout [分钟]
```

上述命令用于配置 VTY 空闲超时时间。例如：

```
idle-timeout 10
screen-length [行数]
```

上述命令用于配置 VTY 的显示行数，用于控制输出信息的分页显示。例如：

```
screen-length 0
access-class [访问控制列表] in
```

上述命令用于配置 VTY 的访问控制列表，用于限制远程登录设备的源地址。例如：

```
access-class 1 in
```

这些是常见的华为设备 VTY 配置命令。通过这些命令，管理员可以限制谁能通过 VTY 终端远程登录设备，并设置相应的安全措施。请根据实际需求和安全策略进行相应配置。

2. Telnet 远程管理

Telnet 协议是一种基于 TCP/IP 的终端仿真协议，用于远程登录计算机系统。Telnet 协议通过在客户端和服务器之间建立虚拟终端的连接，实现用户在本地计算机上访问远程计算机上的命令行环境。

使用 Telnet 协议，用户可以通过网络远程登录远程设备，如路由器、交换机、服务器等，并通过命令行进行配置和管理。Telnet 协议提供了类似于本地命令行的用户体验，但是需要网络使用明文传输。Telnet 协议是最常用、最灵活的远程管理网络设备的协议，该协议使用的端口号为 23。

当使用 Telnet 协议对华为路由器和交换机进行远程管理时，需要进行一系列配置。以下是常见的配置方法。

（1）创建用户并分配权限。

先创建一个用于进行远程登录的用户，并为其分配相应权限。假设创建一个用户名为 admin 的用户，密码为 123456，并将其设置为管理员用户：

```
<HUAWEI> system-view
[HUAWEI] aaa
[HUAWEI-aaa] local-user admin password irreversible-cipher 123456
[HUAWEI-aaa] local-user admin service-type telnet
[HUAWEI-aaa] local-user admin privilege level 15
```

（2）配置 Telnet 服务。

然后启用 Telnet 服务，以允许通过 Telnet 协议远程登录设备：

```
<HUAWEI> system-view
[HUAWEI] telnet server enable
```

（3）配置 VTY 用户线路。

再配置 VTY 用户线路，以确定允许同时登录 Telnet 的会话数量：

```
<HUAWEI> system-view
[HUAWEI] user-interface vty 0 4
[HUAWEI-ui-vty0-4] authentication-mode aaa
[HUAWEI-ui-vty0-4] set authentication password simple 123456
[HUAWEI-ui-vty0-4] protocol inbound telnet
[HUAWEI-ui-vty0-4] user privilege level 15
```

（4）配置设备的管理 IP 地址。

最后为设备配置一个管理 IP 地址，以便通过网络远程访问设备：

```
<HUAWEI> system-view
[HUAWEI] interface GigabitEthernet0/0/1
[HUAWEI-GigabitEthernet0/0/1] ip address 192.168.0.1 255.255.255.0
[HUAWEI-GigabitEthernet0/0/1] quit
```

上述配置是简化示例，实际配置可能因设备型号、操作系统版本和网络拓扑的不同而有所不同。在进行配置时可参考设备的官方文档和命令行手册，以获取更准确、更详细的配置指导和命令。

3. SSH 远程管理

由于 Telnet 协议的数据和认证口令都是以明文形式传送的，因此存在安全隐患，容易受到攻击。实际网络中多采用安全性较高的 SSH 协议，协议端口号为 22。SSH 协议传输的数据经过了压缩和加密处理，因此 SSH 协议能有效防止远程连接管理过程中的信息泄露。

以华为设备为代表的网络设备大部分支持 RSA 认证和 Password 认证。RSA 是一种非对称密码算法。所谓非对称是指该算法需要一对密钥，即加密密钥和解密密钥，其中加密密钥是公开密钥，解密密钥是私有密钥。在使用公开密钥加密后，只有用密钥对中的私有密钥才能解密。服务器必须检查用户是否是合法的 SSH 用户、公开密钥对于该用户是否合法、用户数字签名是否合法。若三项同时合法，则通过验证；若其中任何一项不合法，均表示验证失败，拒绝该用户的登录请求。Password 认证基于“用户名+口令”进行身份认证。在服务器端由 AAA 为用户分配一个登录时使用的身份验证口令，即在服务器端存在“用户名+口令”的一一对应关系。当某个用户请求登录时，服务器需要分别对用户名及其口令进行认证，其中任何一项不能通过验证，均表示验证失败，拒绝该用户的登录请求。

SSH 协议和 Telnet 协议一样，都是客户端-服务器工作模式。当使用 SSH 协议进行路由器和交换机的远程管理时，需要进行一系列配置，以下是常见的配置方法（基于华为网络设备）。

（1）创建用户并分配权限。

先创建一个用于 SSH 登录的用户，并为其分配相应的权限。假设创建一个用户名为 admin 的用户，密码为 123456，并将其设置为管理员用户：

```
<HUAWEI> system-view
[HUAWEI] aaa
[HUAWEI-aaa] local-user admin password irreversible-cipher 123456
[HUAWEI-aaa] local-user admin service-type ssh
[HUAWEI-aaa] local-user admin level 15
```

（2）配置 SSH 服务。

然后开启 SSH 服务，以允许通过 SSH 协议远程登录设备：

```
<HUAWEI> system-view
[HUAWEI] ssh server enable
```

（3）生成 RSA 密钥对。

再生成 RSA 密钥对，用于验证 SSH 连接身份：

```
<HUAWEI> system-view
```

```
[HUAWEI] ssh user-public-key local enhance rsa
[HUAWEI-ssh-user-pubkey-rsa-enhance] public-key-code
Enter the public key body, or end with character 'EOF'. Press CTRL+Z to input to terminate.
-----BEGIN PUBLIC KEY-----
[输入 RSA 公钥]
-----END PUBLIC KEY-----
[EOF]
```

（4）配置设备的管理 IP 地址。

最后为设备配置一个管理 IP 地址，以便通过网络远程访问设备：

```
<HUAWEI> system-view
[HUAWEI] interface GigabitEthernet0/0/1
[HUAWEI-GigabitEthernet0/0/1] ip address 192.168.0.1 255.255.255.0
[HUAWEI-GigabitEthernet0/0/1] quit
```

通过上述配置，我们可以使用 SSH 客户端连接到设备的管理 IP 地址，并使用提供的用户名和密码对设备进行远程登录和管理。SSH 协议相对于 Telnet 协议来说更安全，因为它使用加密的连接来传输数据。因此，在进行远程管理时，建议尽可能使用 SSH 协议，以保证设备和网络的安全。

10.2.3　系统化设备管理

1．系统化设备管理基本框架

1）大规模网络设备管理问题

通过控制台（Console 端口）对本地设备进行管理，或者通过 Telnet 协议、SSH 协议进行远程管理都需要网络管理人员在设备上逐个建立连接和执行管理。在新建或变更网络项目时，这类管理方式并无不妥，因为此时技术人员对各网络设备进行的操作都是主动的，操作目的非常明确。

随着网络规模的增大和复杂度的提高，人们对常态化运维提出了更高要求。大规模网络设备管理问题如下。

（1）管理规模问题：网络中的设备数量会随着网络拓扑结构复杂度的增加和网络规模的扩大而增加。手动监控管理这些设备的状态和性能是非常困难和耗时的。网络管理人员应如何对网络设备进行集中式管理，才能简化网络管理流程呢？

（2）远程管理问题：当网络跨越多个地区时，远程管理和监控网络设备的状态和性能是非常重要的。提供一种怎样的有效的远程管理手段，才能对网络设备进行远程监控和管理，而不需要亲自到达网络设备的现场呢？

（3）实时监测问题：网络中的设备可能发生各种问题，如过载、故障等。如果不能及时监测到这些问题，可能会导致网络故障和数据损失。网络管理人员如何对设备错误和警报进行监测，才能及时采取措施呢？

（4）配置管理问题：当网络规模不断扩大时，手动管理网络设备的配置变得越来越复杂。如何帮助网络管理人员对网络设备的配置进行更自动化的管理，才能极大地减少网络故障和以人为本的管理错误呢？

为了解决以上问题，需要网络设备管理实现系统化、集中化和自动化。

2）大规模网络设备管理的基本实现方式

网络设备管理的系统化、集中化和自动化可以通过如下步骤实现。

（1）部署网络管理系统：实现网络设备管理系统化、集中化和自动化的第一步是部署网络管理系统。该网络管理系统可以收集设备的操作数据、运行状况信息、日志等，并将其发送到一个集中的系统中进行存储和分析。这个集中的系统可以是一台服务器或云端系统。

（2）自动化配置设备：通过网络管理系统，可以实现对网络设备的自动化配置，可以根据需要安装或更新设备的软件版本、配置设备的参数、升级固件等。这样，可以保证设备的正常运行和信息同步，缩短设备的升级和维护时间。

（3）实时监控和事件管理：通过网络管理系统，可以实现对网络设备的实时监控和事件管理。可以通过 SNMP、Syslog 监控设备运行状态和事件，及时发现设备故障等问题，并发送通知以提醒网络管理人员注意。实时监控可以帮助网络管理人员快速发现并解决网络问题，提高管理效率，缩短网络故障处理时间。

（4）日志管理：通过网络管理系统，可以收集、存储和分析设备的日志信息。网络管理人员可以通过搜索、过滤、分类等方式对日志信息进行管理，以及基于历史信息推断出设备发生事故的真正原因。

总之，系统化、集中化和自动化的网络设备管理可以提高管理效率和设备性能、降低故障数量、缩短处理周期、降低成本、优化设备运行。网络管理系统可以帮助用户完成实时监控、日志管理、自动化配置设备等操作。使用 SNMP、Syslog 等技术可以更好地保障设备管理的质量，提高设备管理系统的可靠性。

2. SNMP 与系统管理

1）SNMP 的定义与优势

SNMP 定义了管理端与网络设备进行管理通信的标准，是用于管理网络设备的重要协议。它可以帮助网络管理人员集中管理网络设备，提高管理效率，同时降低网络故障和数据损失的风险。

SNMP 具有如下优势。

（1）简单易用：SNMP 的设计理念是简单且易于实现和使用。SNMP 的基本操作是基于简单的 GET 和 SET 机制的，这使得网络管理人员可以轻松获取和配置网络设备的信息。

（2）高的扩展性及广泛的设备支持：SNMP 是一种标准化的网络管理协议，支持多种设备和厂商产品。它可以通过 MIB 来定义和扩展被管对象，屏蔽不同设备的物理差异，实现对不同厂商设备的自动化管理。SNMP 只提供最基本的功能集，这使得管理任务与被管对象的物理特性和下层的联网技术相对独立，从而实现对不同厂商及不同种类的网络设备的集中管理。

（3）高的网络资源利用率：SNMP 使用 UDP 进行消息传输。UDP 具有开销低的优点，可以在网络中更高效地利用带宽和资源。

2）SNMP 的版本

SNMP 作为广泛应用于 TCP/IP 网络中的网络管理标准协议，提供了统一的端口，实现了不同种类和不同厂商的网络设备之间的统一管理。SNMP 有三个主要版本——SNMPv1、

SNMPv2c、SNMPv3。

（1）SNMPv1：是 SNMP 的首个版本，最初于 1988 年定义，功能比较简单，且安全机制较弱。使用团体字符串（Community String）作为身份验证和管理访问控制手段，不提供数据加密功能。

（2）SNMPv2c：是 SNMPv2 的一个社区版本，于 1993 年定义，提供了 SNMPv1 的所有功能，并在 SNMPv1 的基础上进行了一些性能和安全性方面的改进。SNMPv2c 支持更多类型的数据，具有更高效的数据访问及更强大的通知功能。与 SNMPv1 相同，SNMPv2c 也使用团体字符串作为身份验证和管理访问控制的手段，不提供数据加密功能。

（3）SNMPv3：是 SNMP 的最新版本，于 1998 年定义，进行了一些重要的性能和安全性方面的改进。SNMPv3 提供了数据加密和身份验证功能，可以保护数据的机密性和完整性；还提供了许多与安全相关的功能和选项，如用户身份验证、访问控制等，可以更好地保护网络设备和管理系统免受攻击和滥用。

总体来说，随着 SNMP 的发展和时间的推移，其功能不断增强，安全性也逐步得到加强。SNMPv3 是目前最安全和最可靠的 SNMP 版本。在实际使用中应优先考虑 SNMPv3。

3）基于 SNMP 的网管系统组件

如图 10-7 所示，SNMP 系统由网络管理系统、SNMP 代理（SNMP Agent）、MIB 和被管对象（Manage Object）4 部分组成。网络管理系统作为整个网络的管理中心，对设备进行管理。

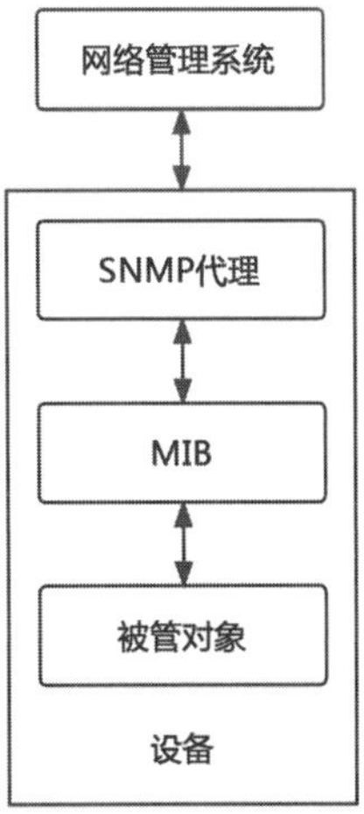

网络管理系统是网络中的管理者，它是一个采用 SNMP 对网络设备进行管理、监视的系统，运行在网络管理系统服务器上。网络管理系统可以向设备上的 SNMP 代理发出请求，以查询或修改一个或多个具体参数。网络管理系统可以接收设备上的 SNMP 代理主动发送的 SNMP 陷阱（SNMP Trap），以获知被管对象的当前状态。

SNMP 代理是被管对象中的一个代理进程，用于维护被管对象的信息数据并响应来自网络管理系统的请求，即把管理数据汇报给发送请求的网络管理系统。SNMP 代理接收到网络管理系统发送的请求信息后，通过 MIB 完成相应指令，并把操作结果提交给网络管理系统。当设备发生故障，或者其他事件时，设备会通过 SNMP 代理主动发送 SNMP Traps 给网络管理系统，向网络管理系统报告设备的当前状态。

图 10-7　SNMP 系统组件

MIB 是一个数据库，存储了被管对象所维护的变量。这些变量就是被管对象的一系列属性，如被管对象的名称、状态、访问权限和数据类型等。MIB 也可以看作 NMS 和 SNMP 代理之间的一个端口，通过这个端口，网络管理系统对被管对象维护的变量进行查询、设置等操作。

每一个设备可能包含多个被管对象，被管对象可以是设备中的某个硬件，也可以是在硬件、软件（如路由选择协议）上配置的参数集合。MIB 是以树型结构存储数据的。

常用的 SNMP 基本操作有以下几种。

（1）Get：用于从网络设备上获取特定的对象标识符（Object Identifier，OID）的值。网络管理人员向设备发送一个 Get 请求，并指定需要获取的 OID，设备将返回相应的 OID 及其对应的值。

（2）Set：用于在网络设备上设置特定的 OID 值。网络管理人员向设备发送一个 Set 请求，并指定需要设置的 OID 和对应的值，设备将根据请求进行相应设置，并返回一个确认请求。

（3）Get-Next 和 Get-Bulk：用于获取设备的全部信息。如果网络管理人员需要顺序地访问设备中每个 OID，就需要使用 Get-Next 请求。如果网络管理人员要一次获取大量 OID，可以使用 Get-Bulk 请求。

（4）Trap：用于在网络设备发生特定事件时通知网络管理人员。设备会自动向网络管理人员发送 Trap 消息，并包含有关事件的有用信息。

（5）Walk：用于遍历设备中的所有 OID，获取有关所有管理信息的值。Walk 操作可实现自动化配置参数和排除故障，有利于网络管理人员轻松地了解网络设备的状态。

在实际应用中，网络管理人员可以根据需求使用上述操作，从而监控和管理企业网络中的设备，以保证其高效和稳定运行。

4）SNMP 的常用配置

以华为网络设备为例，路由器和交换机等网络设备的 SNMP 常用配置如下。

（1）启用 SNMP 服务。

进入系统视图并启用 SNMP 服务：

```
[设备名称] system-view
[设备名称] snmp-agent
```

（2）配置 SNMP 版本。

配置 SNMP 的版本，可以选择 v1、v2c 或 v3：

```
[设备名称] snmp-agent sys-info version v2c
```

（3）配置 SNMP 团体名（Community）和权限。

配置 SNMP 团体名，并设置团体名的权限（读/写）：

```
[设备名称] snmp-agent community read <读团体名>
[设备名称] snmp-agent community write <写团体名>
```

（4）配置 SNMP 管理主机。

配置 SNMP 管理主机的 IP 地址和团体名：

```
[设备名称] snmp-agent target-host trap address udp-domain <管理主机 IP 地址>
params securityname <团体名>
```

（5）配置 SNMP Trap 消息。

设置当发生特定事件时发送 Trap 消息给管理主机：

```
[设备名称] snmp-agent trap enable
```

（6）配置 SNMP Trap 消息接收服务器。

配置接收 Trap 消息的服务器 IP 地址和团体名：

```
[设备名称] snmp-agent target-host trap address udp-domain <接收消息的服务器
```

```
IP 地址> params securityname <团体名>
```

（7）配置 SNMP 轮询主机。

配置 SNMP 轮询主机，以获取设备信息和性能指标：

```
    [设备名称] snmp-agent target-host polling address udp-domain <轮询主机 IP
地址> params securityname <团体名>
```

（8）配置 SNMP 认证参数。

配置 SNMPv3 的认证参数，包括认证协议、认证密钥：

```
    [设备名称] snmp-agent usm-user v3 <用户名> authentication-mode <认证协议>
authentication-key <认证密钥>
```

（9）配置 SNMP 加密参数。

配置 SNMPv3 的加密参数，包括加密协议、加密密钥：

```
    [设备名称] snmp-agent usm-user v3 <用户名> privacy-mode <加密协议> privacy-
key <加密密钥>
```

实际配置可能因设备型号、操作系统版本和网络拓扑的不同有所不同。在进行配置时，参考设备的常见官方文档和命令行手册，以获取更准确和详细的命令及其用法。

通过这些配置，我们可以启用 SNMP 服务，并配置 SNMP 版本、团体名、管理主机、Trap 消息、轮询主机、认证参数、加密参数等，从而通过 SNMP 来监控和管理华为网络设备。

3. Syslog 与系统管理

1）Syslog 的主要功能

Syslog 是一种网络标准协议，用于传输和处理网络设备和应用程序之间的日志数据。Syslog 主要通过收集并传输设备或应用程序的系统、安全、网络等事件信息，记录设备的运行状态和故障情况，提供了一种集中化管理设备日志的方案，可以被用于开发、测试、生产等场景。

Syslog 的主要目的是帮助网络管理人员更好地了解和管理网络中的设备，以及提供诊断设备问题的线索，主要功能如下。

（1）收集日志：Syslog 服务器可以从各种网络设备和应用程序中接收、存储和管理日志信息。

（2）记录日志：Syslog 可以记录设备的运行状态和事件情况，包括诊断和解决设备故障、处理网络安全事件等。

（3）警报和通知：通过配置报警规则，可以在出现重要事件或错误时向网络管理人员发送通知信息。

（4）分析日志：利用 Syslog 的记录和集中管理功能，可以对设备日志进行统计、分析和查询，抽取有用的信息，以满足需求。

通过配置 Syslog，网络管理人员可以快速检测和解决网络设备出现的问题，加快故障排除速度，提高设备运行效率和安全性。同时，Syslog 可以减少网络管理人员在管理网络资源方面的成本、降低运营风险。

2）Syslog 与 SNMP 的差异

Syslog 和 SNMP 是两种不同的网络管理协议，它们产生的背景略有差异，在应用场景和优劣势上有所不同。

（1）产生背景。

Syslog：最早是在 UNIX 系统中开发出来的，用于收集和传输系统和应用程序的日志信息，旨在提供一种管理日志的标准方法，以便网络管理人员追踪和诊断设备和应用程序的问题。

SNMP：出现在 Syslog 之后，是一种网络管理协议，用于监控和管理网络设备。SNMP 最初设计用于检索设备的运行数据，并进行配置和控制。

（2）功能差异。

功能：Syslog 主要用于收集、存储和分析系统和应用程序的日志信息，重点在于管理事件记录和日志数据；SNMP 主要用于获取设备的实时运行数据，以提供设备信息。

通信协议：Syslog 传输日志信息，传输量较小，可能丢失部分日志信息；SNMP 传输比较大量的设备运行数据，提供实时和准确的设备状态。

（3）应用场景和优劣势。

Syslog 的优势：适用于网络设备的日志管理和故障排查，能够集中管理、存储和分析日志信息；适用于网络安全监控、故障排除和事件追踪。

Syslog 的劣势：传输量较小，可能丢失部分日志信息，在实时监控、大规模设备管理和动态配置方面有一定局限性。

SNMP 的优势：适用于实时的网络设备监控、运行状态的采集和报警，能够提供更全面的设备信息；适用于网络设备管理、性能监测和远程配置。

SNMP 的劣势：传输量较大，对网络带宽有一定负载压力；在日志管理和批量数据查询方面相对较差。

总体来说，Syslog 更适用于日志管理和故障排查，而 SNMP 更适用于设备监控和运行数据采集。具体选择使用哪种协议应根据实际需求和应用场景来确定。在某些情况下，Syslog 和 SNMP 可以结合使用，以实现更全面、准确和快速的网络设备管理。

3）Syslog 的常用配置命令

以下是一些常用的 Syslog 配置命令（以华为网络设备配置为例）。

（1）启用 Syslog 服务：

```
syslog enable
```

（2）配置 Syslog 服务器地址：

```
syslog source-interface GigabitEthernet0/0/1
syslog host 192.168.1.100
```

（3）配置 Syslog 的级别：

```
syslog trap-level informational
```

（4）配置 Syslog 保存日志的数量：

```
info-center logfile size 1024
```

（5）配置 Syslog 保存日志的级别：

```
info-center logfile severity debugging
```

上述命令示例可能会因设备型号、固件版本或配置需求的不同有所不同。在实际应用中，需要根据设备和需求进行相应配置。

10.3 设备维护

10.3.1 网络设备操作系统镜像文件维护

1．网络设备操作系统维护

1）网络设备操作系统的特点

网络设备操作系统通常是专门为网络设备设计和优化的操作系统，用于管理和控制网络设备的各种功能和服务，可提供一系列高级的路由、转发、安全、监控和维护功能，是网络设备运行和管理的基础。

常见的网络设备操作系统如下。

Cisco IOS：是 Cisco 路由器和交换机的操作系统，是网络设备中使用较广泛的操作系统之一，提供了丰富的功能和可靠的性能。

Junos OS：是 Juniper 路由器和交换机的操作系统，提供了强大的网络管理和路由协议支持，可以处理大量流量。

Huawei VRP：是华为路由器和交换机的操作系统，有多个版本。VRP 5 是当前的主流版本，绝大多数设备使用的是这个版本。

Arista EOS（Extensible Operating System）：是 Arista 交换机的操作系统，具有高扩展性和可编程性，允许网络管理人员进行高级自动化管理。

Brocade ADX：是 Brocade 负载均衡交换机的操作系统，具有强大的负载均衡功能和高可用性。

2）网络设备操作系统维护的必要性

对于网络设备，需要定期对其操作系统镜像文件进行备份、维护和升级，必要性如下。

（1）确保系统的可靠性和稳定性：备份操作系统镜像文件可以在设备故障或异常情况下快速恢复系统，并确保网络服务的连续性和稳定性。

（2）提供安全补丁和修复程序：维护操作系统镜像文件可以获得最新的安全补丁和修复程序，以修补发现的漏洞、解决安全问题，提高系统的安全性和防护能力，修复已知的软件错误和缺陷，提高系统的稳定性、性能和可靠性。

（3）支持新功能和兼容性与互操作性的增强：升级操作镜像文件可以获取最新的功能并优化性能，以满足新的业务需求和应对不断变化的网络环境。升级操作系统镜像文件可以提高设备与其他网络设备的兼容性和互操作性，以更好集成到复杂的网络环境中。

3）网络设备操作系统维护框架

网络设备操作系统的任务是确保网络设备的稳定性和安全性。以下是网络设备操作系统维护和升级的基本做法和维护框架。

① 规划操作系统备份升级策略：在进行任何操作系统维护和升级操作之前，应该先定期备份网络设备的配置文件。在升级过程中出现问题时，备份的配置文件可以帮助网络设备恢复配置。对于操作系统升级，应制订详细的升级计划，并严格按照计划执行。计划应包括升级时间、备份计划、回滚计划等。

② 定期检查安全漏洞和更新：网络设备操作系统供应商通常会发布更新补丁和安全补丁，来修复已知漏洞和增强设备的安全性。网络管理人员应定期登录供应商网站或订阅安全通知，以获取最新的更新补丁和安全补丁。

③ 进行验证和测试，并确保可回滚：在升级操作系统之前，应该先在实验环境中进行测试和验证，以确保新操作系统与现有环境兼容，并能够正常工作；应确保有可靠的回滚计划，以便在升级过程中出现问题时可以快速回滚到旧的操作系统版本。

④ 远程管理和自动化：为了简化操作系统维护和升级流程，可以使用远程管理工具和自动化脚本来执行备份、升级、验证等操作。这可以提高效率和降低出错的可能性。

一个典型的设备操作系统维护框架包括以下内容：备份配置、检查安全漏洞、规划升级策略、测试和验证、执行升级、测试和验证升级结果、记录维护日志和更新设备的文档。设备操作系统维护框架的目的是确保维护工作有条不紊地进行，并提供一个系统化的方法来管理设备的维护任务。这可以确保操作系统的稳定性，并提高网络设备的整体安全性。

2. VRP 备份修复与升级

VRP 是华为路由器和交换机的操作系统，不支持直接进行操作系统镜像文件备份、恢复和升级，它的备份、恢复和升级是通过配置文件和软件包的方式来进行的。

（1）备份 VRP 镜像文件。

① 使用 TFTP 服务器将 VRP 镜像文件的副本存储到外部设备上（如 PC）。

② 登录设备并进入用户视图：

```
<HUAWEI> system-view
```

③ 进入 BootRom 模式：

```
<HUAWEI> reset saved-configuration
```

或

```
<HUAWEI> reset && Y
```

④ 进入 BootRom 模式后，使用 backupRom 命令进行备份操作。若备份值为 0x600000，并且备份文件名为 backup.bin，则命令如下：

```
[BootRom] backupRom 0x600000 0x800000 backup.bin
```

执行上述命令将备份 VRP 镜像文件，备份文件名为 backup.bin，大小为 0x800000 B（根据实际情况进行调整）。

（2）恢复 VRP 镜像文件。

① 检查设备是否有备份的 VRP 镜像文件。如果有，就将备份的 VRP 镜像文件（通常以.bin 为扩展名）复制到 TFTP 服务器中。

② 进入 BootRom 模式：

```
<HUAWEI> reset saved-configuration
```

或

```
<HUAWEI> reset && Y
```

③ 进入 BootRom 模式后，使用以下命令从 TFTP 服务器恢复 VRP 镜像文件：

```
[BootRom] restoreRom tftp 192.168.1.100 backup.bin
```

其中，192.168.1.100 是 TFTP 服务器的 IP 地址，backup.bin 是备份的 VRP 镜像文件名。

④ 等待恢复过程完成，设备将自动重启并加载恢复的 VRP 镜像文件。

（3）升级 VRP 镜像文件。

① 将待升级的 VRP 镜像文件放到 TFTP 服务器上，并确保设备可以访问该服务器。

② 进入系统视图：

```
<HUAWEI> system-view
```

③ 执行 tftp 命令下载升级文件并进行升级。若升级文件名为 s9300-vrp5.bin，则命令如下：

```
[HUAWEI] tftp 192.168.1.100 get s9300-vrp5.bin upgrade.bin
```

执行上述命令将从 TFTP 服务器上下载 VRP 镜像文件 s9300-vrp5.bin，并将文件保存为名为 upgrade.bin 的文件。

④ 执行以下命令升级 VRP 镜像文件：

```
[HUAWEI] upgrade /tftp/upgrade.bin all
```

⑤ 系统自动检查升级文件的正确性，并提示需要重启设备来完成升级：

```
system will reboot, continue? [Y/N] y
```

需要注意的是，在升级期间不要断电或重启设备，等待设备完成升级过程。

备份和升级 VRP 镜像文件会对设备产生一定影响，请仔细阅读华为官方文档，按照指导进行备份和升级操作。备份 VRP 镜像文件有助于在升级失败或出现问题时恢复设备，同时正确的升级操作可以更新设备的功能和性能。

3. 配置实例

利用 FTP 备份或升级 VRP 镜像文件的网络拓扑，如图 10-8 所示。

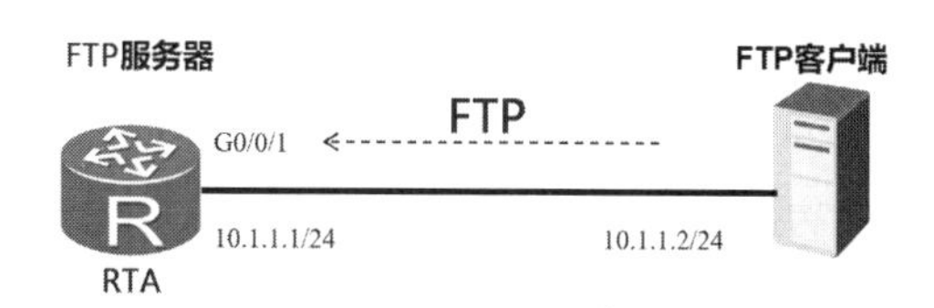

图 10-8　FTP 备份或升级 VRP 镜像文件的网络拓扑

需要准备的内容如下。

- FTP 软件：FileZilla（或其他 FTP 软件），这是一个免费软件，读者可从网上下载。

- 真实设备：AR150 路由器（真实设备，模拟器无法完成相应实验）。

（1）通过 FTP 从 VRP 进行备份。

备份软件是非常重要的工作，千万不能忘记执行（没有进行备份可能产生灾难性后果）。从 VRP 上复制软件的本质是将 VRP 作为 FTP 服务器，将网络工程师的计算机作为 FTP 客户端，前提是服务器和客户端可以通信，路由器的端口和客户端的网卡都配置了相应的 IP 地址并且可以通信。VRP 的配置如下：

```
[AR1]interface Ethernet0/0/4
[AR1] ip address 10.1.1.1 255.255.255.0 /*该端口用于与客户端通信
[AR1]ftp server enable /*开启 FTP 功能
[AR1] local-user qyt password cipher %@%@ejDaG'+|e.."4A,"=S\-*%/e%@%@
/*配置用户名 qyt 和密码
[AR1] local-user qyt privilege level 15 /*该用户具备最高级别权限
[AR1] local-user qyt ftp-directory flash:/*FTP 共享文件的目录为 flash 根目录
[AR1] local-user qyt service-type ftp /*用户 qyt 使用 FTP 服务
<huawei>system-view
[huawei]sysname RTA
[RTA]interface GigabitEthernet 0/0/1
[RTA-GigabitEthernet0/0/1]ip address 10.1.1.124
......
```

（2）上传 VRP 系统文件到华为设备。

上传 VRP 系统文件的方法非常简单，先准备好要上传到 VRP 系统的文件，然后用 FileZilla 把文件上传到 VRP 系统即可。FileZilla 是一个免费开源的 FTP 软件。

当在 VRP 上存在多个 VRP 系统文件时，可以指定多个系统启动文件，这样可以作为回滚或备份文件使用，其命名格式如下：

```
startup system-software                    /*配置系统下次启动时使用的系统软件
```

在默认情况下，AR150/160/200/510 系列、AR1200 系列、AR2201-48FE、AR2202-48FE、AR2204 和 AR2220L 没有备份系统软件，AR2220、AR2240 和 AR3200 系列的备份系统软件为 sys_backup.cc。备份系统配置如下：

```
<AR1>startup system-software Backup.cc backup  /*该系统文件并不存在，仅作示例
```

10.3.2 系统配置文件维护

1. 系统配置文件的重要性及重要文件

配置文件是设置路由器、交换机等网络设备的网络参数、管理设备功能等的基础文件。它们通常以文本或二进制形式存储在设备中，包含设备的各种配置信息，如设备 IP 地址、子网掩码、路由表、端口配置、安全配置、管理账户等。

配置文件的重要性如下。

（1）配置文件是设备的关键信息。设备配置文件丢失或损坏，将导致设备无法正常工作，甚至导致网络故障。

（2）配置文件保存了设备的运行状态，包括设备的各种功能和设置参数，以及网络拓扑信息

等。它是设备运行的基础，决定了设备的性能和 QoS，对网络稳定性和安全性有重要影响。

（3）配置文件的备份和恢复是设备维护的常规任务。配置文件的备份可以降低配置文件丢失或损坏的影响，配置文件的恢复可以帮助设备快速恢复运行状态。

（4）配置文件可以用于管理设备、监控设备及诊断和排除设备故障。它可以用于管理账户和用户权限、监控设备性能、诊断网络问题，以及分析和监控安全事件。

（5）配置文件是路由器、交换机等网络设备的核心文件，对网络运行的稳定性和可靠性而言非常重要。在管理和维护网络设备时，备份和恢复配置文件是非常关键的。

路由器和交换机的重要配置文件如下。

（1）running-config 文件：是设备当前正在运行的配置文件。它反映了设备当前的配置，包括端口配置、路由器和交换机配置及各种服务配置等。

（2）startup-config 文件：是设备启动时从 FLASH 中加载的配置文件。它可以在设备启动时自动加载，以确保设备在重启后具有所需配置。

（3）vlan.dat 文件：是交换机的 VLAN 数据库文件，包含 VLAN ID、端口、端口成员和 VLAN 名称等配置信息。

（4）操作系统镜像文件：是路由器或交换机的操作系统镜像文件，用于安装、升级或恢复设备的操作系统。

（5）配置日志：是设备上发生的配置更改记录。网络管理人员通过查看配置日志，可以检查设备配置的更改记录，并据此判断故障原因。

（6）线路协议信息：包含相关网络设备间的各种协议、距离和成本信息。

以上文件是路由器和交换机中最重要的配置文件，在更改配置时，网络管理人员应该定期备份这些文件，以确保设备在故障或升级后能够恢复到正常的配置环境。

2. 设备配置文件分类

以华为设备路由器的配置文件为例，根据配置文件生效情况的不同可分为当前配置、配置文件和下次启动的配置文件。

（1）当前配置。设备内存中的配置就是当前配置，进入系统视图更改路由器配置，就是更改当前配置。设备在断电或重启后，内存中的所有信息（包括配置信息）都会消失。

（2）配置文件。包含设备配置信息的文件称为配置文件，它保存在设备的外部存储器中，其文件名的格式一般为*.cfg 或*.zip，用户可以将当前配置保存到配置文件中。设备在重启时，将重新加载配置文件的内容到内存中，并作为当前配置。配置文件除了保存配置信息，还便于维护人员查看、备份及移植配置信息，以用于其他设备。在默认情况下，在保存当前配置时，设备会将配置信息保存到名为 vrpcfg.zip 的配置文件中，并将文件保存到设备外部存储器的根目录下。

（3）下次启动的配置文件。保存配置时可以指定配置文件的名称，也就是说，保存的配置文件可以有多个，可以指定下次启动时加载哪个配置文件。在默认情况下，下次启动的配置文件名为 vrpcfg.zip。

3. 保存当前配置

保存当前配置的方式有两种——手动保存和自动保存。

1）手动保存

用户可以通过执行 save [configuration-file]命令将当前配置以手动方式保存到配置文件

中。其中，参数 configuration-file 为指定的配置文件名，格式必须为*.cfg 或*.zip。若未指定配置文件名，则配置文件名默认为 vrpcfg.zip。例如，将当前配置保存到名为 vrpcfg.zip 的配置文件中，可先在用户视图中执行 save 命令，再输入 y 进行确认：

```
<R1>save
The current configuration will be written to the device.
Are you sure to continue?(y/n)[n]:y        /*输入 y
It will take several minutes to save configuration file, please wait.......
Configuration file had been saved successfully
Note: The configuration file will take effect after being activated
```

2）自动保存

自动保存配置功能可以有效降低用户因忘记保存配置导致配置丢失的风险。自动保存方式又分为周期性自动保存和定时自动保存两种方式。

（1）周期性自动保存方式。

在周期性自动保存方式下，设备会根据用户设定的保存周期自动完成配置保存操作。无论设备的当前配置与配置文件相比是否有变化，设备都会进行自动保存操作。

周期性自动保存方式的设置方法：先执行 autosave interval on 命令，启用设备的周期性自动保存功能；然后执行 autosave interval time 命令，设置自动保存周期。其中，time 为指定的时间周期，单位为 min，默认值为 1440。

将保存方式设置为周期性自动保存，设置自动保存周期为 120min：

```
<R1>autosave interval on                        /*启用周期性自动保存功能
System autosave interval switch: on             /*默认 1440min 保存一次
Autosave interval: 1440 minutes
Autosave type: configuration file
/*如果配置更改了，30min 自动保存
System autosave modified configuration switch: on
Autosave interval: 30 minutes
Autosave type: configuration file

<R1>autosave interval 120
System autosave interval switch: on
Autosave interval: 120 minutes                  /*设置每隔 120min 自动保存一次
Autosave type: configuration file
```

（2）定时自动保存方式。

在定时自动保存方式下，用户设定一个时间点，设备将会每天在此时间自动进行一次保存操作。在默认情况下，设备的自动保存功能是关闭的，用户需要先启用才能使用。

定时自动保存方式的设置方法：先执行 autosave time on 命令，启用设备的定时自动保存功能；然后执行 autosave time time-value 命令，设置自动保存的时间点。其中，time-value 为指定的时间点，格式为 HH:MM:SS，默认值为 00:00:00。

周期性自动保存和定时自动保存不能同时启用，只有关闭周期性自动保存功能，才能启用定时自动保存功能。例如，更改定时保存时间为 12:00:00：

```
<R1>autosave interval off                       /*关闭周期性自动保存功能
<R1>autosave time on                            /*启用定时自动保存功能
```

```
/*默认每天 8 点执行一次保存操作
System autosave time switch: onAutosave time: 08:00:00Autosave type:
configuration file
<R1>autosave time ?                          /*查看 time 后可以输入的参数
ENUMKon, off>
Set the switch of saving configuration data automatically by absolute time
TIME<hh:mm:ss> Set the time for saving configuration data automatically
<R1>autosave time 12:00:00                   /*更改定时自动保存时间为 12:00:00
System autosave time switch: on
Autosave time: 12:00:00
Autosave type: configuration file
```

4．设置下次启动加载的配置文件

在默认情况下，设备会保存当前配置到 vrpcfg.zip 文件中。如果用户指定另外一个配置文件为设备下次启动加载的配置文件，那么设备会将当前配置保存到新指定的下次启动加载的配置文件中。

设备支持设置任何一个存在于设备的外部存储器根目录下（如 flash:/）的*.cfg 或*.zip 文件作为设备下次启动加载的配置文件。我们可以通过执行 startup savcd-configuration configuration-file 命令来设置设备下次启动加载的配置文件，其中，configuration-file 为指定的配置文件名。如果设备的外部存储器的根目录下没有该配置文件，那么系统会提示设置失败。

如果需要指定已经保存的 backup.zip 文件为下次启动加载的配置文件，可执行如下命令：

```
<R1>startup saved-configuration backup.zip      /*指定下次启动加载的配置文件
This operation will take several minutes, please wait.....
Info: Succeeded in setting the file for booting system
<R1>display startup                             /*显示下次启动加载的配置文件
MainBoard:
Startup system software:            null
Next startup system software:        null
Backup system software for next startup:  null
Startup saved-configuration file:        flash:/vrpcfg.zip
Next startup saved-configuration file:flash:/backup.zip /*下次启动加载的配置文件
```

设置下次启动加载的配置文件后保存当前配置，默认将当前配置保存到设置的下次启动加载的配置文件中，覆盖下次启动加载的配置文件中的原有内容。周期性自动保存配置和定时自动保存配置也会将当前配置保存到指定的下次启动加载的配置文件中。

10.4 项目实验

10.4.1 项目实验二十二　使用 LLDP 发现设备

1．项目描述

（1）项目背景。

某公司的网络设备较多，网络管理人员为了提高网络管理效率和故障排除速度，决定在网络设备上配置LLDP。

（2）使用LLDP发现设备实验拓扑图如图10-9所示。LLDP实验拓扑配置图如图10-10所示。

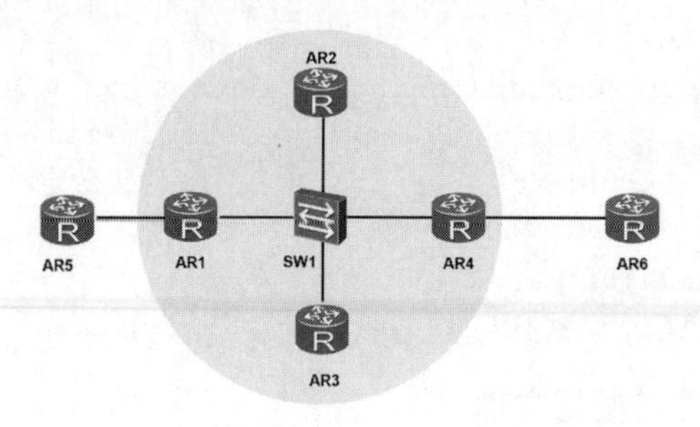

图10-9　使用LLDP发现设备实验拓扑图

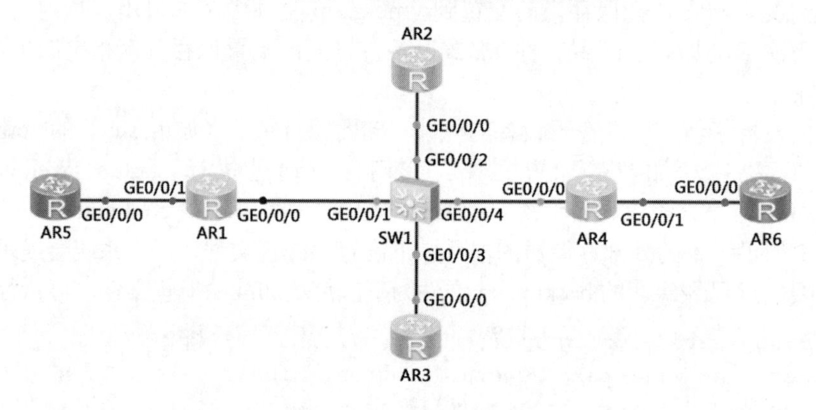

图10-10　LLDP实验拓扑配置图

（3）任务内容。

LLDP配置。

（4）所需资源。

路由器（6台）、串行电缆（1根）、双绞线（若干）、交换机（1台）。

2. 项目实施

（1）在AR1上配置LLDP：

```
<AR1>system-view
[AR1]lldp enable
……
/*全局开启LLDP，在全局模式下开启LLDP后，设备的所有物理端口均开启LLDP
Info: Global LLDP is enabled successfully.
```

（2）在SW1上配置LLDP：

```
[SW1]lldp enable
Info: Global LLDP is enabled successfully.
[SW1]
Sep  3 2023 17:03:58-08:00 SW1 LLDP/4/ADDCHGTRAP:OID: 1.3.6.1.4.1.2011.5.
25.134.
```

```
    2.5   Local management address is changed. (LocManAddr=4c1f-cc45-32f4)
    Sep  3 2023 17:03:58-08:00 SW1 LLDP/4/ENABLETRAP:OID: 1.3.6.1.4.1.2011.5.
25.134.
```

（3）在 AR1 上查看 LLDP 的邻居表：

```
    [AR1]display lldp neighbor brief
    Local Intf   Neighbor Dev          Neighbor Intf        Exptime
    GE0/0/0      SW1                   GE0/0/1              105
```

使用同样的方法，开启 AR2、AR3、AR4 的 LLDP。

（4）在 SW1 上查看 LLDP 的邻居表：

```
    [SW1]display lldp neighbor brief
    Local Intf   Neighbor Dev          Neighbor Intf        Exptime
    GE0/0/1      AR1                   GE0/0/0              95
    GE0/0/2      AR2                   GE0/0/0              110
    GE0/0/3      AR3                   GE0/0/0              113
    GE0/0/4      AR4                   GE0/0/0              112
```

在默认情况下，LLDP 报文的发送周期是 30s，老化时间是发送周期的 4 倍，即 120s。

（5）修改 AR1 的 LLDP 时间参数：

```
    [AR1]lldp message-transmission ?
    delay            The delay indicates the time between two successive LLDP
frames
    hold-multiplier  A multiplier on the msgTxInterval that determines the
actual
                     TTL value use in a LLDPDU
    interval         The interval at which LLDP frames are transmitted on behalf
                     of this LLDP agent
    [AR1]lldp message-transmission interval 20
    [AR1]lldp message-transmission hold-multiplier 3
```

修改 LLDP 报文的发送周期为 20s，修改 LLDP 报文的老化时间为 3 倍的发送周期，即 60s，再次在 SW1 上查看 LLDP 的邻居表：

```
    [SW1]display lldp neighbor brief
    Local Intf   Neighbor Dev          Neighbor Intf        Exptime
    GE0/0/1      AR1                   GE0/0/0              61
    GE0/0/2      AR2                   GE0/0/0              114
    GE0/0/3      AR3                   GE0/0/0              117
    GE0/0/4      AR4                   GE0/0/0              116
```

10.4.2　项目实验二十三　SNMP 配置

1. 项目描述

（1）项目背景。

启用 SNMP 代理功能。配置的 SNMP 版本是目前较常见的 SNMPv2c，以如图 10-11 所示的拓扑图为例，在路由器 AR1 上启用 SNMPv2c 代理功能，并在网络管理系统上实现对 AR1 的管理。

如图 10-11 所示，AR1 与网络管理系统属于同一个 IP 子网。这种设计是为了简化实验环境，尽量突出实验重点，我们只需要关注 SNMP 配置的相关元素，不必考虑 IP 路由问题。但在实际工作中，网络管理系统和被管对象往往属于不同 IP 子网，网络管理人员在配置 SNMP 代理功能前，需要先保证网络管理系统与被管对象之间能实现 IP 通信。对本实验而言就是网络管理人员要让指定的网络管理系统能够通过 SNMPv2c 与 AR1（及其他被管理设备）进行通信。

（2）SNMP 配置实验拓扑图如图 10-11 所示。

图 10-11　SNMP 配置拓扑图

（3）所需资源。

服务器（1 台）、路由器（1 台）。

2. 项目实施

（1）启用 SNMP 代理：

```
[AR1]snmp-agent
```

由于 SNMP 代理功能默认是启用的，因此实际上无须执行该命令。

（2）查看 AR1 支持的 SNMP 版本，SNMP 代理功能默认启用所有 SNMP 版本：

```
[AR1]snmp-agent sys-info version ?
 all  Enable the device to support SNMPv1, SNMPv2c and SNMPv3
 v1   Enable the device to support SNMPv1
 v2c  Enable the device to support SNMPv2c
 v3   Enable the device to support SNMPv3
```

（3）设置 AR1 支持的 SNMP 版本为 SNMPv2c：

```
[AR1]snmp-agent sys-info version v2c
```

（4）指定设备联系人（可选配置）和设备位置（可选配置）：

```
[AR1]snmp-agent sys-info contact xiaoming@huawei.com
[AR1]snmp-agent sys-info location Office101
```

（5）把几个配置元素关联起来：

```
[AR1]snmp-agent community read public
[AR1]snmp-agent community write private
```

这个命令的主要作用是定义读、写团体名，同时可以对这个团体名的使用做出限制。网络管理系统也要配置读、写团体名，只有团体名相同才能进行管理。可以将团体名理解成预共享密钥。要求团体名至少包含 6 个字符，且至少由两种字符形式构成（小写字母、大写字母、数字及除空格外的特殊字符）。团体名配置成功后，会以密文形式保存在路由器的配置中。

（6）指定 SNMP 代理向网络管理系统发送 Trap 消息：

```
[AR1]snmp-agent target-host trap-hostname windows10 address 192.168.56.12
udp-port 161 trap-paramsname public
```

习题 10

一、选择题

1．下列协议中________不用于设备发现。

A．LLDP　B．CDP　C．DHCP　D．FDP

2．下列协议中能够向用户提供网络设备拓扑信息的是________。

A．LLDP　B．CDP　C．OSPF　D．BGP

3．LLDP 的英文全称为________。

A．Link Layer Discovery Protocol　B．Local Link Data Pooling

C．Link-level Detection Protocol　D．Local Level Data Parsing

4．下列信息可用 LLDP 识别的是________。

A．网络拓扑和设备状态　B．VLAN 配置和路由信息

C．磁盘使用和内存配置　D．IP 地址和 MAC 地址

5．在 LLDP 报文中，被置于 TLV 中的是________。

A．设备名、端口名和端口 ID　B．网络拓扑和设备状态

C．VLAN 配置和路由信息　D．IP 地址和 MAC 地址

6．LLDP 和 CDP 的区别是________。

A．LLDP 可以跨越多个设备进行发现，而 CDP 只能局限于单个设备

B．LLDP 不仅可以发现 Cisco 设备，还可以发现其他厂商设备；而 CDP 只能发现 Cisco 设备

C．LLDP 只能用于有线网络的设备发现，而 CDP 还可以用于无线网络的设备发现

D．LLDP 比 CDP 更加安全，因为它不会泄露设备的敏感信息

7．当设备连接到网络时，LLDP 报文会被发送到________位置。

A．源端口　B．目的端口　C．源设备　D．目的设备

8．VTY 用于________。

A．远程登录设备　B．管理设备的电源

C．监控设备性能　D．对设备进行物理连接

9．下列协议中________是允许管理者通过网络安全登录设备的协议。

A．Telnet　B．SSH　C．SNMP　D．Syslog

10. Telnet 协议是一种不加密的远程访问协议，它使用的端口号是______。

A. 21　　B. 22　　C. 23　　D. 25

11. SSH 协议是一种用于远程登录和安全传输数据的协议，它使用的端口号是______。

A. 21　　B. 22　　C. 23　　D. 25

12. SNMP 用于______。

A. 设备发现和监控　　B. 远程登录设备

C. 网络命令和控制　　D. 数据包的过滤和转发

13. Syslog 是一种用于设备日志的收集和管理的协议，它使用的端口号是______。

A. 21　　B. 22　　C. 23　　D. 514

14. 下列协议中______不是用于网络设备管理的。

A. VTY　　B. Telnet　　C. SSH　　D. FTP

15. SNMP 中的代理是负责______的。

A. 监控设备性能　　B. 管理网络拓扑

C. 提供设备信息　　D. 收集设备日志

16. Syslog 可以将设备日志发送到______。

A. 电子邮件　　B. TFTP 服务器　　C. FTP 服务器　　D. 上述所有位置

二、判断题

1. LLDP 是一种用于在网络设备之间进行信息交换的开放标准协议。（　）
2. CDP 是一种用于在网络设备之间进行信息交换的 Cisco 专有协议。（　）
3. LLDP 可以提供设备的拓扑信息，但无法获取设备的硬件版本信息。（　）
4. 使用 LLDP 可以在不同厂商的网络设备间进行自动发现和拓扑信息交换。（　）
5. VTY 是一种用于远程管理网络设备的协议。（　）
6. Telnet 协议提供了加密的远程管理连接方式。（　）
7. SSH 协议提供了安全的远程管理连接方式。（　）
8. SNMP 主要用于配置和管理网络设备。（　）
9. Syslog 是一种用于远程管理设备的协议。（　）
10. 备份网络设备的配置文件非常重要，因为这些文件可以用于还原设备的配置，或者在迁移到其他设备上时快速恢复网络服务。（　）
11. 为了保护备份的镜像文件和配置文件的安全，建议使用加密的协议（如 SFTP）进行传输。（　）
12. 镜像文件回滚是一种从新镜像文件版本恢复到之前镜像文件版本的功能，在升级过程中出现问题时非常有用。（　）
13. 在升级华为设备的操作系统镜像文件时，应该根据设备型号和硬件要求，选择合适的镜像文件版本，以确保兼容性和可靠性。（　）
14. 使用 TFTP 备份设备的镜像文件或配置文件时，需要确保 TFTP 服务器已正确配置，包括 IP 地址、文件路径等设置项。（　）

三、简答题

1．什么是设备发现？它的作用是什么？

2．LLDP 的全称是什么？它在网络中扮演着什么角色？举例说明。

3．VTY 和 Telnet 协议之间有什么区别？

4．SSH 协议和 Telnet 协议的主要区别是什么？

参考文献

[1] 殷丽．VLAN 裁剪技术在高校校园网中的应用[J]．网络安全技术与应用，2011（2）：56-59.

[2] 任国英．OSI 参考模型的教学方法[J]．集宁师专学报，2011，33（4）：61-64.

[3] 周蓉芳．南京广播电视集团优化广播网络技术改造方案[D]．南京：南京邮电大学，2012.

[4] 万小强．VLAN 技术的研究与实现[D]．北京：北京邮电大学，2006.

[5] 李致常．宽带自服务产品的设计与实现[D]．南京：南京邮电大学，2014.

[6] 黄建业．基于 IPv6 的数字校园认证技术研究[D]．昆明：昆明理工大学，2008.

[7] 张昌忠．“互联网”东莞现代农业产业双创生态圈构建模式研究[D]．广州：仲恺农业工程学院，2019.

[8] 卢万银．大房郢水库计算机控制系统[D]．合肥：合肥工业大学，2005.

[9] 陈翔．中文 URL 信息自动提取算法的研究与实现[D]．北京：北京邮电大学，2009.

[10] 王达．华为 HCIA-Datacom 实验指南 [M]．北京：人民邮电出版社，2021.

[11] 华为技术有限公司．HCIA-Datacom 网络技术学习指南[M]．北京：人民邮电出版社，2022.

[12] 詹姆斯・F・库罗斯．计算机网络自顶向下方法[M]．北京：机械工业出版社，2022.

反侵权盗版声明